物類品隲の研究

松井　年行

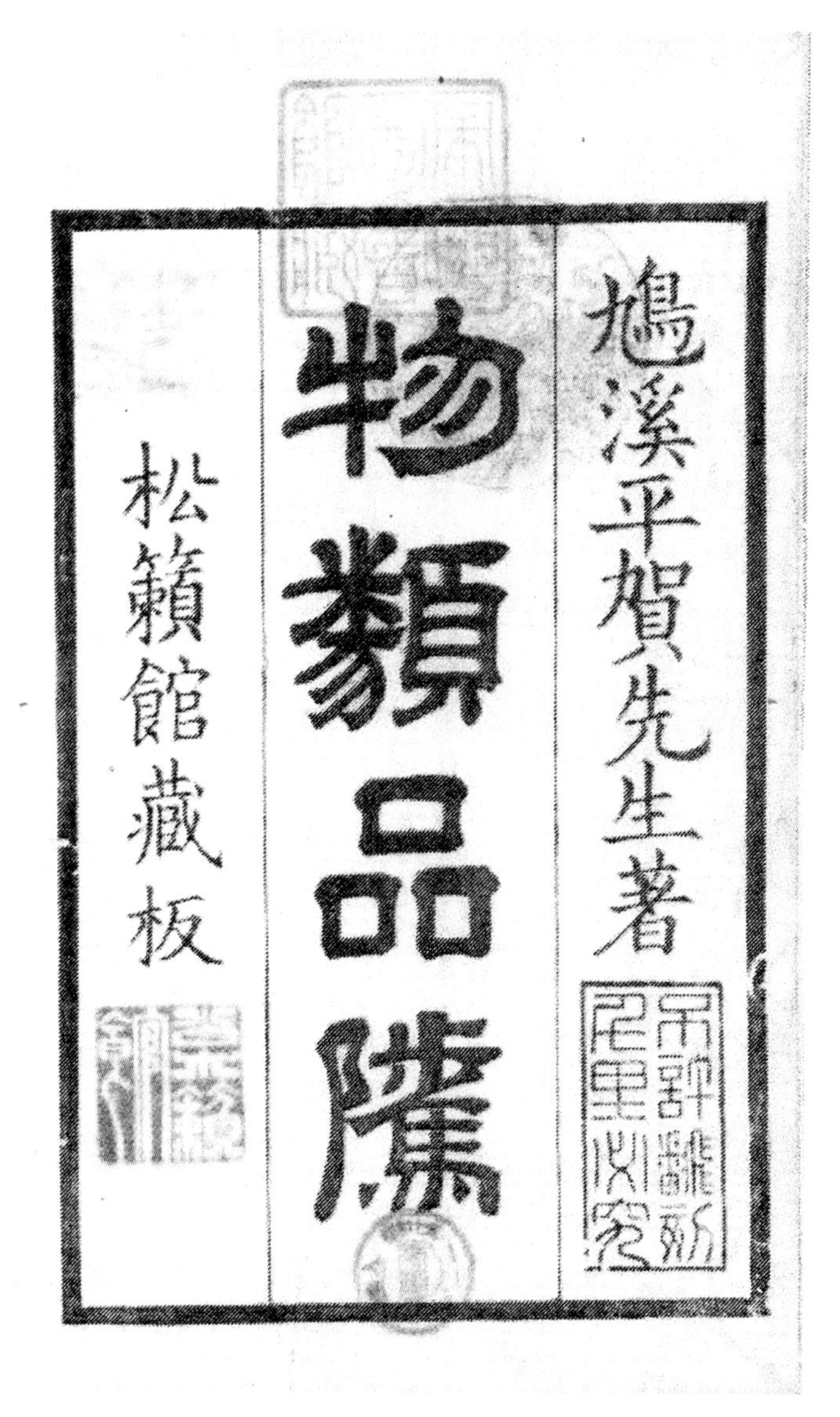

宝暦十三年癸未秋七月吉辰（松籟館蔵板（版））

図１－１　物類品隲の表紙

＊以下図１－７まで、国立国会図書館デジタルコレクション古典資料よりダウンロード

物類品隲序
遠[illegible][illegible][illegible]翔西洋臺[illegible]及[illegible]填炮
痕是天地造化之所以教乎人而醫
藥之所自而興也夫醫之所恃者金
石草木之毒也而毒某之難辨者
真偽也明辨其真偽而後術生可
得而論也已而世雜乎其人焉吾友平
賀鳩溪自少好名物之學專精篤志
求而不得不舍焉每攀絕險履窮
善得奇品異類者蓋不少矣客歲
訪求　神州七道所產珍貴品類
會臭味之士於城東湯島陳之席
上然分縷析指示詳確於是無不疑
者渙然冰釋信者怡然顯解也乃輯
而錄之豈非青囊家帳中秘寶乎夫
識萍實於童謠辨枯骨於專車者
實生知之所獨運也自非以降[illegible][illegible]
之吐下委枉若於坊州之筆蓋亦不勘
矣嗟誰知千載之下乃有若斯人矣
鳩溪受業藍水先生語曰寒於水青
於藍蓋君之謂也夫
寶曆癸未五月望東都後藤光生
書於梧陰菴

物類品隲序　宝暦癸未五月　望東都　後藤光生書　於梧陰菴

図１－２　物類品隲序（後藤光生書）

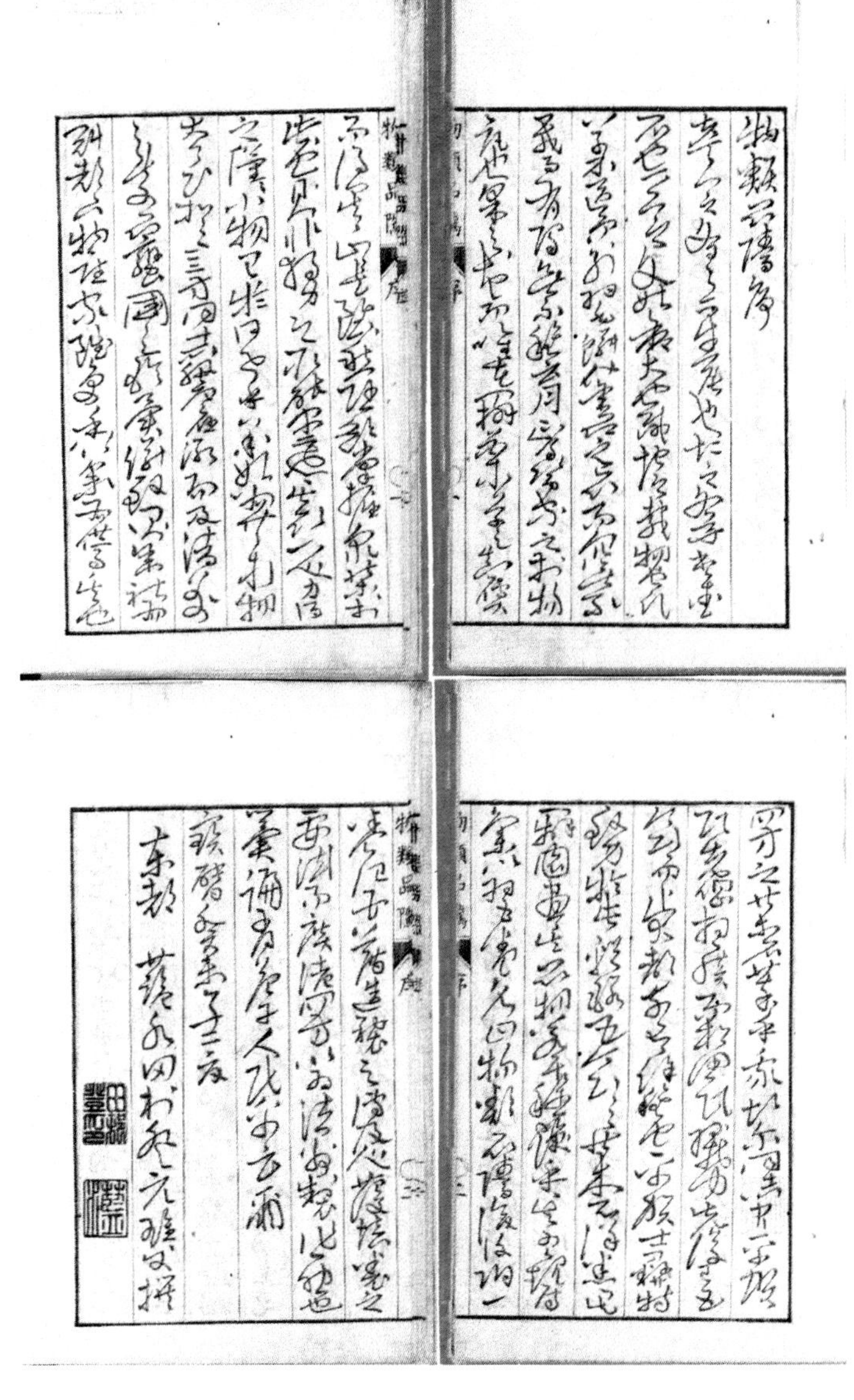

物類品隲序　宝暦癸未孟夏　東都　藍水田村登元雄文撰

図１－３　物類品隲序（藍水田村登元雄著）

朝鮮種人參試效說

朝鮮種人參之行于世也既久矣蓋其氣味功用無與朝鮮來者異也然世猶或以橘枳易地則變爲惑焉先是庚辰之春柳原火我宅亦罹於其災後三日平賀士彝來訪曰來時見鄰街積石間有童子年十二三所如餓且病之狀乃携簞食俱往問其病不應切之脉脉不至四肢既厥冷士彝乃探懷中出朝鮮種人參咬咀寘入其口須臾腹中雷鳴四肢搐搦急

物類品隲　人參試效說

煎參一根鑵口臨口傾注其咽中於是脉出始爲呻吟之聲因問其居與其姓名曰小網街長助者之男也火之及小網街也倉皇而走不食三日矣未知親之存否乃與食與衣再進獨參湯一挽余與士彝偕後抱持以助陽氣半時而方能行乃屬之市保以送歸其所也夫如是則此參起死回生之力與朝鮮來者何異焉令紀此事以解或之惑云

寶曆癸未正陽月東都田村善之識

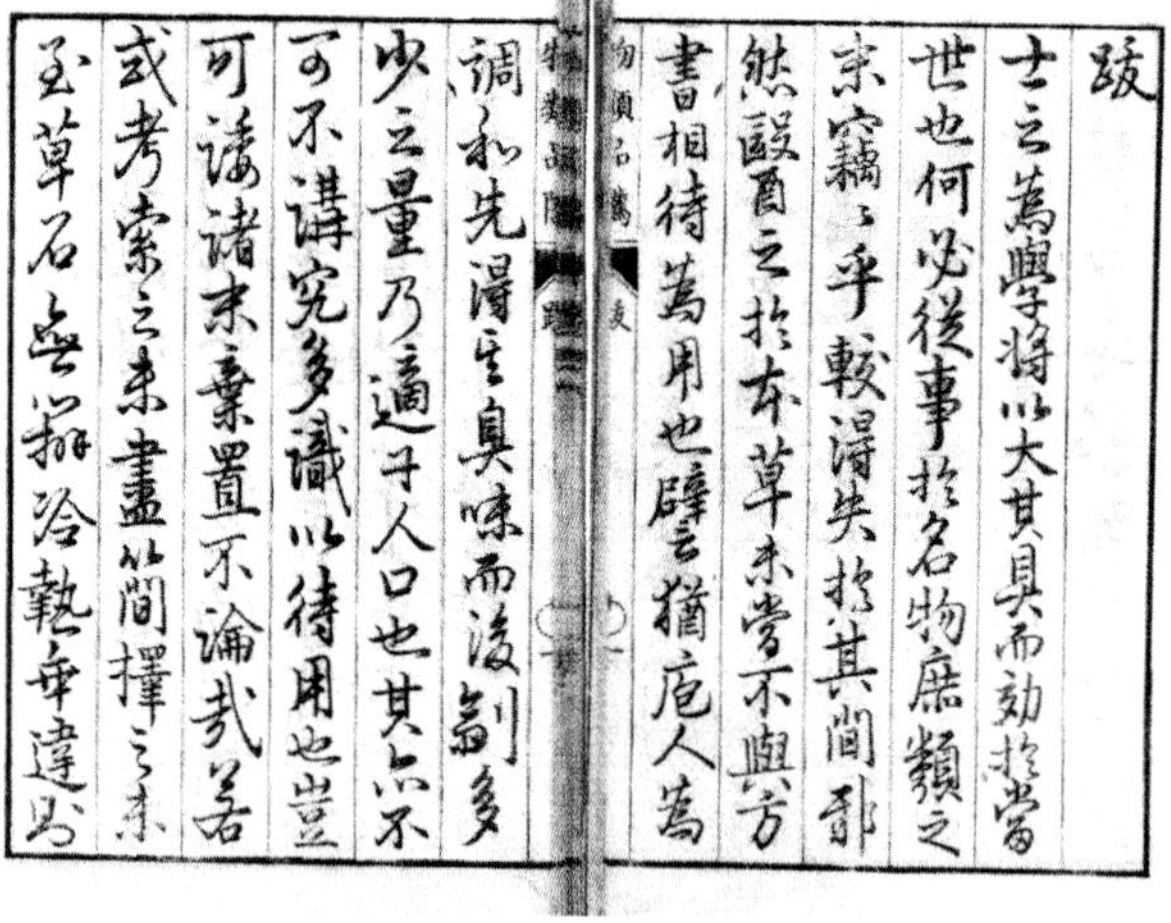

跋

士之爲學將以大其具而効於當世也何必從事於名物庶類之末竊竊乎較得失於其間耶然醫匠之於本草未嘗不與方書相待爲用也譬猶庖人爲

物類品隲　跋

調和先得其臭味而後劑多少之量乃適于人口也其亦不可不講究多識以待用也豈可諉諸末業置不論哉若或考索之未盡於間擇之未至草石無辨治執乖違爲

宝暦癸　未正陽月　東都　田村善之識　朝鮮人参試効説の末尾（上）

図１－４　朝鮮人参試効説（上）と跋（あとがき）（下）の一

其於得効也不亦遠乎故唯精
覈詳悉始可與言本草已
矣陶隠居曰注易誤不至殺
人注本草誤則有不得其死
者云本草不可不精覈詳悉
也頃友人平賀士彝編物類
品隲其品物亦注疏至當者則
不收焉可謂精覈詳悉者顧
其益于学者豈小小乎哉士
彝為人才氣豪邁行顚
類乎俠其志蓋將以有為者
然則此編又未足以悉士彝也

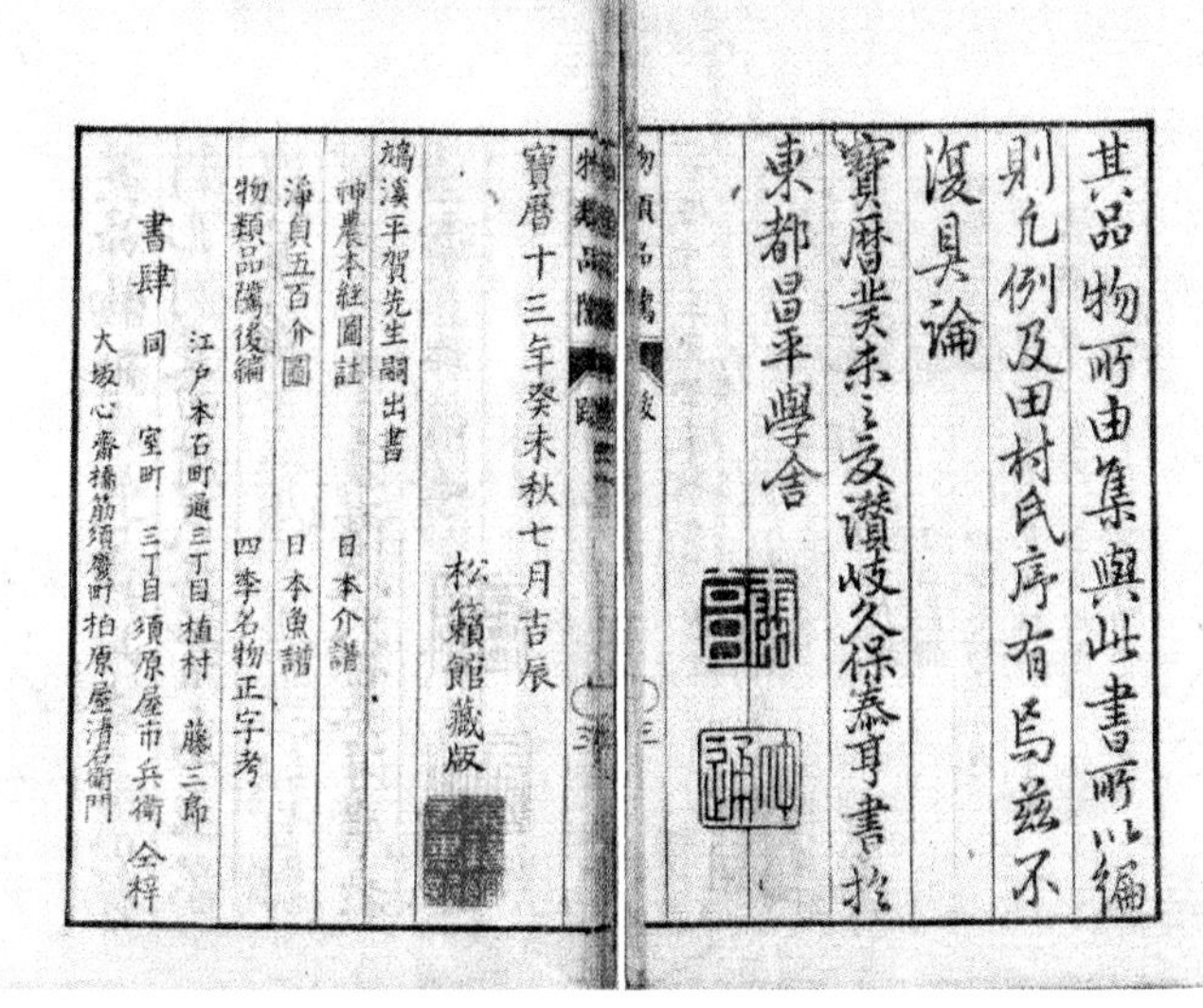
其品物所由集與此書所以編
則凡例及田村氏序有焉茲不
復具論
寶暦癸未之夏讃岐久保泰亨書於
東都昌平學舎

寶暦十三年癸未秋七月吉辰
松籟館藏版

鳩溪平賀先生嗣出書
神農本經圖註　日本介譜
浄貝五百介圖　日本魚譜
物類品隲後編　四季名物正字考

書肆　江戸本石町通三丁目　植村藤三郎
同　室町三丁目　須原屋市兵衛
大坂心斎橋筋順慶町　柏原屋清右衛門　仝梓

宝暦癸　未之夏讃岐久保恭享書於　東都昌平学舎　（跋の末尾）
宝暦十三年癸未秋七月吉辰　松籟館蔵版
図１－５　跋（あとがき）の続きと物類品隲の最終頁

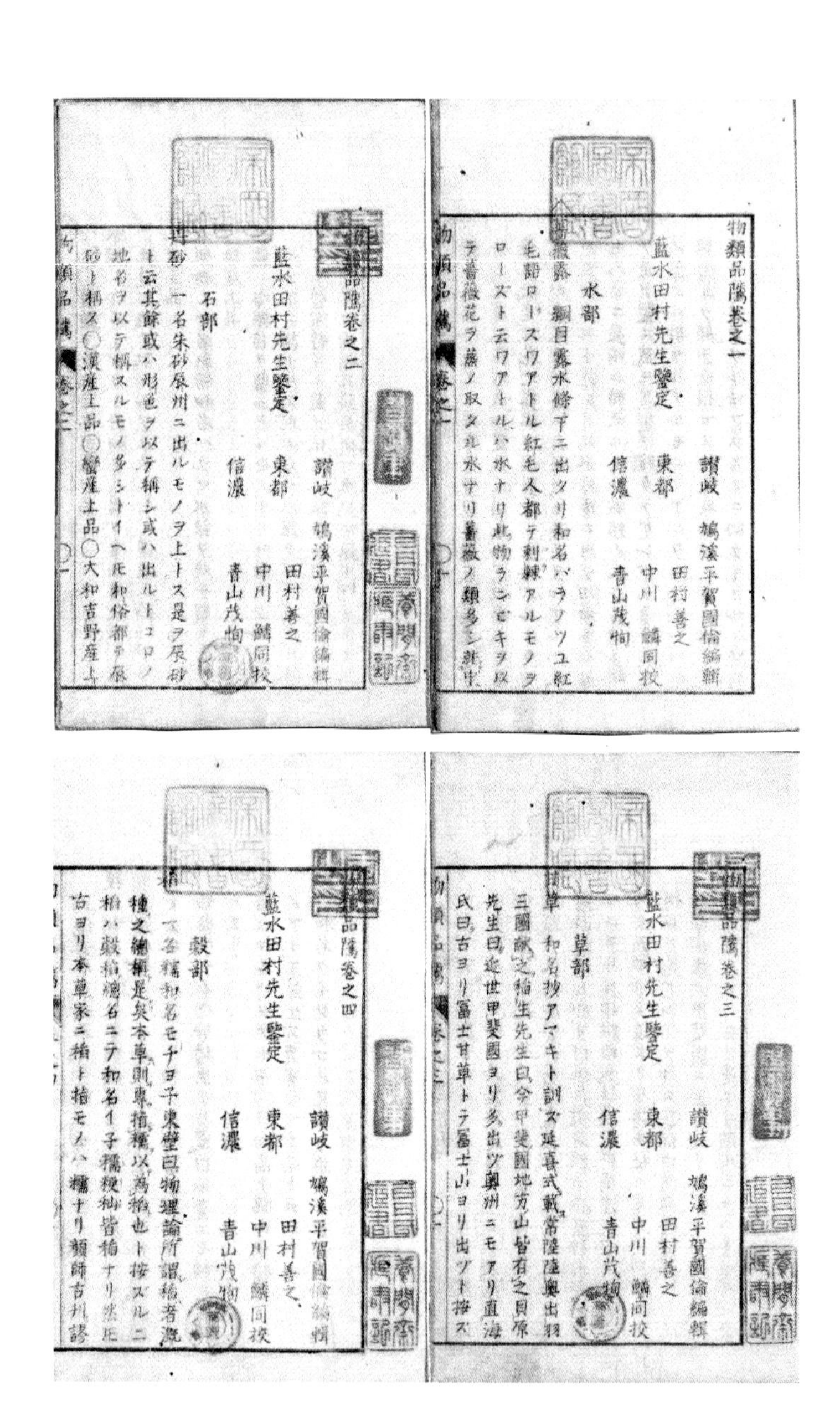
物類品隲巻之一
讃岐　鳩溪平賀國倫編輯
藍水田村先生鑒定　東都　田村善之
信濃　中川鱗同校
青山茂恂
水部
薔薇露　綱目露水條下ニ出ヅ和名バラノツユ紅毛語ローズワアトルト云紅毛人都テ刺棘アルモノヲローズト云ワアトルハ水ナリ此物ランビキヲ以テ薔薇花ヲ蒸シ取タル水ナリ薔薇ノ類多シ就中

物類品隲巻之二
讃岐　鳩溪平賀國倫編輯
藍水田村先生鑒定　東都　田村善之
信濃　中川鱗同校
青山茂恂
石部
丹砂　一名朱砂辰州ニ出ルモノヲ上トス是ヲ辰砂ト云其餘或ハ形色ヲ以テ稱シ或ハ出ル所ノ地名ヲ以テ稱スルモノ多シトイヘドモ和俗都テ辰砂ト稱ス○漢産上品○蠻産上品○大和吉野産上

物類品隲巻之三
讃岐　鳩溪平賀國倫編輯
藍水田村先生鑒定　東都　田村善之
信濃　中川鱗同校
青山茂恂
草部
甘草　和名抄アマキト訓ズ延喜式載常陸陸奥出羽三國獻之稲生先生曰今甲斐國地方山皆有之貝原先生曰近世甲斐國ヨリ多出ヅ奥州ニモアリ直海氏曰古ヨリ富士甘草トテ富士山ヨリ出ヅト按ズ

物類品隲巻之四
讃岐　鳩溪平賀國倫編輯
藍水田村先生鑒定　東都　田村善之
信濃　中川鱗同校
青山茂恂
穀部
稻　一名稌和名モチヨネ東璧曰物理論所謂稻者溉種之總稱是矣本草則專指糯以為稻也ト按スルニ稻ハ穀總名ニテ和名イ子糯粳秈皆稻ナリ然ドモ古ヨリ本草家ニ稲ト指モノハ糯ナリ顔師古刊謬

図１－６　物類品隲の巻一から巻四までの始めの頁

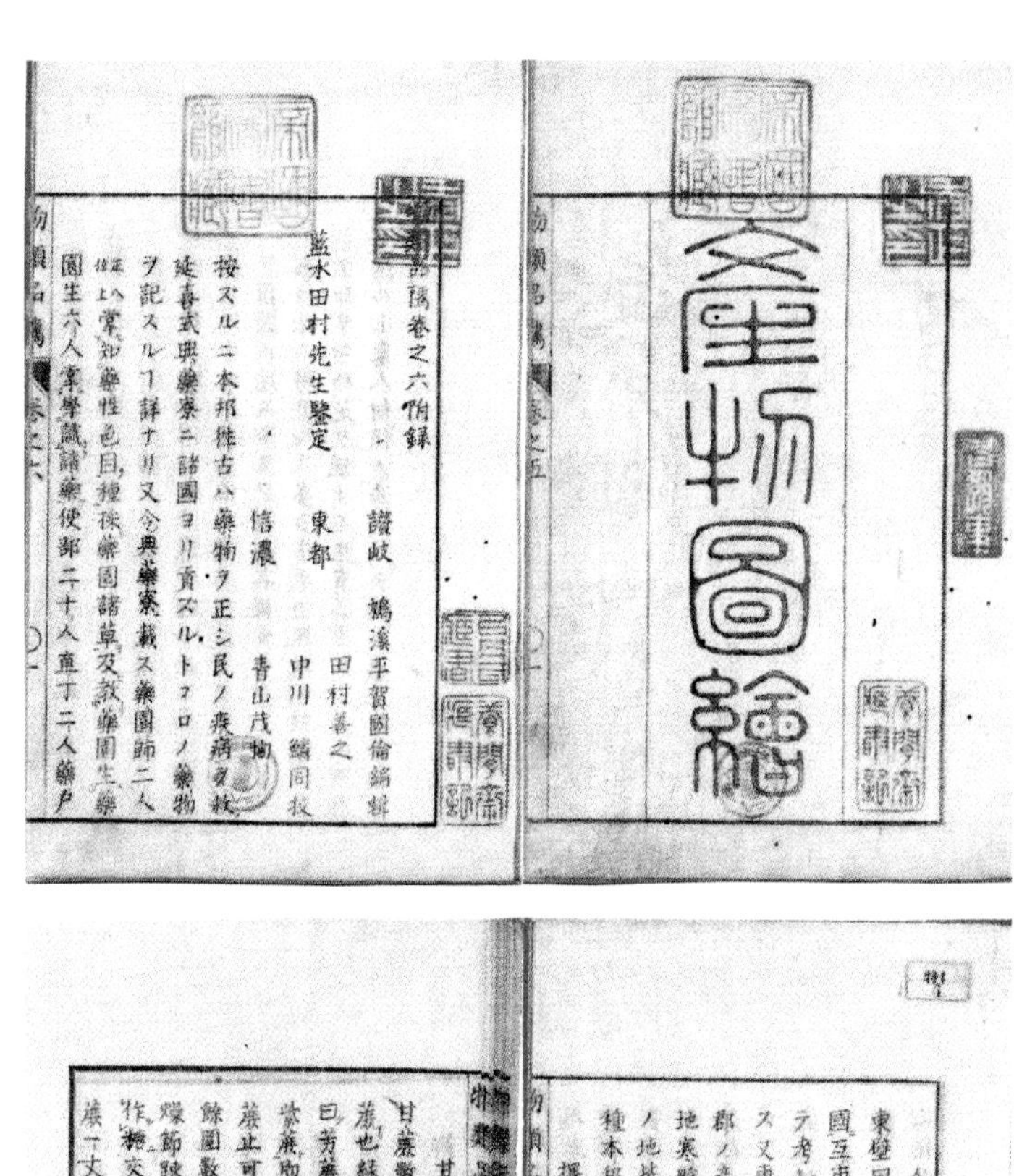

產物圖繪

物類品隲巻之六附録

讃岐　鳩溪平賀國倫編輯
東都　田村善之
藍水田村先生鑒定
信濃　中川鱗同校
青山茂桓

按スルニ本邦往古ハ藥物ヲ正シ民ノ疾病ヲ救
延喜式典藥寮ニ諸國ヨリ貢スル所ノ藥物
ヲ記スル事詳ナリ又令典藥寮載ス藥園師二人
掌知藥性色目種採藥園諸草及教藥園生藥
園生六人掌學識諸藥使部二十人直丁二人藥戸

人參培養法

東璧曰高麗百濟新羅今皆屬於朝鮮矣其參猶來中
國互市亦可收子於十月下種如種菜法ト此說ヲ以
テ考レバ朝鮮製ノ人參モ自然生ノモノニハアラ
ズ又東國輿地勝覽其地理風土記スヿ甚詳ナリ各
郡ノ產物亦記ノ其中ニアリ人參ヲ產スル所ノ土
地寒暖等ヲ考ルニ深山曠野海邊ノ處處嚴寒酷暑
ノ地皆產之風土モ亦大抵日本ニ異ナルヿナシ此
種本邦四方ノ地共ニ植ベシ

擇土之法

甘蔗培養并製造法

甘蔗數種アリ王灼糖霜譜云蔗有四色曰杜蔗即竹
蔗也綠嫩薄皮味極醇厚專用作霜曰西蔗作霜色淺
曰芳蔗亦名蠟蔗即荻蔗也亦可作沙糖曰紅蔗亦名
紫蔗即崑崙蔗也止可生啖不堪作糖事物紺珠曰竹
蔗止可生啖紫蔗可作砂糖晉蔗可作糖霜竹蔗長丈
餘圍數寸色白可作糖霜蠟蔗色白作糖霜荻蔗小而
燥節疎而白色芳蔗叉譜蔗杜蔗夾苗蔗晉阪蔗皆可
作糖交趾蔗長一丈圍數寸崑崙蔗色赤可作糖扶風
蔗一丈三節見日則消見風則折扶南蔗如扶風蔗子

図１－７　物類品隲の巻五から巻六附録までの始めの頁

物類品隲の研究総目録

巻乃二

巻乃三

草部

巻乃四

穀部

菜部

果部

木部

巻乃六

附　録

序

貴重な農業技術史の一場面

「物類品隲（ぶつるいひんしつ）」の物類は本草学の対象で薬用となる植物、薬草をはじめ、薬物として用いる動植物、鉱物の総称を意味している。また、「隲」はしつと読み意味は持ち上げることで、品隲は品質を評価するという意味になるでしょうか。香川（讃岐）が生んだ天才・平賀源内は幼少時より才能を発揮し、十三歳の頃から藩医のもとで本草学と儒学を学んでいます。その後大阪、江戸で本格的に本草学を学んで力をつけ、江戸で物産会・薬品会を師の田村藍水（らんすい）と共に二回、その後一七五九年から三回自ら物産会・薬品会を主宰している。

著者の松井博士は長年園芸作物の加工・利用に関して研究・教育をしてこられ、学会に発表された業績もきわめて多く、其界の権威者の一人である。博士は若い時からポスドクなどでカナダや米国の大学でも研鑽を積まれた、食品化学のエキスパートであり、香川大学においては徳島・香川の特産品である和三盆糖の製造過程とその品質について長年研究され、博士論文に「和三盆糖の食品学的研究」という題目で、その成果をまとめられている。博士は「物類品隲」に出会われ、その中に含まれた「甘蔗培養幷に製造の法」に気付き、これ以外の江戸時代の穀類、野菜、果実等の食材、薬草、岩石などについて註解し検討を加え、放送大学香川学習センターで講義をし、また「農業及び園芸」あるいは「伝統食品の研究」などにそれらを掲載されてきている。

日本人は極めて知識欲が旺盛で、中国から伝わった本草学などの知識もそのままでなく、日本での栽培・利用などの知見を加え、「大和本草」、「蔗物類纂（るいさん）」、「本草綱目啓蒙（けいもう）」など多くの書籍が著されている。この江戸時代の「物類品隲」を現代の農芸化学・食品学の素養を持つ松井博士により、この記述に現代科学の立場から精査され、解説されている本書は極めて適切な内容となっている。

この意味で本書は特用作物、園芸作物関係の方々ばかりでなく、農作物の栽培と利用に関係を持たれる方々にも広くお勧めでき、また読んでいただきたい本である。

令和元年十月

京都府立大学名誉教授　藤目幸擴

宝暦十三年癸未(みずのとひつじ)秋七月吉辰(きつしん)（松籟(らい)館蔵板（版））

図１－１　物類品隲の表紙

＊以下図１－７まで、国立国会図書館デジタルコレクション古典資料よりダウンロード

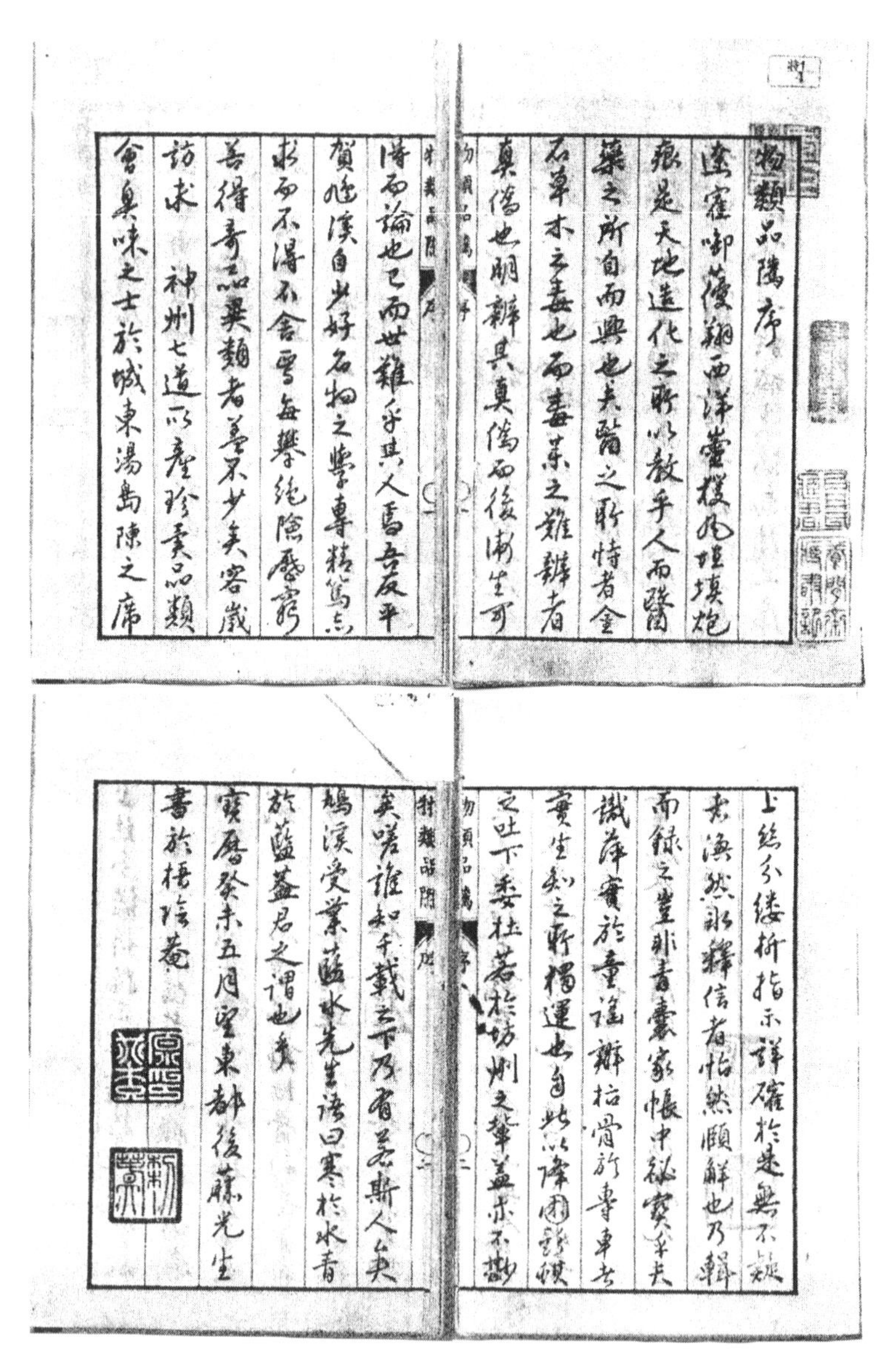

物類品隲序　宝暦癸未五月　望東都　後藤光生書　於梧陰菴

図１－２　物類品隲序（後藤光生書）

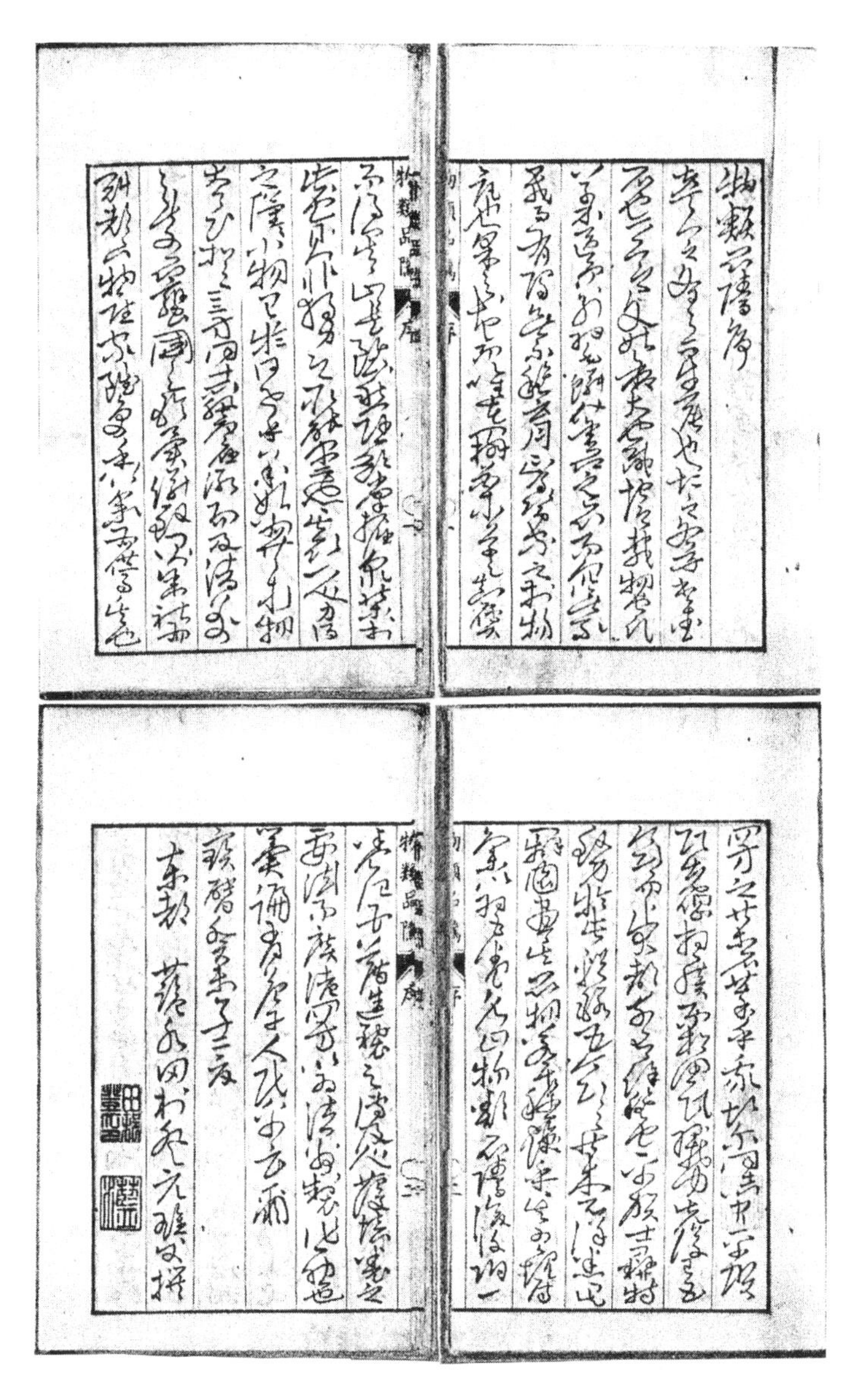

物類品隲序　宝暦癸未孟夏　東都　藍水田村登元雄文撰

図1－3　物類品隲序（藍水田村登元雄著）

「物類品隲」の凡例

一つ、薬物を以って友と会合することにした。藍(らん)水田村先生が、宝暦丁丑(ひのとうし)の年（一七五七年）、東都湯島で会合を持った。これが始めである。翌年戊寅(つちのえとら)（一七五八年）に神田で会合し、己卯(つちのとう)の年（一七五九年）、私はこれを引き継ぎ湯島で会合を持った。庚辰(かのえたつ)の年（一七六〇年）、社友の松田氏と市谷で会った。だいたい五回の会合を持ち、この会では自ら持参したものを主品とした。同好の諸氏が持参したものを客品とした。草木、鳥獣、魚介、昆虫、金玉、土石、和漢の変種は採択しなかった。その主品は毎回百種を限度として、初め二回の主品は、田村先生の園庭中のもので、後の三回の会合は、主品といっても其の半分は先生が準備されたものである。丁丑から庚辰の年（一七五七－一七六〇年）に至って四回の会合の主品の物品は、七百数拾種を越えなかった。壬午(みずのえうま)の年（一七六二年）の会合は、国内の同志のものにも声をかけた。凡(およ)そ三十余りの国が集まる所（湊）での物品は、一千三百余種で先の四回の会合を通して物類の会合に集積したものの中で、凡そ二千余種は夏夷異類(かいいるい)も含むが大いに備蓄しておいた。今その中から択びこの本を編集した。凡そ品物が重複するもの、及び論がまだ定まっていないもの、及び常種凡類で世人が簡単に見分けられる物は、皆掲載しなかった。

一つ、東壁の綱目の木類は草部に収め、竹類は木部に収め、違いがない訳ではないが、諸家本草に比べれば非常に知識が広く備わり、その上学ぶものが常に能くこれを利用することができる。だから今この書は、部に分けてものを並べ一に綱目を以って推し量った。但し綱目の附録や本条、中帯で説明されたもの、及び他所に出たものは、頭出しして分けて別に示した。その綱目の本条に合わないものは、冠に△をつけて区別した。蛮物、夷種で漢名が詳しくないものは各部の末に附した。

一つ、主客の物類の産するところは、必ず地方を限るものは皆その出産の地名を挙げ、悉（ことごとく）限られた地域内でこれを分けた。但し所在がどこにでも産するものの場合はこれを掲載していない。

一つ、客品数十品を持参したからといって珍異の種でなければ、持参したものの姓名は挙げていない。但しその人が考えることがあり、而もその説が妥当なものでも必ずしも掲載しなかった。

一つ、主客の物類は皆上中下、三等を以ってこれを区別し、この本の名を品隲とした。地のものを産する年に早い遅いはあるが、ものには成熟という要素もある。一山一托の内といっても各自には優劣があり、一石一木の上下を以ってしても、一山一托の上下を概説するのは困難な場合もある。当時の集積地でものが定（隲）まっているから、今現品を見て判断してはいけない。

一つ、弁説の千百言を煩（わずら）わすのは図絵を一覧することには及ばない。しかるに分量から判断して珍品三十六種を抜粋し、別に図絵一巻とした。

一つ、人参と甘蔗は少なからず国益となるので今その培養、製造法を記して別の附録一巻とした。

讃岐平賀國倫彜（くにともいしき）識

巻乃一から巻乃六までの物の名称はカタカナのルビでその他はひらがなのルビを使用した。

本書は巻乃一の文献(2)源内全集を使い不明な所は(1)と国立国会図書館のデジタルコレクション古典資料よりダウンロードした松籟（らい）版を使用した。又冠の△印は文献(1)(2)で異なる所もあるのでダウンロードした松籟版に従った。漢字は支障のない場合、なるべく当用漢字を使用した。

「物類品隲　巻乃一」水部、土部、金部

水　部（1）（2）

△薔薇露　綱目の露水の細目に出ている。和名は、バラノツユといい、紅毛語ローズワアトルは紅毛人の都で刺棘（とげ）のあるものをローズといい、ワアトルは水のことである。このランビキ＊1を以って薔薇花を蒸して取った水である。薔薇の類は多く、特に野薔薇花を最上とする。李東壁によれば、外国に薔薇の露があり非常に良い香といい、これは花上の露水のことで、この欠点は知られていない。又墻靡（しょうび）の細目によると、東南アジアに薔薇の露があり、この花の露水の香りは異常である。考えてみると、ランビキは人々の考えからでたもので、李氏もこの法を知らないと思われる。この水は、外傷治療に使うと誠に効果が大きい。紅毛人は、常に長崎に持参して来ている。江戸時代になって日本人もまたそのことを聞いてこれを製造した。そうではあるけれど、その製造法に詳しくないので、水が腐って長くは持たない。製するときには塩化アンモン石を少しばかり入れれば、水は数十年を経ても腐らない。梅花、及びその余りの露を取っても皆そうである。これをためて置く方法は、フラスコに納めて口を紙で覆いキヨルコ＊2で封じる。もしキヨルコが無い時は蝋

で密封すると良い。塩化アンモン石で赤くなることは各章に詳しい。

土部（3）

白堊（ハクア）　焼き物に使う色が白い土で数種類ある。その性質が堅硬なものを粳米土といい、柔軟（しなん）なものを糯米土といい、ともに天工開物*3に出ている。

粳米土（ウルチマイド）　肥前の伊万里の産は、非常に堅硬で石のようである。伊万里焼や唐津焼等皆この土を用い、本邦磁器の絶品である。信濃、水内郡小市邑（しょうしゅう）産は上品で、色は極めて白い。安房産は俗にハミガキ砂といい、この土を細末にして龍脳*4、紫檀*5、丁子（ちょうじ）を加え歯磨きとして四方で売っているものはこれである。讃岐、阿野郡陶（すえ）村産は、色が白く歯磨きに用いると上品であり、又陶器の釉薬に用いると良好である。讃岐、寒川郡富田村産は、陶器に作ると、伊万里に次ぐが、土が脆（もろ）いので器にはできない。俗に滑石と呼ぶのは誤りである。以上の五種の性質は堅軟が異なり粘りのないものはすべて粳米土である。

糯米土（モチゴメド）　讃岐、阿野郡陶村産は、中品で色が白微赤色を帯びて粘りが強いので、窯の中で破裂することが多い。糯米土と雨土を混ぜれば、その心配はなくなる。讃岐、冨田村産は上品である。

鳥古瓦　和名はフルカワラである。筑紫郡府桜の瓦は誠に古い。讃岐、松山崇徳院行宮の跡より出る、俗にいう配所の瓦と呼ぶものは近世の瓦より大きい。

墨　日本で墨を製する始めは、日本書紀に推古天皇十八年春三月に、高麗王が僧の曇徴(どんちょう)に貢上した。その人は能く紙や墨を作った。これが日本で墨を作る始めであると、貝原好古が和事始めに記載した。近世墨を製造する家は多い。とりわけ、南部墨工、古梅園の松井和泉家製造の芯を用いて非常に精巧を尽くした。壬午の年、客品中に、数十品を持参してきた。今彼の家で作られている製品の数種を以下に示した。

松煙　宗奭(そうせき)*6によれば、松煙墨を用いて始めて薬用にしたが差支えがなかった。東壁によれば、上等な墨は松煙をトネリコ汁で溶いた膠(にかわ)で和して造るが、中国では専ら松煙で製造する。日本でも古くは紀伊藤代で製造された墨は松煙を用いる。古今著聞集(ここんちょもんじゅう)*7第三に出ている。冷泉為重卿の歌に〝逢うことを　松にかけた藤代の　墨の名高き楮(かで)の玉づさ〟とも詠じられている。今になって藤代の山中より松煙を焼き出しした。墨戸はこれを求めて墨を製造した。名づけて大平煤(たいへいばい)という。昔の藤代墨の形は、今世に伝わっている藤代墨の形であるように、松井元泰(もとやす)の筆記に出てくる。中古以来、日本では上墨には油煙を用い、松煙は下墨の値段とし、且つ秦皮汁(シンピジル)*8も用いない。従って、眼疾等を治す効果は少ない。

薬用には、漢製の松煙墨の上品なものを用いるべきである。但し、古梅が製の秦皮汁、及び膠(にかわ)等を用いたものは、漢製と全く同じであり薬用として充分使える。

千歳松　宋の晁氏（ちょうし）の墨経*9及び他の諸説を考え熊野山中の千歳古松の煤（すす）を取って製造した墨である。天皇陛下からお言葉があって、千歳松の号を賜った。

御墨　松井元泰が長崎に遊学し、家製の松烟煤を以って商船が帰る時に、依頼して漢土へ送り徽州*10の官工、程丹木が製造したものである。

油煙　日本の松煙墨は、中世南都興福寺の諦坊（ていぼう）持仏堂の燈煤（とうばい）の屋根に停滞したものを膠に混ぜて製造する。これが南都油煙墨の始めであるといわれている。空海が中国から帰朝の後、南都の人に造らせたといわれているが、書伝には掲載されていない。世間では空海を話のタネにするが、そのような話は信ずるには足りない。薬用には松煙が上で油煙はその次である。

二諦坊墨（ニテイボウズミ）　南都油烟（ユエン）墨は、創造の古法でもって長さは三寸、広さが八分で、世にいう油烟形と呼ぶもので、表に蛟龍（こうりゅう）の背に季家烟の三字を篆書（てんしょ）でもって書かれている。

延喜図書寮墨（エンキズショリョウズミ）　長さは五寸、広さは八分で、これは延喜式に出ている方法で製造したものである。

御覧大墨　元泰が製造した径が一尺六寸、厚さが二寸五分、重さが二十二斤でその形が円い。この墨は世に稀な大墨である。昔年（せきねん）、禁庭へ召された時、永田貞柳*11が、〝月ならで　雲の上まですみのぼる　これはいかなるゆえんなるらん〟と詠じたのはこの墨である。

雑煙　だいたい諸油、燈をともせば煤がでるので、これを集めて墨とすれば、色が各々違っていてこれを好む者は慣れ親しむ。しかし薬用にしてはいけない。

石液墨　越後で産する石脳油の煤を取って、製造したものである。宗奭によると、鄜延（ふえん）に石油があり、その煙は非常に濃く煤ができて墨ができる。黒光がして漆のようであるが、薬としてはいけないというのは、これのことである。

麻油烟（エン）墨、榧（カヤ）油烟墨、紅花子烟墨、桐花烟墨、鯨油烟墨、松子烟墨

以上十二種は古梅園で製造され壬午の年（一七六二年）、客品中にこれを持参した。その他二十余種は薬用に使えないのでこれを略した。

釜臍墨　和名をカマノヘソズミ、又はナベズミという。

百草霜　和名をクドノスミ、又はカマドノヒタイスミという。釜臍墨、百草霜の百草灰の三種は紛らせ混ぜてはいけない。釜臍墨は鐺釜（とうがま）に付いた墨で、百草霜は竈（かまど）の額に付いた墨である。田舎にある草等を焼いて、できたものを集めて使う。百草灰は、雑草の部に出ている。五月五日に百種の草を採って陰干し、焼いて灰としたものである。

石鹸　和名はシャボンで、練り物であるが日本産はない。蛮産紅毛（おらんだ）語でセツブといい、ラテン語でサボウネという。シャボンはラテン語より転じてできたものである。紅毛（おらんだ）流外科医で多く利用され、又衣類を洗うのに少し入れれば大変具合が良い。

金部（3）

金　和名はコガネで、昔は日本に金が産出することは知られていなかった。聖武天皇の天平二十一年二月丁巳（ひのとみ）の年、陸奥の国から始めて黄金が献上された。続日本紀（しょくにほんぎ）に載っている。大伴家持の歌に〝すめろきの　御代さかえんとあずまなる　陸奥山に子がね花さく〟と詠じたのもその時の歌である。後世諸国より産出した。

△**砂金**　和名はナスヒガネという。蝦夷産が上品で、若狭産も同じである。

△**金礦（キンコウ）**　鑛（アラガネ）又鉚（リュウ）に作る。五種類の金属*12はみな石の中に生じる。鎔（フキ）分のザルをアラガネといい、先輩は礦をマブと呼んでいるが、今金山でいわれているマブとは金銀を掘る穴のことである。金礦をヒイシといい、又はニトともいう。但し、金銀ともにニトと呼ぶが、銅礦をハクという。佐渡産は上品で、武蔵、秩父山産は中品である。

銀　和名はシロカネという。天武天皇の御代、三年三月七日対馬の国司、守忍海造大国（かみ・おしぬみのみやつこおおくに）の銀がこの国より始めて産出し、貢上しこれによって大国小錦下位を受け、凡（およ）そ、銀が倭国にあり、初めてこの国で産出したと日本書紀に出ている。後世になって諸国より産出した。

△**銀礦**　俗にこれをヲモニといい、記録上に掲載された。佐渡産は上品である。

赤銅　和名はアカガネで、日本で俗にシャクドウと呼ぶものは紫銅である。伊予産は上品である。

△假鍮石（カチュウジャク）　日本では俗にシンチュウという。これは銅と亜鉛との合金で、漢では銅と爐甘石（ロ）とを煉って作るという。鍮石（チュウジャク）は日本と婆斯国（ばしこく）に産し、自然に金色のものでこれを真鍮（シンチュウ）といい、煉成のものを假鍮という。日本では俗に煉ったものを指して真鍮といっているが、その誤りを長く改めていない。又一種の鍮石があり同名異物であり石部に詳しい。

自然銅　数種類ある。

方解ようのもの　和名はキリメイシといい、蘇頌（そしょう）*13によると、一体の大きさは麻黍（あさきび）の如くか、或いは多くは、四角に割けるものが積み重なって互いに結び合い、斗の大きさの塊となったものもある。色はキラキラと光り、黄金か鍮石などを見るようだ。薬に入れるのに最上のものである。このものと金牙石、銀牙石、方解ようの鉐石（コウセキ）の四種類は非常に良く似ている。漢産は上品である。

乱銅絲（ランドウシ）**ようのもの**　蘇頌によれば、信州で出る一種は、針金（乱銅絲）のような状態である。これは銅礦中に山気の熏蒸（くんじょう）によって、自然に流出するもので、生銀、老翁鬚（ロウオウシュ）の類のようなものである。薬に入れるには最も良い。又針金に似たものというのは、まだ見たことがないという。両説から考えると、蘇頌の説を聞くと、そのものを見ていないので、このものは、細い針金をまるめたようなものであろうと推定される。出羽産のものを巳卯（つちのとう）の年（一七五九年）、客品中に官医、岡田氏がこれを持参した。これは昔、阿部将翁が探り得たことだといわれている。

蛇含石（ジャガンセキ）ようのもの　陳承（ちんしょう）によれば、今は、辰州の川沢中から一種の自然銅を産出する。形は円く蛇含のようで、大きいものは胡桃（くるみ）のようで小さいものは栗ほどであり、外に黒く光潤な皮があって、破ってみると鉐石（コウセキ）と変わりはないが、ただ鉐石のように臭気がないだけだ。薬に入れて特に効験がある。このものは禹餘糧（ウヨウリョウ）に似て、鉐石と形状が非常に近く混同してはいけない。遠江、菊川天神沢産で里では俗にカネイシという。庚申（かのえさる）の年、私は始めてこれを得た。壬午の年、主品中にこれを持参した。下野（しもつけ）産は遠江（とおとうみ）産に同じである。松岡氏の用薬須知＊14に説明されている自然銅は、金色、銀色、鉄色の三種があって、金銀の二色のものが紀州、熊野より産出したといわれている。国倫が考えてみると、これは金牙石、銀牙石と疑っているが、本物を見なければ判断ができない。更に無名異、自然銅、蛇含石の三種は大抵にている。皆小さい砕石が一カ所に集まって毬（まり）のようになり、打ち破ると、円に分解するものは無名異である。四角に割けるものは自然銅であるが、割け方が定まっていないものは蛇含石である。その効用は大抵にている。考えてみると、この説はその性質や形が同じでも、名前が異なるということに似ている。恐らくは誤りであろう。三つのものは種類が異なるから混同してはいけない。

△**鉐石（コウセキ）**　自然銅について、蘇頌によると、火山軍に出る顆塊が銅のように堅く重い石のようである。医者はこれを鉐石という。これを用いて力を減らしても、分けられない。今人々は多く鉐石か

ら自然銅にするため、焼いてから青焔（せいえん）ができて硫黄のようなものがこれである。このものは二、三種類あって、日本でも産する。しかし、良く似たものが多く人には判らない。辛巳（かのとみ）の年（一七六一年）、私は伊豆で始めてこれを手に入れた。それは二種類あってその形は同じではなかった。

方解ようのもの　蘇頌によれば、一種砕かれた筋が、砂の塊のようなもので、皆光り方が銅のようである。多色で青白く赤色がすくない。皆これを焼いて、煙炎（ほのお）を成し、頃合を見て終わる。今医者の多くは誤って、これを以って自然銅としている。市中の貸所（たいしょ）はしばしばこれを善いとしている。それで自然銅を用いる時に、多く火を使うことが必要で、これは火を畏れて形と色は必須ではない。只これはいうだけである。このものの形は四角で積み重なり、大小がばらばらで、自然銅が金、銀牙石と非常に似ている。これを明らかにする方法は、炭火中に投げ入れると、牙石類は響いて飛散する。鉐石は而（しか）も青い炎があり、硫黄のようで臭いもまた似ている。火を尽くすと、その形が消し炭のようになり、火に入れない時には自然銅と紛らわしくなる。医者が知らない時には使ってはいけない。

伊豆、熱海産は方言でジャカという。壬午の年、主品中に私がこれを持参した。下総（しもうさ）産は上品で壬午の客品中、同国、香取郡佐原村、藤友才がこれを持参した。美濃産は壬午の年、客品中に同国、可児郡石原村、三宅儀平がこれを持参した。

禹余糧（ウヨウリョウ）ようのもの　蘇頌によれば、一種の殻があって禹余糧のようである。撃破するとその中の光明は鏡のようで、色は黄色で鍮石に類する。このものは殻（から）があって、禹余糧に似ている。中は銅鉱のようで、又蛇含よう自然銅と一般にはこれを焼いて、青炎硫黄に似ていて、方解ようのものと異なることはない。伊豆、田方郡修善寺村、越不坂山中産のものを、壬午の年、主品中に私がこれを持参した。

銅礦石　俗にハクと呼ぶ。トカゲハク、紅ハクとソウデンハクの数種類がある。伊予産は上品で、下野、足尾産は中品である。

銅青　和名はナラロクショウで、銅の精華（セイカ）である。銅山は自然の山気に薫蒸して、出るものは石緑である。人が作り出すものは銅青である。

粉錫　一名は白粉、別名を胡粉といい、和名はオシロイで鉛を調製して作るものである。白粉を再び焼くと、又鉛がでる。今日本で俗に胡粉と呼ぶものは、牡蠣（かき）殻、或いは蛤蚌（はまぐり）の殻を焼いて水を飛ばしたものである。これは蛤粉なので効用は別である。奉書に胡粉とある場合は、白粉を用いるべきである。又画色に用いる。芥子園画伝（かいしえんがでん）*15によると、昔の人はおおかた蛤粉を用いて、今書家は大方鉛粉を用いている。日本でも書家で鉛粉を用いるものは、古くからのいいつたえである。近世漢画を習うものは、白粉を用いる。漢製は下品で、日本製は上品であり、又上中下の品があって安価なものは他のものを混ぜて使うものが多い。選んで用いるべきである。

密陀僧（ミツダソウ）　薬屋に二種がある。

日本で俗に**銀密陀というものがある。**　蘇頌がいう銀鉛脚（ギンエンキャク）といっているのがこれである。

金密陀というものがある。　黄赤色で形は霊砂に類す。蘇恭（そきょう）*[16]によれば、娑斯国に産出する。形は龍歯に似ていてしかも堅く重い。古今医統*[17]によると、金錫、即ち密陀僧は金色のものとこれであろうと。松岡氏によると、金密陀僧は別物である。用いてはいけないといわれているが、これは詳細不明である。

古文銭　このものが眼疾を治すことは不思議である。そのほか効用が多い。東壁によると、但し、五百年以上経つものは用いることができる。

大半両銭　前漢書食貨志*[18]によると、秦が天下を手にいれ銅銭を鋳造し、その品質は周銭のようで、文（モン）の半両といわれ、重さはその文と同じである。敦素（とんそ）によれば、径が一寸三分、重さは八銖（シュ）*[19]である。

三銖銭（サンジュセン）　前漢書武帝紀によると、建元元年の春二月に、三銖銭が発行された。

五銖銭　前漢書武帝紀によると、元狩（げんしゅ）五年に、半両銭を止めて五銖銭が発行された。

四出文　別名を角銭といい、後漢書霊帝紀によると、中平三年にこれを鋳造した。

直百五文　宋洪遵泉志（そうこうじゅんせんし）によると、この銭は年代が不明で諸家の説を考えると、劉備（りゅうび）が鋳造したことが、明らかになるだろう。

大泉五百　呉志によれば、孫権嘉禾（そんけんかか）五年、春大銭を鋳造しこれ一つで五百に当たる。

得壹元宝　唐書食貨志（とうしょしょっかし）によれば、史思明（ししめい）東部に基づいて鋳造した。

周元通宝　五代志紀論によれば、世宗即位の明年、天下の仏寺三千三百三十六を廃止し天下の銅仏を毀（こわ）しこれを鋳造した。以上八種は皆漢銭である。

寛平大宝　寛平二年にこれを鋳造した。

富寿神宝　弘仁九年にこれを鋳造した。

乾文銭　泉志、国朝会要*[20]を引用していう、大平興国九年、日本国の僧奝然（ちょうねん）*[21]らは難破して北宋に着き、その国の銅銭を用いた。文（もん）を乾文宝といった。

以上　三銭はみな日本の銭である。凡そ、十一種は紀伊藩関口氏が壬午の年、客品中にこれらを持参した。その他二百有余種、或いは五百年内のものや、蛮銭の類は薬用に関係していないので省略した。

玉　部（3）

珊瑚（サンゴ）　このものは海底の石の上に生じ、枝があって葉はない。漢産で日本では、俗に亜媽港（アマコウ）と呼ぶものは上品である。宗奭（そうせき）によれば、紅油色のものがある。細い縦紋は愛すべきといわれているのがこれのことである。色が淡いものもある。宗奭によると、鉛丹色のものもあるが、無紋のものは下品である。一種に赤色が血液のようで、縦紋の無いものを、日本では俗に血玉といい、下品である。

△**海松**　和名は琉球珊瑚（サンゴ）、又は島珊瑚という。海中の石の上に生じて、色が赤く珊瑚に似ている。蘇頌によれば、珊瑚は明潤で紅玉に似ていて中に多くの孔があるが、孔のないものもある。これらの説は孔の無いものが珊瑚樹で、あるものが海松を指している。物理小識*22によると、一種の海松とは良く似ていて、唯、針眼があるという。今この説に従うと、このものは形や色が珊瑚に似ているが、元来別物である。中山伝信録*23によれば、海松は海水中に生じ大きいものは、二、三尺で根は海底の石の上に集まり石と組んで、一つになる。磯松と名づけられ、本木類の松が、石上に着生するのに似ているといわれる。義甲義髻（けい）の義*24のようなものだ。この字は大いに適切である。字書から考えてみると、磯は石のかたちとは別で、この意味は、枝葉繊細で側は柏とほとんど変わらない。焰（ほのお）は鮮明で火のようで、おそらく柏枝の葉でもって朱色に成る。生臭い匂いに近づいてはいけない。その根をもてあそぶと、曲がりくねったさまは、屈曲した老樹の如くである。刀で以ってこれを刻んではいけない。儼然（げんぜん）たる石である。馬歯山に生ずるものと他の処の比較では、とりわけ良き紅色で色落ちせず。この説は非常に詳細である。唯、磯の字の註解は盤説（たがねせつ）である。日本で俗に磯の字を〝いそ〟と解釈して海浜のこととする。琉球国では日本の言葉を用いるものは多く、これは即ち〝いそまつ〟の解釈である。日本でも〝うみまつ、いそまつ〟という。琉球産は上

品で径が二寸で長さが一尺余り。紀伊、熊野産は上品で、相模産は中品で、方言はうみまつ、又はいそまつという。

一種日本で、俗に珊瑚砂と呼ぶものがあって、相模、紀伊、但馬（たじま）、若狭等の海浜に産出し、好事者はこれに慣れ親しんでいる。即ち海松の杪（こずえ）であって本当の珊瑚ではない。海松杪になると、針眼がなく節々が脆（もろ）く折れやすく、その折れたものが砂中にあって海水に晒されれば光潤で珊瑚のようになる。

馬腦（瑪瑙）　数種類あって形色で名前が異なる。

南馬腦　顧薦負暄録（こすいふけんろく）によると、南馬腦は大食*[25]等の国に産する。色は真に紅で瑕（きず）が無く杯斝（はいし）に作るのが良い。蛮産で紅毛語でアガアトステインという。

截子馬腦（セッシメノウ）　顧薦負暄録に示されている截子馬腦は、白黒が交互になる。漢産が上品である。

宝石　これもまた種類が多い。

一種陸奥、津軽の海浜より多く出る。和名はツガルジャリ、又はイマベツイシという。色は微黄色でその他の所在は、海浜で砂石中に交わって生じる。

石榴子（ザクロ）　和名はザクロイシといい、これは、又宝石の一種である。蛮産は全く石榴の実のようで、蛮人が持ち渡ってくることは稀である。だから悪い商人はガラスで偽造している。

水精　東壁によれば、倭国には水精が多いという。このものは日本の所在に産する石英と一物二種である。石英は大小皆、六面体で、削ったようである。水精は顆塊の形が一定しない。貝原先生が水精の大小、全て六角であるというのは、石英に似ているといっている。日向産は上品で、近江産は中品である。

雲母　和名はキララで、三河、吉良村産は上品である。河内、道明寺山中産は中品で、讃岐、良野産は下品である。蛮産は上品で、紅毛語でアラビアガラスといい、アラビアは国名で、ガラスは硝子を指しその大きさは一尺余りで極めて透明である。

△**雲胆**(ウンタン)　雲母の色が黒いものである。弘景*[26]によれば、真っ黒で純黒、更に紋があり斑は鉄のようで雲胆と名づけた。漢産は上品で、讃岐、寒川庵治(あじ)村に産するものは、小さくて下品である。

△**雲砂**　和名は金雲母で、即ち雲母の黄色いものである。別録の説明では、雲砂の色が青黄というものがこれのことである。漢産は上品で、陸奥(むつ)産は下品である。方言で俗にヒル石という。このものは、火に入れれば十倍の大きさとなるのがこれのことである。その形が蛭(ひる)に似ているのでこのように名づけた。

白石英　和名はケンジャリ、又はカブトスイショウといい、山中の土石の上に生じ、皆六角にして上が鋭く、上品なものは明徹で色が白いが、黒色のものは下品である。日向産は上品で、紀伊産や尾張、本庄産、信濃産も上品である。備前、児嶋産や讃岐、飯(いい)の山産は中品である。

黒石英　漢産は上品で、摂津、甲山産は中品であり、近江産は下品である。

紫石英　漢産の径は寸余りで、長さは三寸で、色は深紫色で非常に上品である。近江産は中品で、下野、都賀郡足尾蓮景寺、山中産は中品で方言ではドウミョウジという。

文　献

（1）杉本つとむ：物類品隲、生活の古典双書二、八坂書房、東京（一九七二年）頁一－四・
（2）入田整三：平賀源内全集上、平賀源内先生顕彰会、東京（一九三二年）頁一－一七七・
（3）木村康一：國譯本草綱目第三冊、春陽堂書店、東京（一九七五年）頁七九－一二六、頁一二九－二一〇、頁二六一－二八九・

＊1　蘭引とは日本には幕末にオランダから伝来したアランビーク蒸留器のこと。
＊2　物類品隲の巻の四「木部」にもあるように、紅毛人が持ち渡ってきた芝類と見られている。フラスコの口に使用するもので、質は軟らかくて、非常にしまりが良い。紅毛語で徳利の口をポロップというが、日本人が聞き誤ってこのものをホロッフと呼んだがこれは間違いである。
＊3　崇禎（すうてい）十年（一六三七年）宋応星が著した中国の技術書。
＊4　龍脳は二羽柿科に属する、龍脳樹より採れる塩状の結晶性顆粒の事。
＊5　シタン（紫檀）とは、マメ科の常緑広葉樹のうち、木材として利用することのできるシタン属および

ツルサイカチ属の樹木の総称。

＊6　「本草衍義」の著者、宋の宗奭のこと。

＊7　古今著聞集は鎌倉時代、一三世紀前半の人、伊賀守橘成季によって編纂された世俗説話集。単に『著聞集』ともいう。二〇巻約七〇〇話からなり、『今昔物語集』に次ぐ大部の説話集である。

＊8　モクセイ科のトネリコのこと。東北秦皮、四川秦皮などの樹皮を除いた上皮および枝皮。

＊9　『墨経』一巻は、晁説之あるいは晁貫之撰。墨材の選択・採取・製墨法などを二〇項目に分けて詳細に記述している。

＊10　徽州徽州区‐中国安徽省黄山市の市轄区。徽州（安徽省）‐現在の安徽省に北宋が設置した州。

＊11　永田貞柳（一六五四‐一七三四年）江戸時代前期‐中期の狂歌師で狂歌中興の人。承応三年生まれ。紀海音の兄。家は代々鯛屋と称する大坂の菓子商。父貞因に俳諧を、豊蔵坊信海に狂歌をまなぶ。

＊12　「五色・種の金」といい、赤金（銅）、黄金（金）、白金（銀）、黒金（鉄）、青金（鉛）を指す。

＊13　「図経本草」の著者、宋の蘇頌のこと。

＊14　松岡恕庵が作成した本草書。松岡恕庵（一六六九〜一七四七年）は、江戸中期の本草学者で京都の人。名は玄達。恕庵は通称。山崎闇斎・伊藤仁斎に儒学を、稲生若水に本草学を学んだ。

＊15　芥子園画伝は、中国、清初に李漁が刊行した画譜。芥子園は李漁の書室および書店の名。四集ある。

＊16　「唐本草」の著者、唐の蘇恭のこと。

＊17 古今医統、古今医統大全／徐　春甫　編　中国・明代に徐春甫が撰述したもので、内経をもとに病の治験に当っていたことを、諸書と合わせまとめた。単に病気のことだけではなく中国の歴史上有名な医師のことも記されている。

＊18 「漢書食貨志」に収められている有名なものであり、前漢王朝（前二〇八〜後八年）の社会や経済を記録した歴史書である。中国後漢の章帝の時に班固、班昭らによって編纂された。

＊19 周代の一銖は約〇・六グラム。

＊20 〈宋会要〉とも簡称する。宋代の会要は、一〇四四年（慶暦四）の〈慶暦国朝会要〉一五〇巻から、一二三六年（端平三年）の〈嘉定国朝会要〉五八八巻まで、南北両宋の時代に応じて編纂され、一〇種類の多きに達する。

これらは宮中の会要所で第一級の原資料を使って編纂された。

＊21 平安時代、東大寺の僧で九八三年に宋へ渡航し「今文鄭注孝経」を宋の太宗へ献上した。

＊22 物理小識一二巻総論一巻：著者：明・方以智［他］：出版年月日：康熙三序刊：唐本半紙本、序文、凡例、総論、天、暦、風雷、雨陽、地、占候　人身、医薬、飲食、衣服、金石、器用、草木、鳥獣、鬼神方術、異事より成る。

＊23 中国の地誌（「中山」は琉球の異称）六巻。徐葆光著。一七二一年成立。前年に清の外交使節として訪れた琉球の見聞を、皇帝への報告書としてまとめたもの。琉球の研究資料として知られる。

「物類品隲　巻乃一」

＊24　填(うず)めた爪、乗せた髷(まげ)の実物の代わり。

＊25　中国の宋王朝（九六〇～一二七九年）の歴史書「宋史」の列伝（群臣などの事蹟(じせき)を各別に並べたもの）には、諸外国のことを記した「外国伝」がある。当時の西アジアはすでにイスラム社会になっていたが、唐代や宋代の中国人は、イスラム教徒やアラビア人のことを大食と呼び、同じ「宋史」の「外国伝」に大食国の記述がある。

＊26　「名医別録」の著者、梁の陶弘景のこと。

「物類品隲　巻乃二」石　部

石　部（1）（2）

丹砂（ハクア）　別名は朱砂といい、辰州に出るものを上とし、これを辰砂という。それ以外、或いは形色から判断してそのように呼ぶ。或いは、出る所の地名から名付けて呼ぶものが多いといっても、日本では都で辰砂と呼ぶ。漢産や蛮産、大和、吉野産が上品*1で、豊前、下毛郡草本村産は中品である。

水銀　和名はミズカネで、丹砂から造る製法が伝えられている。また馬歯莧（ばしけん）*2を焼いて取ったものを草汞（ソウコウ）という。漢産は上品で、伊勢産も上品である。

水銀粉（塩化第一水銀）　別名は軽粉で、和名はラヤ水銀を焼いて造る。伊勢産は上品である。

粉霜（昇汞（ショウコウ）、塩化第二水銀）　水銀粉から製造したものである。升錬（べんれん）して粉霜を得る方法は、綱目修治（炮製方法（ほうせい））の所に詳細がある。又別に直接水銀で製造する方法がある。医宗粹言（いそうすいげん）*3に掲載されている方法は、水銀二両、塩一両、明礬（ミョウバン）一両、皂礬（コウバン）一両、硝五銭を用い一緒にして研ぎ、水銀の粒が見られなくなったら、缶一個を用いて前薬を入れ、缶口に鉄燈盞（とうさん）*4を用いて固く封密し、鉄線を巻きつけて堅くし百眼爐上（ひゃくめろじょう）*5に置く。およそ線香の三本が燃え尽きる位の間煉り、燈盞に水を注ぎ冷やして、盞上に残ったものを掃き下して粉霜にする。この粉霜が墜下するもので瘡毒（そうどく）を洗い腫毒に使えると伝えるのがよい。

蛮産は上品で、紅毛語ではメリクリヤルドーリスといい、社友中川淳菴はこれが粉霜だという。本草でいうその形が、白蝋のようであるのとよく合致する。考えてみると、メリクリヤルは紅毛人のいう水銀で、ドーリスは殺すという言葉である。水銀殺とは水銀の焼製を意味するが、蛮人語は言葉の続き具合の種類が多い。

銀朱（硫化第二水銀）　日本では俗にただ朱といい、このものは水銀を焼製するので銀朱と呼ぶ。毒があって朱砂と混同してはいけない。漢産は上品で、日本産も上品であるが、琉球から来るものは更に上品である。

雄黄（二硫化砒素）　和名はユウオウで、その色は鶏冠（とさか）に近いものを上品とし、日本では俗に鶏冠石という。漢産は上品である。

雌黄　雄黄と同類で二種ある。日本では俗に雌黄と呼んで、画色に用いるものは、藤黄で木脂を取って製造したものである。本草の蔓（つる）で、草部に出ている。本当の雌黄は石であるから混同してはいけない。漢産で黒色のものは下品である。漢産で黄金色のものは非常に上品である。弘景によれば、扶南林邑（ふなんりんゆう）*6に出土し、これを崑崙黄（こんろんこう）という。色は金のようで、しかも雲母に似て甲錯書家（こうさくしょか）が重要視するものはこれである。硫黄もまた崑崙黄の名前があるが、同名の異物である。信濃産は下品である。

石膏（**含水硫酸石灰**）　漢産は上品で、河内、交野郡産は中品である。尾張、知多郡産は下品である。石見産は上品で、越後山の下産は上品である。

理石（**繊維石膏**）　石膏と一類中の二種である。石膏は条理が粗くて短く、一方理石は条理が細くて長い。別録によれば、理石は石膏のように順理であり細い。東壁によると、石膏中の条理が長く細い直線で糸の如く、色は明潔で微青を帯びるものである。南部産は上品で巳卯の年、主品中に田村先生がこれを持参された。伊豆、熱海産は小形で芒消のようで、中品である。箱根産と熱海産は同じである。河内、金剛山産は中品である。

長石（**無水硫酸石灰**）　別名硬石膏で、先輩が硬の字に泥で火打ち石の類とするのは誤りである。硬とは軟石膏の鬆軟が砕け易いのに対していっていることで、火石の類をいっているのではない。季氏がいう理石は、石膏の類で長石は方解の類だといっていることを考えると、本草の石膏、理石、長石、方解石の四物は非常に紛らわしい。熟覧、玩味をしないのであれば、詳細を得ることも無い。唐宋の諸方で用いる多くの石膏は、大抵長石である。下野、川股村産の日本名でカキガライシ、方言で雪石という形がたいそう石膏に類し、石膏より堅くこれを砕くと片が横解することが、牡蠣殻のようで色は大変潔白で玉のようだ。

東壁の説と少しも変わることがない。巳卯の年、三月私は、始めてこのものを手に入れた。本草を閲覧（えつらん）すると、これが長石であることは間違いがない。これを懐にして田村先生を伺うと、先生もまた南部産の理石を手に入れられていた。諸説を考え合わせると、本物であることは疑いがない。先輩の考えをも充たすものである。

方解石（炭酸石灰）　和名はイイキリという。漢産は上品で、常陸（ひたち）産も上品である。出羽産は中品で、讃岐、屋島産も中品である。

滑石　和名はカッセキで、漢産と河内（かわち）、安部郡国分村産は上品で、備前、八木山産も上品である。

△**冷滑石**　和名はイシワタである。日本では俗にイシワタというものの類が多く混乱してはいけない。これは滑石の青蒼色のものである。漢産や尾張産は上品で、上野産や讃岐、庵治村産は中品である

△**斑石**（ハンセキ）　和名はブドウ石で、滑石の条下で蘇頌（そしょう）*7によると、莱膏州（らいこう）から出るものの理（表面）は粗質で青く黒点があるので斑石（マダライシ）という。器に造ると、非常に精功なものとなるといえる。駿河産は上品で硯（すずり）や他の頑器（ばんき）を造りだす。

△**松石**　不灰木附録に出ている。和名はマツイシで、下野産は下品である。

白石脂　漢産は上品で、大和産は中品である。

黄石脂　蛮産は上品で、紅毛語でボウリスアルメニアといって、このものは外療に用いて功効が

多い。長崎、山里村葛坂産と肥後、宇土郡産は、上品で蛮産と異なることがない。戊寅の年（一七五八年）、田村先生が始めてこれを持参された。

赤石脂　佐渡産は上品で、山城産も上品である。武蔵、秩父産は中品で、讃岐、城山産は下品である。

炉甘石（ロカンセキ）　漢産の古渡は上品で、漢産の新渡は中品である。山城産は上品である。

無名異（ムミョウイ）　和名は鉄・マンガンを含む結粒である。東壁によると無名異は、庾詞也本草の始めで、大食国[8]に産出するという。石上に生じるもので、黒褐色で大きいものは弾丸ほどで、小さいものは黒石子ほどのものだ。これを噛むと錫のようだ、というのは他に比べるものが無い。漢産は上品で、大きさは唐黍の粒である。岩見産は上品で讃岐産は下品で、形や色が零余子に似ている。

△画焼青　和名はゴスで、火煉の無名異で形はたいそう鉄屎[9]に似て、色は黒く青光を帯びている。瓷器[10]に描きこれを焼くと青色で、群青色のようで南京焼、肥前焼で画いたところ皆この色である。御室焼、尾張焼の類に用いる時は青色を表わさず黒色で良くない。獨伊万里焼、唐津焼等に用いる時は、青色が大変優れている。毎年漢土から来るのを待って使用する人は、その火煉を経たことは考えず、漢産のものの形色から物色してこれを買い求める。だから日本産は、絶えて無くなってしまった。辛巳の年（一七六一年）、私は始めて日本にこのものがあることを知った。考えてみると、天工開物[11]によると、おおよそ碗に画く青料は総て同じ仲間の無名異で、このもの

は、深土に生ぜず地面に浮いて生ずる。深いものでも下へ三尺で止める。各省でも皆これがある。上料、中料、下料を明らかに認め、用いる時は先ず炭火を集めもって紅に煆焼(かしょう)*[12]して、上料は火を出して翠毛(すいもう)色となり、中料は微青、下料は土渇に近い。上料では毎斤(重量の単位)煆出*[13]して七両を得る。中下料の次を以って縮減する。おおよそ料を使うのに煆過*[14]の後、乳鉢で極めて細かく研ぎ、その鉢の底に銹(さび)が転じ無いようにする。そして画水に調える。調え研く時、色は黒のようで、火に入ればその時は、青碧(せいへき)色になる。物理小識*[15]によれば、窯器の青は石土に画いた。盧陵安福(ろりょうあんふく)で新たに黒赭石(コクシャセキ)を産出し、水で磨いて磁圤(じばく)に画いた。初めて色が無いところで画いて、窯に入れると天藍ができた。景徳窯(けいとくがま)の手腕の諸々を婺源(ふげん)で取得し、名づけて画焼青という。一に無名子といい、蘸溺泥(すできでい)の青は外国から来るという。以上の諸説を合わせて考えるのが良い。漢産は上品で讃岐、陶村産は下品である。以上の二種を壬午の年、主品中に私がこれを持参した。

石鍾乳(セキショウニュウ)　和名はツラライシという。深洞幽穴中に生じ、石液が滴って氷柱のように下だり、垂れる石に付いた本(もと)の所を殷孽(インゲツ)といい、中を孔公孽(ココウケツ)という。鍾乳は、末端が細く透明である。漢産は上品で、遠江、岩水村産は中品で、豊後、大野郡木浦山産も中品で、石見産は上品である。

孔公孽(ココウケツ)(中空管を有する鍾乳石)　鍾乳石の本、殷孽の末端で遠江産と信濃、木曽白保根山産は上品である。

殷孽 鍾乳孔公孽の根である。遠江産は上品で、下野、安蘇郡菅村産は中品である。

△石牀 殷孽附録に出ている。一名は石筍という。蘇恭*16によると、鍾乳の水滴が下り、凝積して生じ、筍状のようであると。鍾乳は洞穴中に上から下り生じるが、石牀は上から乳水滴が落ちて下で凝まるものである。その状態は非常に筍に似ている。

△石花 殷孽附録に出ている。一名は乳花という。蘇恭によると、乳穴堂の中に生じる。乳水を石上に滴下して、散って霜雪のようになる。考えてみると、石牀は一物中の二種である。凝積したものは石牀で、迸散して凝ったものは石花である。遠江産は上品で、鍾乳以下五種ありその本は一物、又は同じく洞中に生じ、本の精粗で以ってその名が違ってくる。

土殷孽 東壁*17によれば、鍾乳の山厓の土中に生じるものである。考えてみると、乳水が洞穴中に凝るものは鍾乳で、土中に凝るものは土殷孽である。下野産は上品である。

石髄（炭酸石灰を含む泥状堆積物） 二種類あり以下に示す。

仙経によると、〝神仙五百年に一つの石を開いて髄が産出した。これを食べると長生きする。王列が山に入って石が裂けるのを見た。そこから髄を得てこれを食べ、小量を撮つて来て嵇康*18に与えたが、その時には変化して青石になっていた。〟とある。これは石中の空洞に生じるものである。下野、境野産は壬午の年、客品中に官医の山田氏がこれを持参していうには、土地の人が石を破ると石中の水が流出する。この時凝って石となる。その品質は殷孽に似て色が白い、しかし上の説では青石である。これは恐らく石の色にしたがって、このものも色が違ったものになるのか。藏器*[19]によれば、白色も黄色もあり色は一色で無いように思われる。

藏器によると、〝石髓が臨海の華蓋山（かがいざん）の石屈に生じる。土地の人がこれを採り澄まし揺り泥のようにして弾丸ほどの丸とする。〟とある。この説は上の石中の空洞に生じるものとは異なるものである。

越前、大野郡打波村産は壬午の年（一七六二年）、客品中に郡上候の医官、宮沢東宿がこれを持参した。東宿によると、深山の渓水が流出する当たり自然に凝結し石となるか、或いは、草木の枝葉や他の何かに付いて凝結する。

下野、安蘓郡山菅村産はこれもまた山田氏が持参した。これは水中で自然に凝結するものである。この二種が境野産と出る所は同じではないが、皆石髓である。

源内が考えてみると、鍾乳石や孔公孼、殷孼、石牀、石花、土殷孼、石髓の七種は本（もと）が同じで皆石液である。凡そ、玉石は皆液があり玉液を玉髓といい、石液を乳水という。石が完全ならば液が出ることはない。金銀を堀り、又わけがあって石の中に穴を開けた時は、洞穴中の石液が漏れて土中に凝結したものを土殷孼といい、石の中にまれに空隙があれば、液がその中に充満する。石を破れば流出し、風日を見れば凝結して石となる。又深山霊谷で石液水と共に凝結したものがある。下野、山菅村、越前、打波村に産する石髓がこれである。

列仙伝[20]にいわれている功疏石髄を煮て用いる。これが鍾乳であるということを明らかにした。今三つの場所に出た石髄を見ると、その性質は殷孽や孔公孽は全く同じものである。蛤、蚌、蝦、蟹その他の諸物の石化するものは、乳水のために凝結して朽ちることができない。又乳水が無いのに石化するものもある。美濃国に産する日の糞、月の糞と呼ぶものは人が非常に珍しいとする。空中でこのものを雨に晒すという説は誤りである。乳水や玉液等の螺殻を除いて乳液が残ったものである。

△**地脂**　考えてみると、綱目石髄に該当するものである。東壁によれば、方鎮[21]の編年録にいう高展は、并州の判官となる。一日、石畳の間に泡が出るのを見た。手で以って老いた役人の顔に塗った。皺皮が崩れて改まり、少年の色のように変化して神薬であると。承天道士[22]に尋ねたところ、道士がいうには、これは地脂と名づけこれを食べても死なず、つまり重なり込み入った所には見られない。又北史にいう亀茲国[23]の北大山の中に、肥えた膏のようなものがあって、流出して川となって数里を流れ地下に潜って清酒のようになり、これを飲むと歯や髪は更に丈夫になり、病人が飲めば皆治癒すると。以上の二説はその形状を考えると、石髄とは別物である。混乱して一つとするのは誤りである。讃岐、阿野郡川東村奥林に石壁があり、高さ数丈（一〇尺、約三・〇三メートル）で、地を去って丈余りで水石の間から滴出する。内部に乳汁のようなものが流出し、土地の人が石の乳と呼び、名を付けて火傷に塗って治癒することは、まるで神薬のようであるという。これは上

の説の地脂である。壬午の年、客品中に同じ国の陶村の三好機喜衛門がこれを持参した。
石脳油　和名はクソウズノアブラという。越後、蒲原郡如法寺村産で水上に浮いて土地の人は、カグマという。草で拭き取って器中に貯え、灯油に用いる。信濃、水内郡薬山産は越後産と同じである。
石炭　和名はカラスイシといい、黒いこと墨のようである。火に入れるとよくもえる。美濃産や大和、水谷川産は中品で、信濃産は上品である。筑前、鞍手郡産は中品である。土地の人はイワシバ、又はイシズミといい薪に代用する。
石灰　和名はイシバイと呼び、このものは石を焼いて灰とする。又は蛤蚌、及び牡蠣殻を焼いたものを蛤蚌粉、牡蠣粉という。形は非常に石灰と似ているので、日本では俗に石灰というが、石灰とは別物であるから混同してはいけない。武蔵、多摩郡成木村産は上品である。焼きが不完全な時には、その石の色は白く僅かに黒色を帯びていて堅い石である。
△**水龍骨**　つまり艌船油石灰であり、日本の船は船茹*[24]を用いて石灰を使わないのでこのものはない。漢産は長崎にある。
石麪　武蔵、那珂郡圓良田産色は、色が大変白くその形が麪（麦粉）のようで壬午の年、客品中に同国の野中の中村利兵衛がこれを持参した。出雲産は上品で壬午の年、客品中に大阪の古林杏節がこれを持参した。

△**暈石**（ウンセキ）　陳藏器の本草拾遺によると、海底に生じ、状態は薑石（ショウガイシ）のようで、紫褐色にして極めて堅く、石に似て海水で結晶し、自然に暈（うん）がある。海水で結成するという。このことが綱目の浮石（カルイシ）の附録にでているが浮石とは別ものである。相模産の方言はクモイシという。

石芝　和名はクサビライシ、又はリウグウノサイハイイシという。このものは海中の石の上に生じ、紀伊の海中に多いが、その他のところにも産する。その種類は非常に多く、形状も一つではない。紀伊、田部産は上品で、薩摩産は大きさ一尺余りで非常に上品である（図２－１）。

慈石　和名はハリスイシである。漢産と備前産は上品で、甲斐、金峯山産は中品である。

玄石（磁力の弱い磁鉄鉱）　慈石（ジセキ）の鉄を吸収せず色は黒い。甲斐、金峯山産は慈石中に混じって

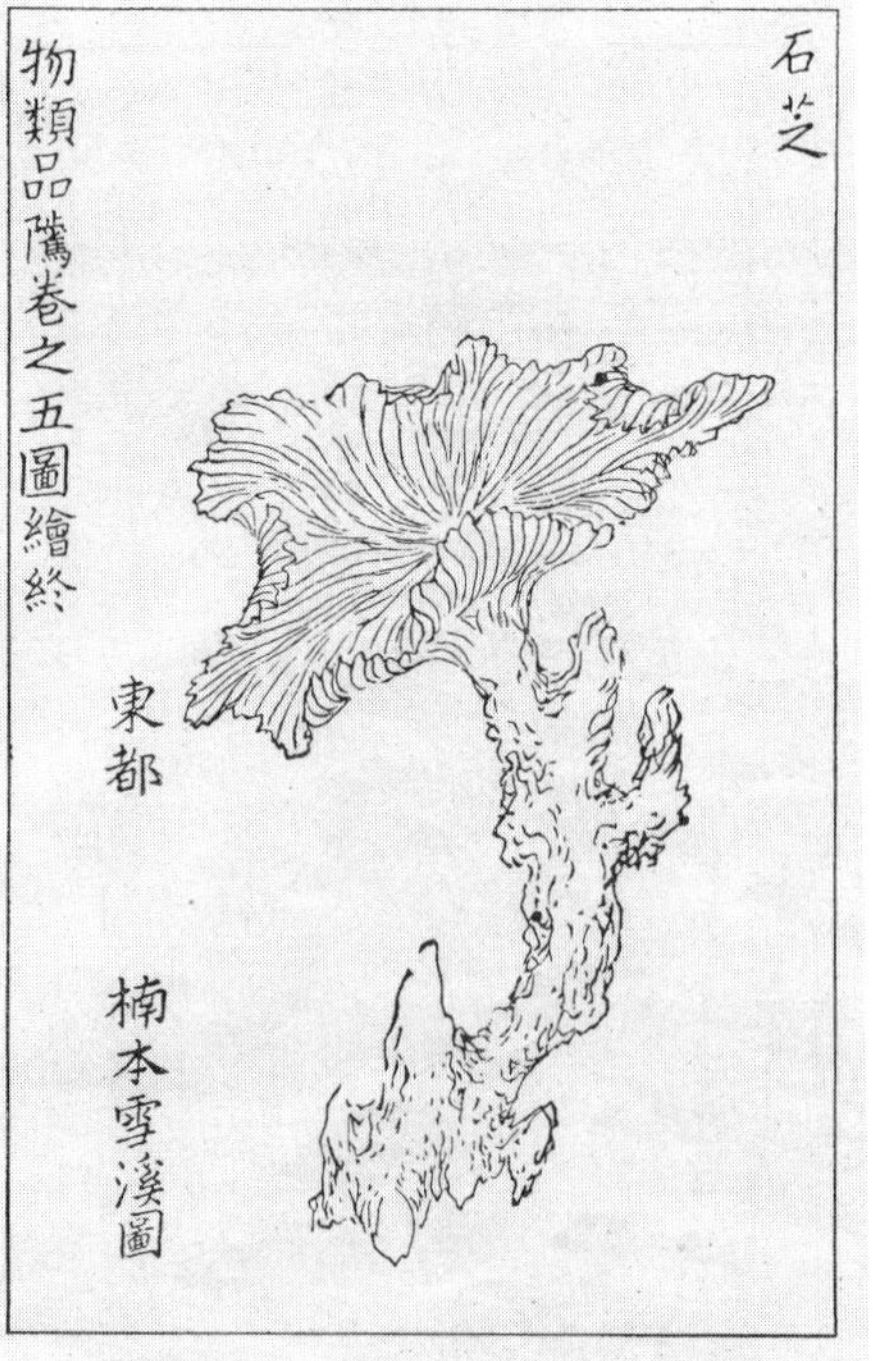

図２－１　石芝の図、巻之五・産物図絵より転載[1)]

産する。

代赭石（タイシャセキ）　漢産は中品である。漢産の丁頭代赭（テイトウタイシャ）は、日本では俗にマメデと呼び、このものは上品である。

禹余糧（ウヨウリョウ）　和名はイワツボである。太一禹余糧（タイイツウヨウリョウ）は、一類中の二種である。東壁は名医別録の説に従って、池沢に生じるものを禹余糧といい、山谷に生じるものを太一糧という。漢産は上品で、東都白銀台、熊本候別荘渓潤中産は、上品で、甲斐産は中品である。紀伊、境裏海辺産は上品である。

太一余糧（泥鉄鉱）　漢産は上品で、和泉産や紀伊、綱不知蒲金山産も上品で、讃岐、鵜足（うあし）郡炭処村産は下品である。

空青（塩基性炭酸銅）　別名は楊梅青（ヨウバイセイ）である。陳藏器によれば、大なる空緑、それに次ぐ空青である。考えてみると、先輩がイワコンジョウとするのは誤りで、イワコンジョウは扁青で下に見える。空青の状態は楊梅のようで、内が空で水を含み、色が青く緑を帯びている。従って、一に楊梅青、又は空緑と名付ける。先輩が岩コンジョウという説は、先入感からで緑色ではない、というものがいてこれは誤りである。綱目は空青の発明について、東壁によると、銅は青陽の気から生じるもので、その気の清なるものが緑となるのは、人体に於いて肝血となるのと同じである。集解によると、方家が薬を銅物に塗ると青が生じる。削り下して空青を偽作する。終りにこれが銅青で石緑を得る方法ではない。これは銅青でなく、ロクショウである。だから空青の偽造をすると空青の緑色であることが明らかである。造化を指南する説等と一緒に考えるべきである。漢産は庚辰の年（一七六〇年）、主品中に田村先生が持参されたものは、内部に水が無く下品である。

曽青（ソウセイ）**（炭酸銅）**　これも又青緑色である。東壁によると、形が黄連のようでよく似ている。又蚯蚓屎（きゅういんし）*[25]のようで稜が角である。色は深く波斯青黛（はしせいたい）*[26]のようで、層層として音を生じるというものがこれである。漢産は庚辰（こうしん）の年、主品中に田村先生が持参されたものは上品である。

△**鍮石**（チュウジャク）　和名は笙石（ショウセキ）、或いは青石に作る。物理小識によれば、鍮石の性質は高麗のものが石汁を磨いて下し、笙黄に塗るべしと。これは今笙簀（ショウノシタ）に塗った笙石である。その色は青緑色でこれは空青、曽青の類で金部の鍮石と同名の異物である。又綱目の青の該当する部分で東壁の造化指南の引用によると、銅紫陽の気を得てしかも緑を生じる。緑が二百年で石緑を生じ、銅が始めてその中に生じる。曽空・二青はつまり石緑の道を得るものを、均（ひと）しくこれを鑛（コウ）という。又二百年春の時効になって変化して鍮石になり、この鍮石を、又ショウセキという。金部の鍮石ではない。朝鮮産は上品で壬午の年、主品中に源内がこれを持参した。

緑青　一名石緑で和名ではイワロクショウという。画色に用いるには水を飛して三品とする。頭青二緑三緑*[27]いう芥子園画伝（かいしえんがでん）*[28]に示されている。摂津、多田産は上品、下野、足尾山産は下品である。

扁青（ヘンセイ）　一名大青で、一名石青ともいい、和名はイワコンジョウという。綱目の扁青でこれもまた画色に用いるには、水を飛して頭青二青三青*[29]とする。空青より以下五種皆銅山よりでる。銅の精華である。漢産や摂津産は上品である。

△**仏頭青**　和名はハナコンジョウで、綱目の扁青は集解中に出ているが、形状を説明できていない。天工開物によれば、回青*[30]は西域の大青美なるものもまた仏頭青と名づけた。上料無名異に火が入ればこれに似ていない。大青はよく洪爐に入れ本色に在る。焼き物の窯に入れて本色が在るものは鉄落、画焼青とハナコンジョウの三種だけである。それ以外の画色は皆色を変じる。天工開物に説明されている仏頭青は、ハナコンジョウであることは明らかである。このものは蛮国からきて、初めは細砂のようで、これを研いて更に細末として画色に用い、扁青に比べると下品である。先輩がいうには、硝子くずであると。詳細は不明である。

△**ベレインブラーウ**　紅毛人が持参して来たもので、扁青に似て質が軽く扁青に比べると、色が深く非常に鮮明である。私は家に紅毛花譜*[31]の一帖を所蔵している。品類はおおよそ数千種で形状、設色を行い、その青碧色のものはベレインブラーウで彩色したものと考えられる。この色は大変優れている。東璧によると、天青*[32]、大青*[33]、西夷*[34]、回回青*[35]、仏頭青等色々あるが、皆同じではない。回回青は最も貴いといわれている。恐らくこのものは、回回青ではないであろう。

石胆（硫酸銅）　一名胆礬である。漢産は上品で、下野、足尾山産も上品である。

礞石 一名青礞石で、漢産は上品である。大和、葛下郡下牧村産は上品で、壬午の年、主品中に田村先生がこれを持参された。大和、宇陀郡松山森野賽郭で始めてこれを得る。

花乳石 一名は花蕊石で、和名がアワモチ石である。漢産の古渡りは上品で、新渡りは中品である。

金牙石（黄鉄鉱） その形の大小は不定で皆四角で、方解ようの自然銅に似ていて、金色で鍮石に類する。漢産は上品で、佐渡産も上品で、信濃産は中品である。

△銀牙石 金牙石の白色のものがこれである。三河産と但馬産は上品で、大和、吉野下市産も上品である。

金剛石 一名は削玉刀で梵語では跋折羅または斫迦羅という。大論では越闍という。新たに縛左羅といい、西域記*[36]では伐羅闍といい共に翻訳名義集*[37]に出ている。抱朴子*[38]には、扶南に金剛石が出る。鍾乳のような状態で水底の石上に生じるものだ。

体は紫石英に似て玉を刻み得る。人間が水底へ潜入して取るのだが、鉄椎で撃ったのでは傷さえ付かない。ところがただ羚羊角*[39]で叩くと、さくさくと氷のように崩れるとある。玄中記*[40]には大秦国*[41]に金剛石が出るという。一名削玉刀といい、大きいものの長さは一尺ほどある。小さいものは稲、黍ほどのものでそれを指輪につけて玉を刻むという。起居注*[42]では晋の武帝十三年、敦煌に金剛宝を献じる人がいた。石中に紫石英のようなものを生じ、蕎麦のように百錬しても消えず、玉を泥のように切ることができるという。羅什の維摩経*[43]注では、方寸の金剛石があり数十里の内石壁の表面で、形や色がある所にことごとく現れるといわれている。以上の諸説から考えると、紅毛人が持参しているギヤマンのことである。西川求林斎*[44]によると、ギヤマンデ、又はギヤマンともいい、その色は紫赤が多く鉄鎚で打っても砕けないという説を見ても、当時長崎へ来たものは紫赤のものがあると考えられる。近世見られるものは白が多い。薩遮尼乾経*[45]には、帝釈の金剛宝はよく阿修羅を滅し、煩悩山（ぼんのうざん）を砕きよく壊（こわす）ことがいわれている。無常経には金剛智杵（ちしょ）は邪山（じゃさん）を砕き、永く無始の相纏縛*[46]を断つと。それ以外の仏経には、金剛石で仏性を悟るものは大変堅固で不滅である。ただ羚羊（かもしか）の角でもって扣（たたく）と、砕けるのは物性の面白いところである。蛮産はギヤマンで壬午の年、主品中に田村先生がこれを持参された。その大きさは二分程でこれを指につけると、その性質は水精白石英のようであり、非常に明るさが際立ち、これを照らすと遠近左右がよく映る。

しかしながら、近世偽造するものが多く、これを試す方法は鉄椎で撃って傷が付かなければ本物であり、赤く焼いて酢中に入れても割れない等がその方法である。しかし、このものは人々にたいへん珍物なので、その対価は数十金から百金もするので簡単には試すことができない。

△石砮（セキド）　砭石（ヘンセキ）附録にでている。和名はヤノネイシという。古今医統*[47]には、石砮は砭石の別名であるというが、稲井先生は同じものであるとした。下野、那須野産は上品で、尾張、三淵山産は

中品で、讃岐、陶村産は下品である。

薑石　和名はショウガイシという。相模、海中産は形が、仏掌薯（つくねいも）のようである。

石蟹　和名はカニイシという。蟹（かに）が土中に在って、化石となったものである。若狭、瀬井浜産は上品である。

石蛇　和名はハマカズラ、又はジャカイといい、所々海辺の石に著しく生じる。肉があり牡蠣の類である。綱目の石部に出ていて、真蛇（シンジャ）の化石としたのは誤りである。

石蚕　和名はミドリイシといい、虫部にも石蚕があるが同名の異物である。紀伊産は上品である。

食塩　和名はシオで塩の品類は多く、海塩、井塩、鹻（ケン）塩、池塩、崖塩、石塩、木塩等食用にするのは皆食塩である。印塩は獣等の形を作ったものをいい、日本で花塩の類のようで、飴塩は飴を混ぜたものである。日本の所々で出たものは皆末塩*[48]であり、ハナ塩やヤキ塩の外は製作されていない。塩井等もあるが、日本は四方が海に近い国だから製するものは稀である。紅毛人が持参するものは種類が多く紅毛語で塩をソウトといい、ラテン語ではサルトという。

崖塩　一名を生塩といい東壁は、崖塩を食塩とし、光明塩の一種とした。今考えてみると、この説は相戻れることに似ていて説得できる。崖塩は食塩のことでその中で明宝な物は光明塩である。蛮産は紅毛人が持参してきた。彼らによると、山崖の間に生じその形は、白礬（ハクバン）*[49]のようで黒色であると。下野、塩谷郡塩湯産の形は枯礬（コバン）*50のようである。

自然白塩　和名はオランダ塩である。呉録*51では婆斯（ばし）*52に自然白塩を産し細石子のようだと。綱目では光明塩で集解中に見られる。今考えてみると、これは食塩で近世紅毛人が持参してくるので、これをオランダシオという。形は四角で積み重なるさまが屋形のようで、味が塩からく良く胸膈（きょうかく）を開く。

蛮産は上品で、讃岐、山田郡潟本（かたもと）産は蛮産と異なることが無い。方言でジネンシオ、又はテントウシオという。シオマキ塩地に海水を数回晒し、霜が生じるのを待って削り取った海水で滴らせたものの名を、テタレシオという。これを地中に貯置するとその底に凝結したものである。讃岐、小豆島土庄産は上のものに同じである。

戎塩（ジュウエン）（塩化曹達の昇華）　蛮国に産するので胡（コ）塩、羌（キョウ）塩等の名がある。おおよそ中華に産しないので蛮国より来ている塩は皆戎塩である。しかしながら、古方戎塩（コホウジュウエン）と呼んで薬用とするものは、青赤の二種類だけがある。

青塩　形色がたいそう南蓬砂のようで青黒色である。

赤塩　一名紅塩、桃花塩で形は礬石（バンセキ）*53のようで微紅色である。二種類を紅毛人が持参した。

光明塩　和名はハルシャシオで、本（もと）は唐本草に出ている。これは食塩中の一種で、粒が明らかで礬石の中の明礬石のようなものである。東壁は山産、水産の二種類を分別したがその説は細かすぎて、きわめて煩雑である。蛮産は上品で、大きな塊まりで形は方解石のようで、色が白く、水精[54]のように透き通っている。壬午の年、客品中に長崎の紅毛通事の吉雄幸左衛門がこれを持参した。

鹵鹹（ロカン）　和名はシオノカタマリといい、多く塩を置いてある所の土中に結成する。形は虫の白蟻に似て、色は不透明で、これを砕くと末塩のようになり、生じる所は凝水石と同じであるが、その形はやや違っている。

凝水石　一名は寒水石で、石膏は方解石とも寒水石ともいうが、同名の異物である。塩を積んで置くと、その精土中に凝ってこのものとなる。その形は氷のようである。

緑塩（緑色の天然食塩）　一名は石緑である。蘇恭（そきょう）によると、馬耆国（ばぎこく）に出て水中の石の上でこれを取ると、扁青の空青のようである。珣（じゅん）[55]によると、婆斯国（ばしこく）にでて石上に生じる。考えてみると、蛮産のスパンスグロウンというのはこれである。スパンスは国名で、グロウンは緑色である。その色は緑で銅青より淡く、味は酸っぱく、苦く紅毛絵の、色どりに用いるのはこれである。蛮産は上品で壬午の年、主品中に田村先生がこれを持参された。

塩薬　蔵器によれば、海の西南、雷羅諸州[56]の山谷に生じる。芒消に似て細末を口に入れると極めて冷かだ。蛮産は、壬午の年に、主品中に、私がこれを持参した。紅毛語では、サクシイリソートという。上総、山部郡マメサク村実方の直員という者が、来て問うていうには、我里の古抗中に霜を生じる。又自然に凝って芒消のようになるものが稀にある。試しに霜を取って煎煉すると、芒消のようになる。この判断を求められた。私がこれを良く観ると、この形や色が芒消に似て味が僅かに苦く、火に入れると芒消は風化し易いが、このものは風化しない。詳しく推察すると、蛮産のサクシイリソートと同じもので塩薬である。直員の製法が明確でなかったので、私がその方法を教えて多くを製造させた。このものは、一人陳蔵器の本草拾遺に載っていて、効用が多いといっているが、多くの専門家にこのことは知られていない。今日本で製造されたことは、直員の成果が大きいといえる。私は以前芒消を得て手製した。それだから、その詳細が判明した。その種類で推し考えることができなければ、何で塩薬であることが判るであろうか。

水消　綱目の諸消を論じると、朴消、硝石の頭出しをした。今考えてみると、芒消と牙消は同名としているが、異物のものもあり多くの説がある。その煩わしさを恐れて、今水消や火消で頭出しして、諸消をその下に付け他と例がことなる。

朴消（ボクショウ）　一名を硝石朴といい、今薬屋で灰ようの芒消と呼んでいるものは、これのことである。水消が地上に生じたのを削り取り、煎煉しないものである。これを煎煉して凝結したものを芒消、英消、盆消の三種となる。東壁によると、煎煉して盆に入れ凝結し下にあり、粗朴なものを朴消とする。これは朴消と盆消を混ぜて一つとするのは、大きな誤りである。朴は樸と通じ、器のした地で未だ手入れしないものをいう。石に礏といい、金に鏷というのはその意味は一つである。馬志によると、朴はもの化けしないの意味である。その芒消や英消は皆この出土で、そのわけは消石朴という。また朴消に暖水を注ぎ、汁を取り、これを錬り半分に減じ、これを盆中に投げいれた後、細芒が生じることがある。だからこれを芒消という。この説で朴消は、煎煉を経ていない証しである。宗奭（そうせき）*57が並べて一煎したら朴消とする説は、非常に良くない。本草の諸家が諸消を弁じているが、詳しくはない。或いは、水消、火消を混ぜて一つとすると種類は増えるが、数える事が困難である。東壁によれば、諸消が晋、唐以来、諸家が皆名に拘（かかわ）り、しかも疑いは都で定まっていない。ただ馬志が開宝本草*58の消石で以って、地霜が煉成するため、そうして芒消、馬牙消（バガショウ）がこの諸消を煉出するものとする。という一言が、諸家の疑いを破るのに足ることである。東壁や馬志に基づいて諸消を弁ずることは、本当に明白である。実に千歳の卓見という事ができる。そして諸消と盆消を同一とするものは、どんなに考慮したつもりでも、思いがけない失敗が隠れているものだ。漢産や伊豆、田方郡上船原村産は上品である。船原に温泉があり、湯の涌きでる所の土石上に霜を生じる。冬は多く夏は少ない。削り取ればその形は末塩のようで、辛巳（かのとみ）の年に私は始めてこれを手に入れた。これは日本で始めてで芒消の項に詳しい。

芒消　熱湯を使って朴消を注ぎ、濾（こ）して大根を入れて煎じて錬り、盆に入れて寝かせておけば、凝って細芒があるものを芒消とする。凝ることが大きく、石英のようなものを英消、別名を馬牙消という。底に凝って塊をなすものを盆消という。今薬屋で芒消と呼ぶものは、多くは馬牙消である。細芒のものでなければ芒消ではない。又火消の硝石で細芒ものも、芒消という。その名前と形が似ているからといって、医者が大承気湯*59等の治療に火消を用いることは、全くの誤りである。その形状が似ているからといっても、火消は火に入れると煙を発し、水消は消えて水のようになる。火消は陽にして昇り、水消は陰で下り気配となり、効用は個々別で代用してはいけない。漢産や伊豆、田方郡上船原村産は上品である。

私は辛巳の年の秋、家僕に命じて伊豆国へ探しに行かせた。三月余り現地に留まり、産物を数十度も送致し、それらを一日調査したところ、一包みの朴消があった。私はこの物を数年求め、薬を採取した毎にこれを考察し、家僕に形状を告げ求めて遂にこれを得た。

その喜びを知った時、田村先生にこれを告げた。先生もこのことを喜び官に報告し、同年十二月に、台命が下って国倫*60が伊豆国に行ってこれを製造した。郡官の江川君が、役人を使い、これを助けて数日で製造した。壬午の年の正月、東都に帰り田村先生のところに赴き、これを官に献じた。さきに伊豆人の鎮総七が、私の神田の仮住まいを来訪した。その人は好く本草を語り、私はその方法を受けて疑問点を聞いた。もとの村は、山と海の間の嶮しい崎にある。我々在野の人はどうして好く書を読み、学問を為し知るのであろうか。昔、並河誠所*61先生が居られ、三島駅に住み経（道理）を講じ、この暇に本草を教えていうには、耕し飢饉はその中にある。農夫や在野の人は、多くの鳥獣や草木の名前と形状や臭味を知って以って、予め救荒の用に備えなさい。それ以上の関与があろうか。鎮氏が帰って来ていうには、伊豆で薬を集めるのに人を使う。このことが私の願いであったが、これが導入された。珍品奇種の望むところが得られた。そうゆうわけで、家僕が従って命令が行きわたり、結果として珍品数種を獲得した。芒消もその一つである。田舎では鎮氏は本草を好まなかった。私はどうしてこのものを得ることができたのか。けれども並河先生にもわからない。

鎮氏にとっては、唯のものに過ぎないが、このようなことをどうしてしないのか。ああどうして君子が人に教え、影響を受ける者が遠ざけられているとは。

馬牙消　一名は英消でその形は馬牙のようで石英に似ている。だからそう名づけた。東壁は斉、衛の諸国に出るものを芒消とし、川晋のものを馬牙消とした。この製法によって形は大小の区別が生じる。

盆消　芒消、英消は朴消の精製されたもので、盆消は沈殿物である。

甜消（テンショウ）　芒消と馬牙消の二消の内をとり、莱菔（らいふく）を入れて再三にわたって煎じて、凝結したものである。莱菔を入れる時は、塩気莱菔にして塩味が少ないので、甜消という。

風化消　これもまた芒消、英消でもって風日の中に置けば、化けて粉のようになる。

玄明粉　芒消、英消でもって焼製したものである。その製法は綱目修治に詳しく書かれている。

以上伊豆産七種、皆手製で漢産は二種、おおよそ九種、壬午の年（一七六二年）、主品中にこれらを持参した。

火消　一名は焔消で、人家の年数を経た床下に出る。初めその形は霜のようで、土と同じ削り取って製造するのは、芒消と同じ方法であり、新家、或いは下湿の土地にはでない。又海辺の産は塩気があり下品である。製法により三物となり、以下の項に詳しい。これに硫黄と炭とを混ぜたものを煙薬という。鉄炮、烽燧火、花火等に用いる。

芒消　これは細芒があることを以って名づけた。水消の芒消とは同名異物である。讃岐産の手製は上品である。壬午の年、主品中に私がこれを持参した。

牙消　形は馬牙のようなので名づけられた。これもまた水消と同名がある。又生消ともいう。漢産や越中、五加山産は上品である。

硝石　東壁によれば、その底に、凝って塊となり、硝石という。讃岐産は上品である。

硇砂　紅毛語でサルアルモニヤアカという。形は鹵鹹のようで、ランビキで薔薇露および余りの露を取り、少量を水中に投げ入れると、年数を経ても香気がなくならない。

このものは焔消等の薬を使ってこれを製造する。この製法は伝わっている。本草に硇砂は青海に生じ、或いは火焔山に出る。木屐に乗じて取るという説がある。紅毛通事の楢林十衛門によると、サルアルモニヤアカには二種類がある。一種は万国で自然に生じ、もう一種は自然に生まれるものはなかなか手に入らないので、紅毛人や他は薬で作るが、この効用は自然に生じたものと同じである。紅毛製のものを庚辰の年、主品中に田村先生がこれを持参された。

蓬砂(ホウシャ)　日本産は未だ見ていないが、漢産には二種類ある。

西蓬砂　日本では俗にスキホウシャといい、色が白いのが上品である。

南蓬砂　日本では俗に油蓬砂といい、青黒色は下品である。

石硫黄　和名はイオウで種々あり、上をウノメタカノ目といい、下を火口という。漢産と肥後、阿蘇山産は上品であり、箱根産は中品である。信濃、高井郡米子山産は上品で、伊豆、宇武具村産は中品である。

△**水硫黄**　一名は真珠黄(シンジュオウ)という。蘇頌(そしょう)によれば、広南及び資州*62に出る。渓流水中に流出し茅で収め取り炒り出す。考えてみれば、東壁の説の土硫黄つまり一つの品物である。箱根山産は温泉中に出る。その形は土のようで、火に入れれば焔(ほのお)を発することは硫黄と変わらない。方言はユノハナという。上野、草津温泉にも産す。

礬石(バンセキ)　和名はミョウバンで、明礬は礬石の上品に光明なるものをいい、それなのに日本では俗に都で明礬という。漢産や箱根産、豊後産は上品である。漢産の一種紅色のものを壬午の年、客品中に紀伊、若山の山瀬治右衛門がこれを持参した。本草にこのものはない。緑礬は、赤煆(せきか)するものをいい、これは又別物である。

緑礬　和名はロウハといい、漢産や摂津、多田産、下野、足尾産は上品である。一種の長理紋があって陽起石[*63]のようなもので薬屋にある。この陽起石中に混ざっているが、これを砕けば緑礬である。出所は未詳である。

黄礬　和名はキミョウバンという。豊後産は上品で壬午の年、客品中に大坂の林隆菴がこれを持参した。伊豆、那賀郡志多留村産は中品で壬午の年、主品中に私がこれを持参した。

△**石柏**　和名はウミヒバという。蒞（やち）成大[*64]の桂海金石志によれば、石柏は海中に生じ、一つの幹が極めて細く上に一つの葉がある。あたかも柏（かしわ）が広がるのと余り違いわない。根の付着する所は、烏薬（ウヤク）[*65]のようである。大抵皆化けて石となる。これが石梅を与えて薬に入れるかについては詳しくない。そうではあるけれど、皆奇物で目的は不明である。この物は海中の石上に生じる。その形は非常に側柏に似て茎が黒く、葉が初めて海水を出る時は、微紅色で後に白に変じたいへん愛らしい。又一種イソヒバと呼ぶものがあり、海の傍たわら石間に生じ、形は巻く柏のようで、俗に石柏であるという。そうではあるけれど、上に説明したことと合わず、ウミヒバが本当の石柏である。相模産は庚辰の年（一七六〇年）、客品中に私がこれを持参した。

△**石梅**　和名はウメイシという。蒞成大の桂海金石志によると、石梅は海中に生じ、海中に数本の枝が群がり、横斜で細くて硬い状態から色でも直ちに枯梅である。巧に造作しても巧くいかない。根の付くところ覆菌の如くであるという。本質は海水のために変化した石蟹（かに）、石蝦（えび）の類のようであり、その質が硬く色白で、状態が金石志にある説のようである。又寇宗奭が石花といっている

ものはこれである。詳しくは綱目殷蘗付録に出ている。相模、江ノ島産は上品で、播磨、二見ノ浦産は下品である。江ノ島産に一種赤色のものがある。

△**試金石**　和名はツケイシ、又はナチグロという。金の真偽を試すには、この石でなければ判りにくい。物理小識によれば、試金石上の金を洗い、法塩で以って湿地に置き、胡桃油でこれを擦り去る。紀伊、那智産や陸奥、津軽産は上品である。

△**化石**　古人がいうには、石は物のかなめである。考えてみると、諸物その気が凝るときは皆石となる。石蟹や松石の類は本状に出ている。その余りの化石をここに示す。

蛤蚌の類　石となってしまう。伊勢、榊原村貝石山産は上品で、美濃、岩室産は下品で、近江産は中品である。土佐産は上品で方言でクワズノ貝という。信濃、水内郡産は中品で、以上五種は皆文蛤の化石である。近江産は上品でシラカイの化石である。下野、塩谷郡湯壷折谷産は下品である。伊豆産は下品で、以上の二種は帆立貝の化石である。信濃産は下品で、牡蠣殻の化石である。三河産は上品で、牡蠣のニクの化石である。その形は生物と異なる事はない。壬午の年、客品中に尾張の津島氷室氏がこれを持参した。

螺類の化石　がある。尾張産は上品である。信濃産は中品で、以上の二種は螺名が詳しく分らない。肥後、葦北郡イカブチ山産や近江産は上品で以上の二種は田螺の化石である。紀伊、畑島産は上品でカミナノ類に属して大きい。

樟化石　河内、交野郡国分寺村産は上品である。

杉化石　讃岐産は上品である。蛮物の漢名は詳しくなく左に載せる。

カナノヲル　和産はなく、カナノヲルは南蛮語である。紅毛にては、ブルートステインといい、ブルートは血のことである。ステインは石のことである。その色が赤く血のようなのでそう名づける。或いは、この物は良く血を留める。だからこの名がある。吐血、衄血(はなじ)等これを手の中に握って治療することは神のようである。

ロートアールド　和名は石筆で、紅毛人は赤色をロートという。アールドは土のことである。これを削って筆のようにして字を書く時、硯墨(けんぼく)を使わないで書けるので非常に便利である。蛮産は上品である。駿河、志田郡大賀山産は蛮産と異なることはない。庚辰の年、私は駿河に赴(おもむ)いてこれを手に入れた。日本でこのものが出るのは始めてである。

ポツトロート　和名は黒石筆といい、紅毛人が持ってきたが、日本産はない。

コヲルド　和名はシャムデイといい、この物は往年シャムロ人*66が長崎へ持ち込んだ。そうではあるが、日本人はその用い方を知らないので、これを買い求めなかった。そのためシャムロ人はこれを海中に投げ捨てた。今希に長崎の海中よりでることがある。だからこれをシャムデイといい、研いて絵の色に用いて赭黄色(しゃおうしょく)*67である秋の景色中で山腰(さんよう)の平坡(つつみ)、草間の細路、深秋草木、又は松の幹の類に用いると非常に妙である。日本の書家は銀、朱墨、藤黄の三物を合わせて此の色を作る。そうではあるが、皿の中で銀朱は沈んで底にあり、藤黄は浮いて上にあり、墨は中にあるので三物は混じり難い。漢土では藤黄中に赭石(シャセキ)*68を加えて赭黄色と名づける。これもまた代赭は沈み、藤黄は浮かびコオルドの自然色にはおよばない。蛮産と伊豆、田方郡湯か島産は上品で辛巳の年(一七六一年)、私はこの物を得て壬午の年、主品中にこれを持参した。

ペレシピタアト　紅毛人が持ち来る。水銀膽礬(タンバン)を用いて製造するといわれている。一切の悪瘡を治して、肉極を取りさり、肌を生じさせる。

ヒッテリヨウルアルビイ　このものは紅毛人が持ち来る。癰疽(ようしょ)及び諸悪瘡に伝わって口を開き、腐肉を切り裂くことは妙である。

文献

(1) 入田整三:平賀源内全集上、平賀源内先生顕彰会、東京(一九三二年)頁二一五-四六・
(2) 木村康一:國譯本草綱目第三冊、春陽堂書店、東京(一九七五年)頁二九五-七二六・

*1　物類品隲巻乃一の凡例にあるように〝一つ、主客の物類は皆上中下、三等を以って区別し〟云々とある。しかしながら、その基準についての解説はなく不明である。

*2　科名:スベリヒユ科/属名:スベリヒユ属　和名:滑り莧(ひゆ)/生薬名:馬歯莧(ばしけん)/学名:*Portulaca* *olerácea*,：日本全土の日当たりの良い畑、畦道、道端、空き地などに普通に群生、食用としても活用されている。精熱解毒や止血作用の他、血腫を溶かす作用があるため、赤痢や大腸炎、細菌性の下痢、湿疹やアトピーなどの皮膚炎、泌尿器系の炎症などに用いられる。

＊3　包括的な医療に関する書籍で作者は罗周彦（らしゅうげん）（明公元一六一二年）。

＊4　灯油を入れて火を灯す小皿。

＊5　いろいろな手あぶり。

＊6　二～八世紀に、インドシナ半島東南部にあった、チャム人の王国チャンパーの、中国からの呼び名。

＊7　「図経本草」の著者、宋の蘇頌のこと。

＊8　中国の宋王朝（九六〇～一二七九年）の歴史書『宋史』の列伝（群臣などの事蹟を各別に並べたもの）には、諸外国のことを記した「外国伝」がある。当時の西アジアはすでにイスラム社会になっていたが、唐代や宋代の中国人は、イスラム教徒やアラビア人のことを大食と呼び、同じ『宋史』の「外国伝」に大食国の記述がある。

＊9　鉄くず。

＊10　中国では、やきものは陶と瓷（じ）に大別される（二分割）。ドイツでは、やきものの土器（*Earthenware*）、炻器（*Stone ware*）、磁器（*porcelain*）に分ける。ドイツでの分類法を参考にして日本では、現代、土器、陶器、炻器、磁器に分けられている（四分割）。中国の二分割を日本では四分割するから、当

然それぞれに区分されるやきものの範囲は異なる。

＊11 宋応星（崇禎十年（一六三七年））が著した中国の技術書。

＊12 高温で加熱が必要な熱処理プロセスで、金属の水酸化物、炭酸塩を加熱して結合水、炭酸ガスを追出し、酸化物を得る方法。

＊13 高温で加熱処理して取り出すこと。

＊14 高温で加熱処理を充分すること。

＊15 『物理小識』中国、明代末～清代の方以智（一六一一～一六七一年）が著した。（一六六四年）に見られる金銀分離法。

＊16 「唐本草」の著者、唐の蘇恭のこと。

＊17 「本草綱目」の著者、明の李時珍の字。

＊18 三国時代の魏の人で竹林の七賢人の一人。「養生論」を著した。

＊19 「本草拾遺」の著者、唐の陳藏器のこと。

＊20 後漢から三国の頃に成立した、仙人仙女の伝記をまとめた「列仙伝（れっせんでん）」。

＊21 藩鎮（はんちん）は中国唐から北宋代まで存在した地方組織の名称である。節度使や観察使などを頂点とし、地方軍と地方財政を統括した。

＊22 道教の修行者（道士）。

＊23　亀茲（呉音：くし、漢音：きゅうし、拼音：Qiūzī）は、かつて中国（東トルキスタン）に存在したオアシス都市国家。現在の中華人民共和国、新疆ウイグル自治区アクス地区クチャ県（庫車県）付近にあたり、タリム盆地の北側（天山南路）に位置した。丘茲、屈茲とも書かれ、玄奘の『大唐西域記』では屈支国と記されている。

＊24　船茹（槙皮・槙肌）とは（ヒノキやマキの内皮を砕き、柔らかい繊維としたもの）で甲板や、船体材の隙間を埋めるためのコーキング材として、まいはだやピッチ（諸種のタール・油類の蒸留後に得られる黒色固形物）が用いられた。一七～一八世紀には、船食虫（二枚貝の一種、木材の隙間で成長する）を使用した。

＊25　みみずくの大便。

＊26　波斯国から来る、青黛は、タデ科：*Polygonaceae*, のアイ：*Polygonum tinctorium Aiton*, などの植物から製したインジィゴを含む粉末である。

＊27　中国では（日本でも）天然の緑青を擂り潰し、加熱して水分を飛ばしたものを絵の具とした。粉末にしたときの粒の粗さで三種の色が出せ、粗末を一番（または頭緑）、細末を二番（二緑）、きわめて微粒のものを三番（三緑）と呼んだ。粒度が細かくなるほど緑の色は明るくなる。

＊28　清の王概（一五四五年頃～一七〇五年以降）が著した画法書＝彩色版画絵手本。古くからの歴代画論に始まり、山水、花鳥などの技法を解説した絵画論として広く普及した。

＊29 中国では（日本でも）天然の緑青を擂り潰し、加熱して水分を飛ばしたものを絵の具とした。粉末にしたときの粒の粗さで三種の色が出せ、粗末を一番（または頭青）、細末を二番（二青）、きわめて微粒のものを三番（三青）と呼んだ。粒度が細かくなるほど青の色は明るくなる。

＊30 中国明代にイスラム圏から輸入された、青花（染め付け）に用いる青色のコバルト顔料。

＊31 源内は私財をかたむけてスウェールトの「紅毛花譜」を入手している。源内が購入したのは一六三一年のアムステルダム版で、一六三一年版の図版である。スウェールトが一六一二年にフランクフルトで作った。

この花譜は、植物の図鑑であるのと同時に、フランクフルトの市場での植物販売用カタログでもあった。

＊32 天青石（テンセイセキ）（*celestite*）は硫酸ストロンチウム（SrSO4）を主成分とする鉱物である。セレスタインとも呼ばれるが、これは「空色」という意味である（日本名も同様）。重晶石グループの鉱物。

＊33 アブラナ科の多年草。高さは約九〇センチメートル。葉は互生し、長楕円形で、基部が茎を包む。初夏、黄色い花が咲く。中国の原産。葉にインジゴを含み、染料をとる。

＊34 西方に住む未開の民族。西戎（せいじゅう）。 二、江戸末期、西洋人を卑しんでいった語。

＊35 回回青（かいかいせい）。顔料の一つでイスラム教圏から中国明朝に輸入された青色顔料で、主に磁器の絵付けに用いられた。

＊36　大唐西域記とは、唐僧玄奘が記した当時の見聞録・地誌である。六四六年（貞観二〇年）の成立。全一二巻。玄奘が詔を奉じて撰述し、一緒に経典翻訳事業に携わっていた長安・会昌寺の僧、弁機が編集している。

＊37　中国、宋代の梵漢辞典。七巻。南宋の法雲編。一一四三年成立。仏典の重要な梵語二千余語を六四編に分類し、字義と出典を記したもの。二〇巻本もある。

＊38　中国、東晋の葛洪の著。内篇二〇巻、外篇五〇巻。内篇は神仙、方薬、鬼怪、変化、養生、長生、悪魔ばらい、厄よけ等、道教ないし神仙道の理論と実践（道術）を説く。

＊39　カモシカの角。漢方で解熱・鎮静剤に用いる。

＊40　西晋代の博物誌『玄中記』。

＊41　大秦は、中国の史書に記載されている国名で、ローマ帝国、のち東ローマ帝国のことを指す。

＊42　中国、歴代の王朝で皇帝の起居・言動を記した日記体の官撰記録。皇帝近侍の官がこれをつかさどり、その官もまた起居注といった。その起源ははなはだ古く、周代に始まったといわれる。

＊43　羅什維摩経は大乗経典で原典は散逸している。漢訳に鳩摩羅什訳の「維摩詰所説経」（三巻）など。在家の仏教者である維摩を主人公に、不二に究まる大乗の立場、空の精神を明らかにする。

＊44　如見のほか求林斎、金梅庵、淵梅軒とも号した。商家の生れ。儒学を南部草寿に学ぶ。小林義信らの長崎流天文学を受け継ぎ、中国の天文学に西洋天文学を加味した研究を進め、一七一九年（享保四年）

将軍徳川吉宗に招かれ下問に答えた。又求林斉は幕末時には幕府の御典医。

*45 『薩遮尼乾子経』大薩遮尼乾子経のこと。十巻。北魏の菩提流支訳。

*46 『相纏縛』互いにまといつき、しばること。束縛。仏教で煩悩のこと。

*47 中国の明代の医家、徐春甫によって嘉靖三五年（一五五六年）に編纂されたもので、彼は湯液・針灸を重視し併せて李東垣学説を重んじた。本書は病気の治療法から、病気にかからないようにする日常養生法までを説いた医学書の古典、当時の名医の書など引用して述べている。

*48 中国の陝西の長城線以北には、唐の時代から一三の塩湖があり良質の青白塩を産した。その海塩を末塩と呼んでいる。

*49 天然のミョウバン（明礬、英：Alum）は白礬とも呼ばれ、一価の陽イオンの硫酸塩 $M^{I}_{2}(SO_4)$ と三価の金属イオンの硫酸塩 $M^{III}_{2}(SO_4)_3$ の複塩の総称である。

*50 ミョウバンに同じ。

*51 三世紀ごろに書かれた呉の歴史書『呉録』

*52 西南夷の国名（ペルシャ）。現在のイランの古名。

*53 明礬石・礬石（バンセキ）カリウムとアルミニウムの含水硫酸塩鉱物。

*54 水精は水晶の俗称。

*55 達奚 珣（生年不詳–至徳二載（七五七年））は唐代玄宗朝の官僚。

＊56　唐代の中国西南地方。

＊57　「本草衍義」の著者、宋の寇宗奭のこと。

＊58　本草学は、中国および東アジアで発達した医薬に関する学問である。宋代には、九七四年に『開宝本草』、一〇六〇年に『嘉祐補註本草』（掌禹錫）、一〇六一年に『図経本草』（蘇頌）が成立した。

＊59　便秘を治す漢方薬の一種で便通をつけるとともに、不安やイライラをやわらげ気分を落ち着ける。体力のあるガッチリタイプもしくは肥満体質の人で、お腹の張りが強く便秘がちの人に向いている。

＊60　平賀源内の諱（本名）。

＊61　江戸中期の儒者。京都の人。名は永、字は宗永のち尚永、通称は五市郎。並河倹斎の長子で兄は天民。伊藤仁斎の門に学ぶ。博学で知られ、掛川・川越藩に仕えた。

＊62　隋朝の行政区分のことで、隋朝が成立すると当初は資州が設置され二郡三県を管轄した。六〇五年（大業元年）、普州廃止にともないその管轄県が移管された。六〇七年（大業三年）、郡制施行に伴い資州は資陽郡と改称され下部に九県を管轄した。

＊63　透緑閃石、アクチノ閃石、陽起石ともいう。化学組成は $Ca_2(Mg,Fe)_5Si_8O_{22}(OH)_2$（Mg/(Mg+Fe)＝0.5–0.9）で、鉄（Fe）をほとんど含まないと透閃石になる（Mg/(Mg+Fe)=1.0–0.9）。

＊64　宋代を代表する文豪の一人である范成大の著した桂海金石志。

＊65　科名：クスノキ科／属名：クロモジ属和名：天台鳥薬／別名：ウヤク／生薬名：鳥薬／天台鳥薬／学

名：*Lindera strychnifolia*，中国中部原産、日本に渡来したのは享保年間（一七一六〜一七三六年）。

*66 シャムロはシャムの別名でタイ中部地区。タイを表す漢語の『暹羅（せんら）』が中国の明朝から日本へ伝った。

*67 黄色がかった褐色。

*68 土状の赤鉄鉱。酸化鉄（Ⅲ）（酸化第二鉄、Fe_2O_3）を主成分とする赤鉄鉱（*Hematite*）の塊を精製して深紅色の顔料として用いる。中国山西省代県に産するものが有名なので、代赭石（たいしゃせき）ともいう。

「物類品隲　巻乃三」草　部

平賀源内らが物類品隲[1]を解説するに当たって、李時珍が著した「本草綱目」を参考にしていると推定される。「本草綱目」は、神農本草経、五〇〇年（永元二年）から本草蒙筌、一六二八年（崇禎一年）を含む約千百年間の歴代四一種類の諸家の本草や、多くの医書を参考にしている[2]。本草綱目によれば、薬品には玉、石、草、木、蟲、獣などがあるが、本草という名称になったのは、諸種の薬品中草類がその大部分を占めているからだと述べている。

草　部[3]

甘草　和名抄では、アマキといい、延喜式に載せている（図３－１）。常陸、陸奥、出羽の三国がこれを献じた。稲生先生によると、今甲斐の国地方の山に皆これがある。貝原先生によれば、近世甲斐の国から多くを産し、奥州にもある。直海氏によれば、古くから富士甘草といって富士山より産する。考えてみると、今官園にあるものは、元々甲斐国に産したものである。しかし、山中に多く産するとは聞いていない。その他の所に産するものは未だ見たことがない。甲斐産の甘草は、苗の長さが六〇～九〇センチメートルで、紫藤の葉に似ていて梢が小さく微(かすか)に毛がある。根皮が紫赤色で、肉が黄色で甘い味がする。このものは甲斐国、山梨郡上於会村、伊兵衛同郡下の石盛村與兵衛の園にある。その始めの出所の詳細は不明である。或いは、甲斐深山から出たか、武田信玄が中国より得て植えたものが、今尚存在していたか等、何れが正しいかは不明である。享保中阿部将翁軒が台令を受けて、甲斐国に行きこれを手に入れた。今東都、及び駿府の官園にあるものはこれである。駿府のものはたいへん繁茂し、東都にあるものは繁茂していない。戸田先生の非薬選*1によると、一種南京ようでと呼ぶものの、御苑での種類は希なものであるという。今官園にこの種類はない。又甘草の苗

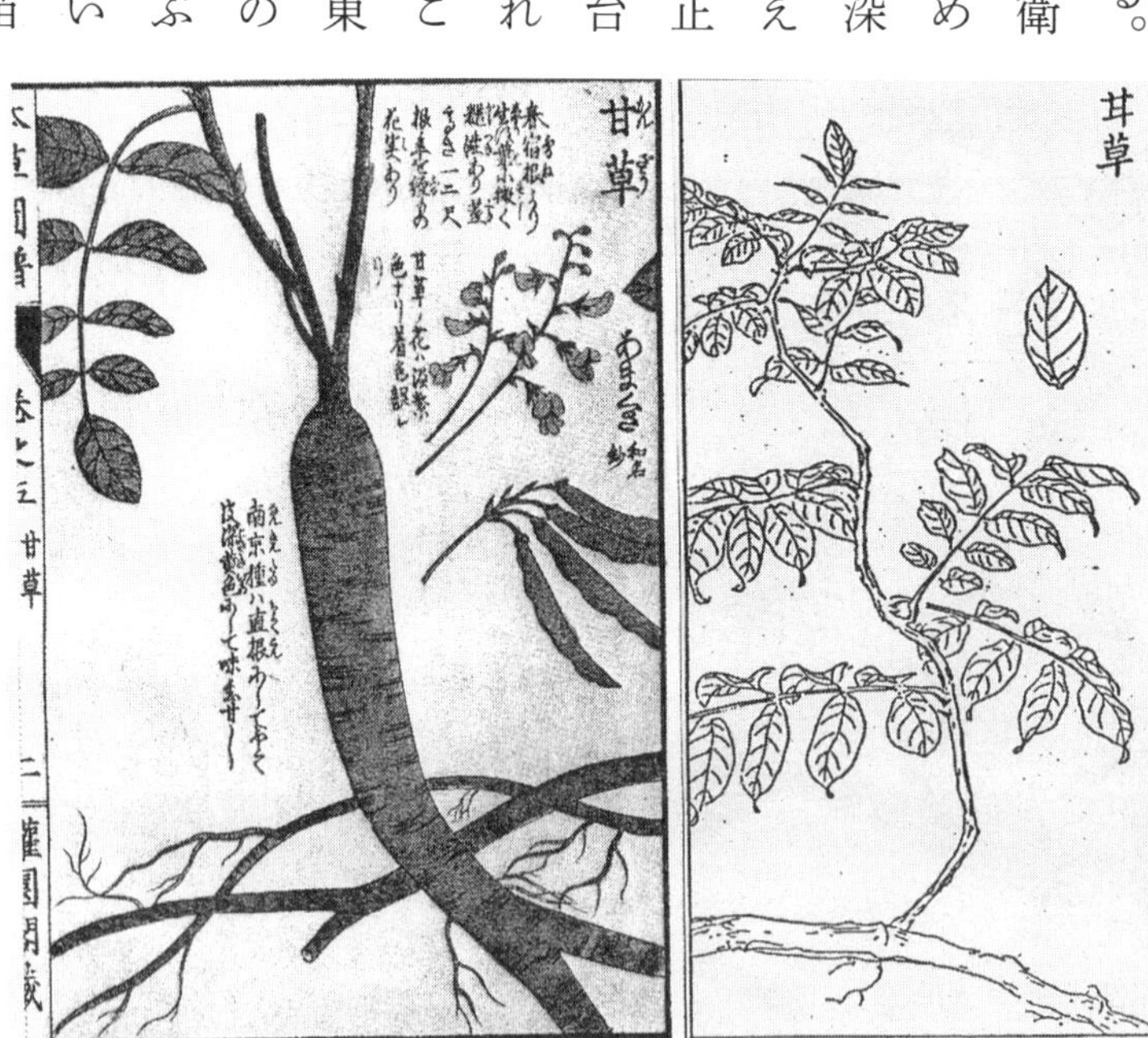

図3－1　甘　草

左図は文献[4]より、右図は巻之五・産物図絵より転載[1]

が、中国の園で明らかにされていることは、不明である。

黄耆（オウギ）　本草では綿黄耆、白水耆、赤水耆、木耆等の数種類がある。考えてみると、白水、赤水の二種類は、出所の地名から名付けられた（図3－2）。綿黄耆は、蘇頌（そしょう）*2によると、その皮を裂けば綿のようになるので、これを綿黄耆という。陳承（ちんしょう）によれば、綿上の産が良品となる為、綿黄耆と呼ぶのであって、その柔靭綿（ジュウジン）のようなものをいっているのではない。松岡先生は、綿大戟（メンダイゲキ）の例によって蘇頌の説が優れているとしている。今これに従って木耆（キギ）は、堅剛で木のようであるからそう名付けられた。日本には数種がある。

綿黄耆　根が柔らかく味の甘いものが上品である。薬肆（やくし）鉄槌で木黄耆を打つと、綿のように

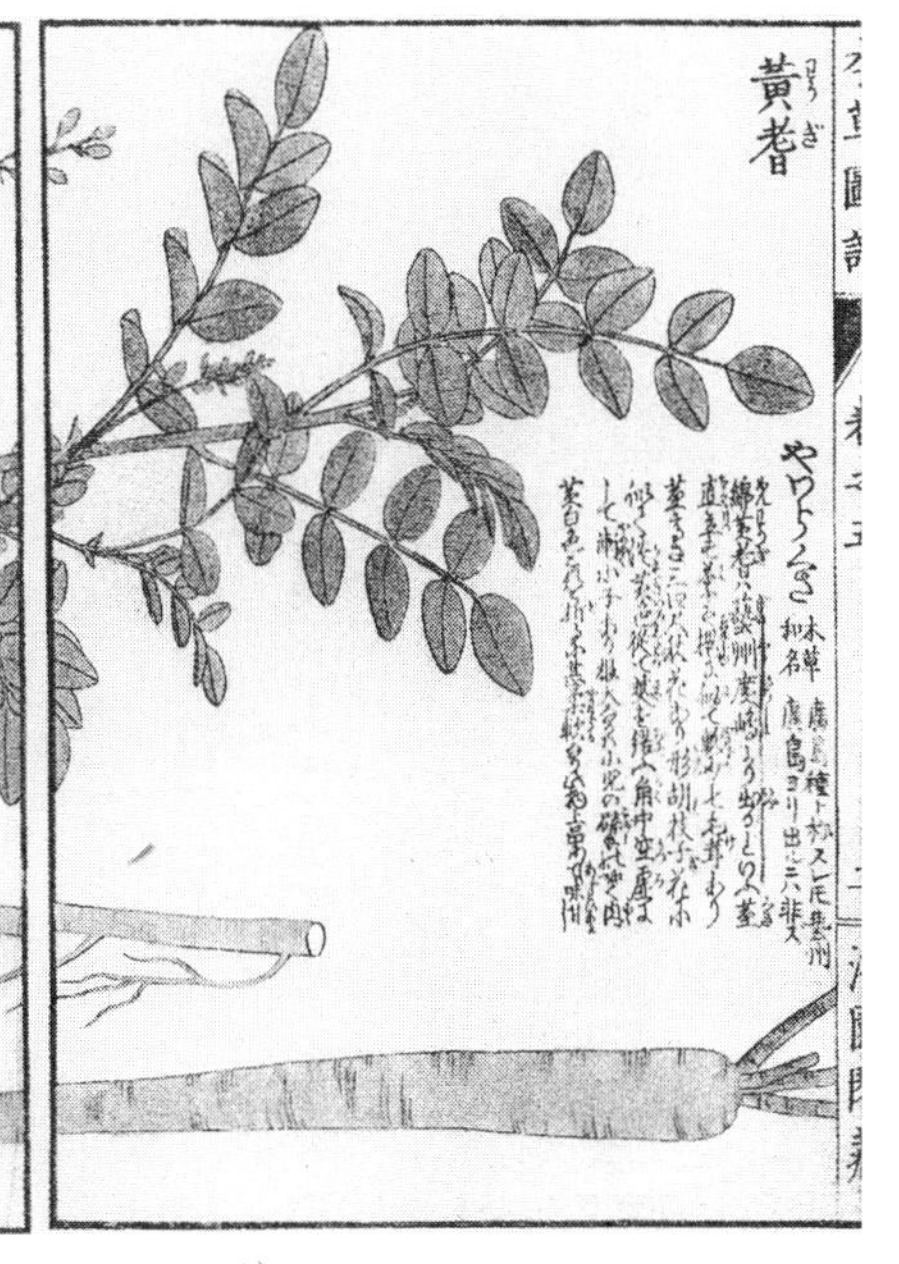

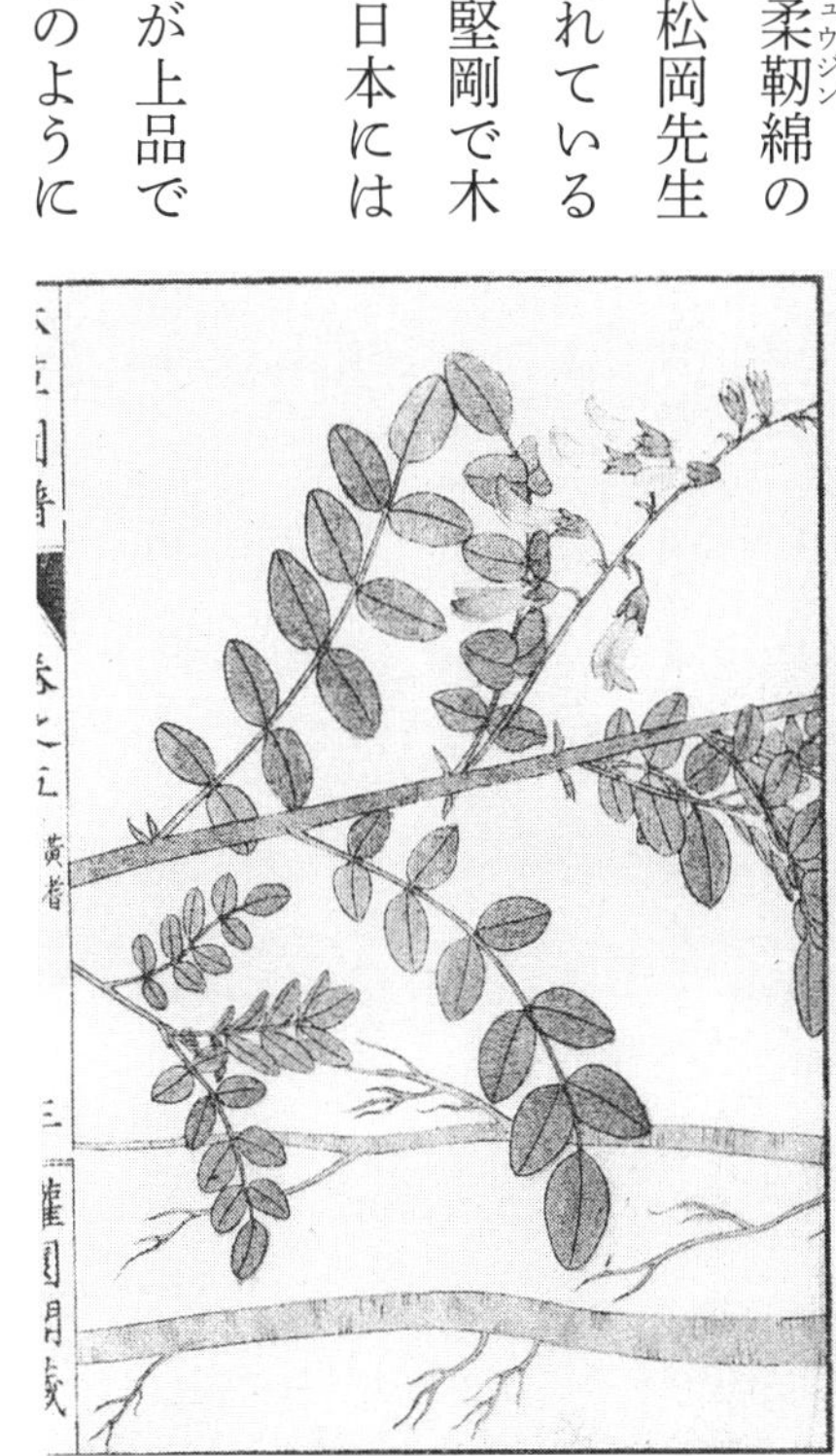

図3－2　黄　耆（図は文献[4]より転載）

なるものがあるが、用いてはいけない。豊後産は上品で、茎や葉は苦参のように特徴があり、五、六月に淡黄花を開き、状槐花のようである。花が終わった後、短小角を結び根が真直ぐに土に六〇～九〇センチメートル入り、皮が赤色で甘草に似ている。肉白く柔靭で綿のようで味は甘い。丁丑(ひのとうし)の年に、主品中に田村先生がこれを持参された。下野、日光産は上品で茎や葉は、大抵豊後産と同じであるが、豊後産と比較すると、幹が弱く叢生(そうせい)して地から取ると、数寸根が柔らかく甘い味がする。信濃、戸隠山、地蔵谷産は、大変上品で、その形は大抵日光産と同じである。花は淡黄色で、又は紫花のものもある。実の状態は、野豌豆(ノエンドウ)の実に似て、長さは三センチメートル余りで偏りがあり、根が柔らかく味が甘く、味があとに残る。大きさは、ひと握りのものがある。同国、善光寺の青山仲菴がこれを得て、壬午(みずのえうま)の年（一七六二年）に客品中にこれを持参してきた。

木黄耆　富士山産は、蔓延すると野豌豆のようで花は、淡黄色、又は紫花のものもあり、根は横に延びる。雷学(らいこう)*3によれば、一般に木耆草(キギソウ)を使ってはいけない、何故なら本当に良く似ている。只、これは生きている時葉が短く、並びに根が横になるというのは、このことである。根が堅実で味が苦く、葉の味は甘い。豊後産は、根が甘く葉が苦いものと相反する。讃岐、阿野郡川東山中産は、富士山のものと同種類である。日光でも、又一種類を産し特性は豊後産に似て根が堅く味が苦く、以上の三種類は、下品で薬用には使えない。

人参　和名抄カノニゲクサ、又はクマノイと呼ぶ。けれどもどんな物を人参とするかを知らなかった。日本で俗に人参というものは、非常に種類が多く、皆正しいものではない。但し、三枝五葉草といわれるものは、人参であるが、横根と直根の二種類がある。

朝鮮種は、上品であり、考えてみると、本草諸家らは、上党産の人参の品質を上とし高麗、百済、新羅のものを次ぎとした。東壁*4によると、上党は今の路州のことで、民は人参によって地方の損害が起こるために、再び採集しなかった。今用いているものは、皆これ遼産の人参で、その高麗、百済、新羅三国は、皆朝鮮に属す。その人参を中国に持参して、互いに売り買いすることも亦可能である。この説で考えてみると、中国でも後世に上党産人参は、希であるから専ら朝鮮産を利用していたようである。近世中国から来る人参、及び本邦の多くの所で産する人参を比較すると、その形、色、おもむきや効用が、朝鮮人参を越えるものはない。

貝原先生によると、人参の生根が、昔朝鮮より伝わって江戸にあるが、今はこれも無い。それなら昔も朝鮮から種が伝わっていた、といっても植え方を知らなかったので、種は絶えたと考えられる。

享保中に台命が下って、朝鮮で求めた種を官園、及び日光、尾張等諸所に植え、葉の形状、三枝、五葉草と大抵は日本のものに似るものとなった。春に細い白花を開き、実を結び、初め青く後に鮮紅色、実の形は平らたく内側に二つの種がある。根は直根で甘い。朝鮮で作られて来たものに比べるとおもむきが薄いけれど、日本産の味は苦いわけではない。香川氏の薬選では、人参は苦いのが普通であり、直海氏の人参葉の説明に、葉は芳野人参の葉が最も優れていると。皆痴論の概説は一つを知り半分は理解できるが、いうまでもなく挙げて論ずるには足りない。おおかた、人参の薬肆での名は一つではない。けれど下品でおもむきが薄いもの、或いは奸商が偽造した物等を用いても効用は無い。朝鮮産の上品なものは、その価値が極めて貴いので、力が無いものは望みを絶ってしまう。もし訳があって朝鮮のものを日本に渡せない時、有力な人でも手を束ねて死を待つほかは無い。この種が朝鮮に現れてから、たとえ寄る辺の無い貧乏な人々でも、人参で重い病気が治って世の中の徳をこうむったり、又こうむらなかったりする。残念なことに、今世上で植えられているものは、専ら糞の肥料を与えるため形は良いが、おもむきが薄いという説を、附録中で詳細な説明がなされている。日本産の人参に直根のものがある。茎や葉は朝鮮種に似ているが、形状は自然まかせで品質は良くない。実は南天燭のようで平たくなく、或いは円く、三稜のものがある。根は直根であるが、苦くて使用できない。大和、吉野産は品質が良くない。

一種類は、根が横に生えて竹の節のようになって、日本では俗に竹節人参という。茎と葉は日本産の直根人参と一緒で、根は曲がっていて節があり、味は非常に苦い。ひげを取って調製した物を、小人参という。稲生先生によれば、そのひげを噛むと甘く苦く、わずかなおもむきがあり、人参に近い。又、三枝五葉草の名は、その苗や葉、花、実が円径の三椏五葉であるという説があるけれども、根の形が大きく異なっているという説がある。これに似ているけれど、そうでないものもあり、このものはけっして本当の人参ではない。甘草湯に浸けて煮たものを、人参の代用とする人が多い。とりわけ良くないことである。このものは人参の種類ではあるが、極めて品質が悪く使用に耐えない。下野、日光山産や上野、万場山産、伊豆、天城山産、信濃、木曽産、讃岐、大川山産は皆同じ種類である。

京都の熊谷氏の広参品(こうじんぼん)*5によれば、世の中で医者が人参を用いるのは、結構であるが蘆頭(ロズ)を取るべきで、本草では参蘆(サンロ)が人を吐かせる戒めがある。愚窃(ぐせつ)に疑い参蘆の味は苦くなく、且つ、これを服用しても吐くことは無い。何故かこの説がある。ある日、張氏の逢原(ほうげん)を翻訳する。方法を悟っていうと、参蘆が人を吐かせるものは直根の蘆頭ではなくて、それとは別で、これは一種の竹節人参である。本草を知る者がまさにどんなふうかを国倫(くにとも)*6が考えてみると、熊谷氏が張路玉著の本経逢原に記載されている竹節人参は、日本で俗に呼ぶ竹節人参を吐薬に用いている。それが直根の参蘆ではないとするのはひどく誤っている。張氏が逢原でいう参蘆は、飲むと気分が悪くなるので、専ら吐剤に入れる。虚弱な人はみぞおちに清飲が湧くので、これには塩哮(エンコウ)参蘆を用いるとよい。涌吐(ゆうと)の最も優れた参蘆は、涌吐の人が参髭(サンシ)で下痢をする。当帰紫菀(とうきしおん)により頭の血を止め、身の血を和らげて尾の血を破る意味がある。取分け参髭は、値段が安いので貧乏人は往々にこれを用いる。その胃が虚弱で吐いたり戻したり、咳、失血等の症状を治す。亦効能を得てその性質を専ら下げてゆく。

長い下痢、滑精*7、崩中*8、下血の症状を治すようである。回を重ねる毎に痛みを増して、その味は苦く排泄を促し、参蘆を用いることがまれに知られている。ただ江右の人はこれを竹節人参と呼んでいる。近日我が呉でも、亦これを用いる者がいる。瀉利、血の混じった膿、崩帯、精滑*9等の症状を治す。全てにさまたげが無く、気虚*10、火炎、喘嘔、嗽血*11のような症状に誤って用いるとかえって悪くなる。昔の人は、人参を用いて涌吐する者のその性質を明らかにし、腹に補って下してとる。その原因は未だ明らかでないが、繰り返して検査して、しかもこれを書き記した。

張氏の説では、江右の人が竹節人参と呼んでいるものは、直根参の蘆頭で、人参は年々茎を生じて、今年の茎は去年の側に生じる。もし茎が枯れれば一節ができて十年経過したものは、十節となる。其の形が竹蘆の根のようになり、これを蘆頭という。江右の人が竹節人参と呼ぶものは、日本で俗にいう竹節人参ではなく、本文中の当帰紫菀が頭身、尾功を異にするという説等が全く明らかである。熊谷氏が参蘆を疑うのは味が苦くなく、且つ、これを服用した時、吐くことが無いというのもまた誤りである。張子和の汗吐下の説*12によれば、吐き薬が苦手な者の瓜蒂・巵子・茶末・豆豉・黄連*13、苦参*14、大黄・黄芩*15辛苦く、而も冷え性の人の常山*16・藜蘆*17・鬱金*18、甘く而も、冷え性の人の桐油*19、甘く而も冷え性でない人の牛肉、甘苦く冷え性の人の地黄*20・人参蘆、とはこの味が苦くないので、吐かないはずが無いという証とするべきである。呉綬*21によると、虚弱の人は人参蘆を瓜蒂に代えると味が苦くなくなるが、効用も、亦緩やかであることを知っておく必要がある。

沙参（シャジン）　和名は、ツリガネニンジン、又はトトギニンジンといい、山城、山科方言でビシャビシャ、但馬方言でキキョウモドキ、筑紫方言でシテンバ、南部方言でヤマダイコンといい、何処にでも多く産する（図3－3）。種類は多く、葉は毛のあるものや無いもの、両葉が相対するもの四、五葉が相対するものがある。又長い葉や細い葉のものもある。花の色は碧色（へき）、又は白花、淡紫花のものもある。漢産は上品で、享保中に種子が伝わった。形状は大抵和産と似ているが、和産の花の大きさは、〇・二～〇・三センチメートル位で根が短い。一方、漢産種は花の大きさは、〇・五～〇・六センチメートル余りで、深碧色で可愛らしく根長が、六〇センチメートル位となる。二月に種を蒔きその年に、

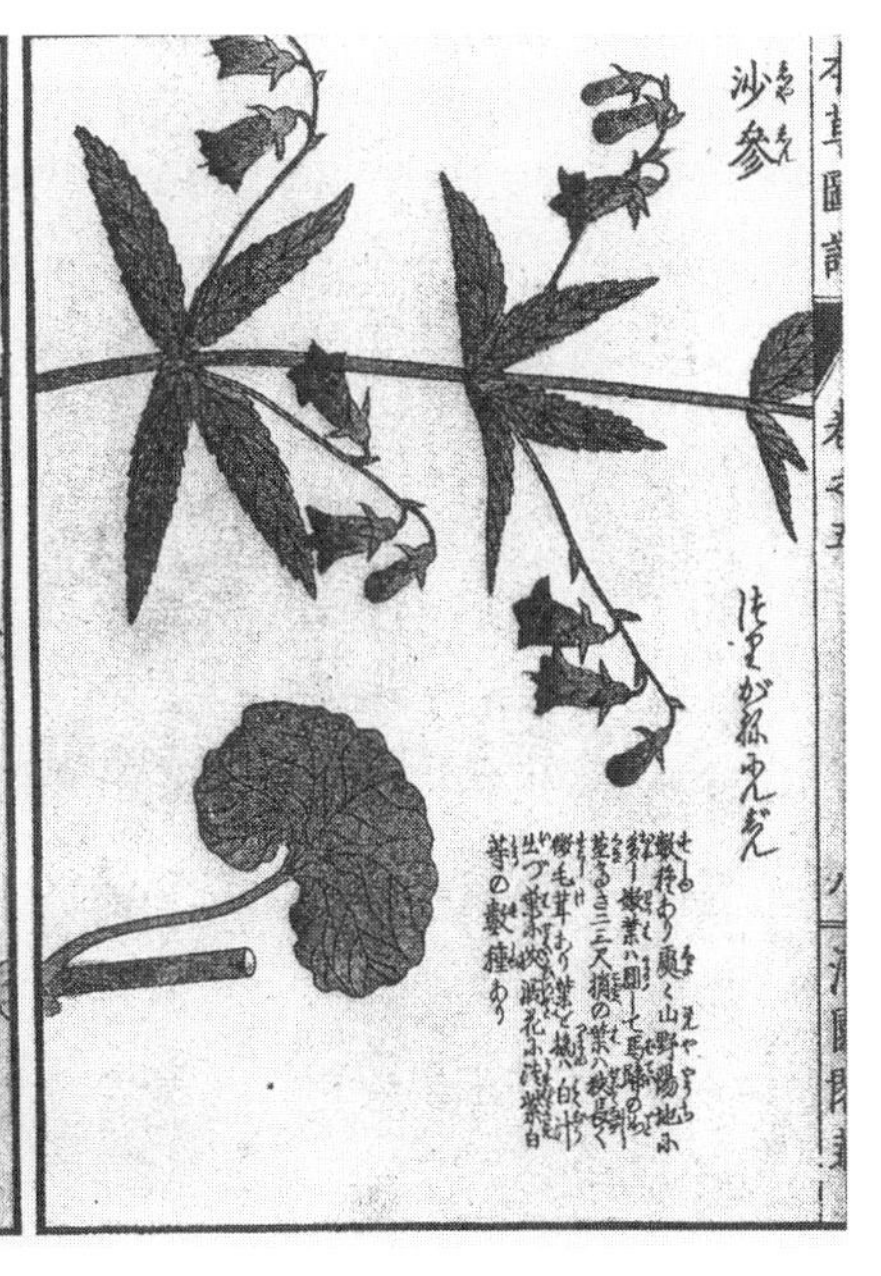

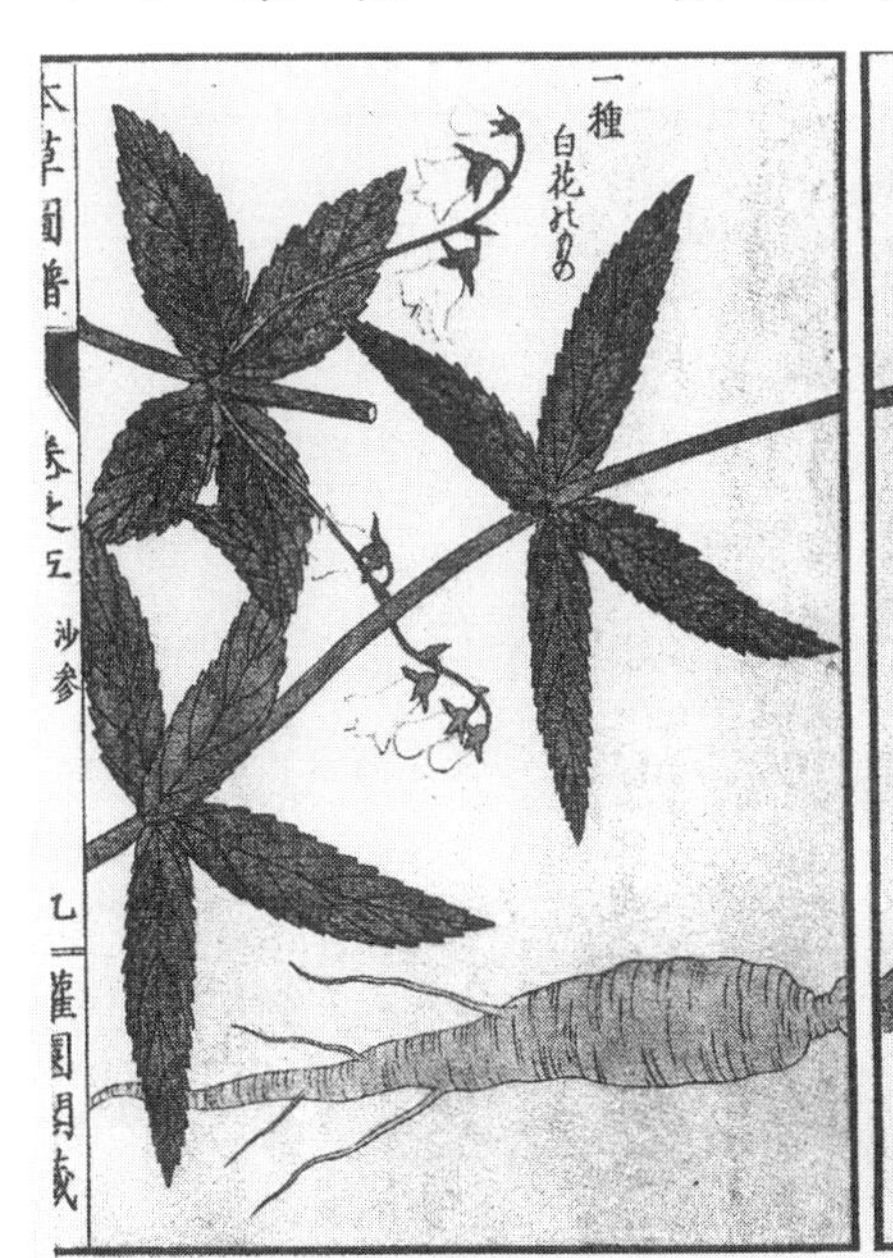

図3－3　沙　参（図は文献[4] より転載）

花が咲き二年経過すれば掘ると良い。

△**羊乳**（ヨウニュウ）　沙参の箇所にでている。和名は、ツルニンジン、又はキキョウカラクサである。江戸の方言でツリガネカズラ、木曽山中の方言でチソブトといい何処にでもある。

薺苨（セイネイ）　別名杏葉沙参（キョウエフシャジン）といい、その形は沙参のようで葉に鋸歯（きょし）が多く、葉の背に光沢があり、花は桔梗に似て小さい。大きさは、漢種の沙参の花のようで少し短い。

桔梗（キキョウ）　和名抄でアリノヒフキといっている。考えてみると、俗にキキョウというのは、桔梗の転語である（図３－４）。何処にでも多く、花は紺碧色また白花、紫花、或いは二色相雑のものがあり各単弁、重弁のものもある。江戸時代にこれを作り出す者は、六月の土用中に根を掘り川水に数日浸し、外皮が熟すのを待ってか

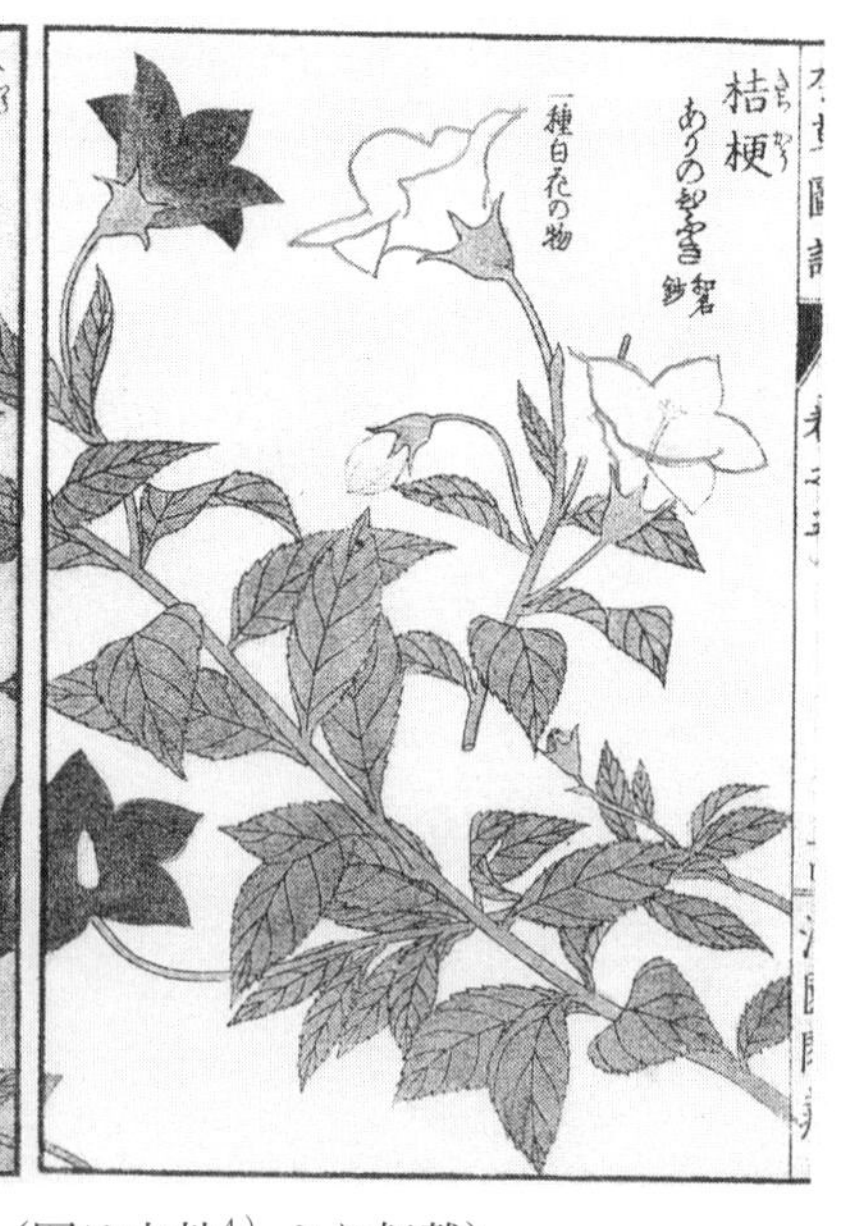

図３－４　桔　梗（図は文献[4]より転載）

ら、乾燥させると色が非常に白くなる。しかしながら、締まりがある傾向は薄い。八、九月に掘り取るのが良い。

黄精（オウセイ）　陳藏器によると、黄精の葉は偏生で、相対して生えないものを偏精という。その効用は正精には及ばない。正精は葉が相対して生える。日本に生えるものは皆偏精である（図3－5）。

正精　和産は無く、漢種が享保中に種として伝わり、今官園にある。根と葉は大体似ていて、葉は薄く両葉とも相対して生えて、正精となる。正精は偏精と比較すると効用は大きいが、分布は大変少ない。

偏精　和名はナルコユリ、又はアマトコロ、又はササユリといい、至る所に産する。南部産が上品で、茎葉が非常に大きい。

萎蕤（イスイ）　和名はカラスユリで何処にでも多い。黄精とは一類二種である。黄精は根節が在って生姜（ショウガ）のようであり、萎蕤は節がなくて地黄に似ている。

知母（チモ）　葉は韮（ニラ）のようで、長さは、六〇～九〇センチメートルで中間に茎が生え、穂ができて淡碧花を開き、実の長さは、〇・九～一・二センチメートル余りで、内側に三つの黒い種子があり三稜、扁平で実を植えると非常に簡単に着生し、二、三年で掘ると良い。漢種は享保中に伝わって、今官園や世に広く植えられている。

肉蓯蓉（ニクジョウヨウ）　和名はホンオニクで、三、四月に生じ形状はやや天麻（テンマ）に類し、茎が太く鱗のようになり、生長してから花を開く（図3－5）。その花は、天麻の花に似ている。日光産の品質が良く、方言ではオカサタケ、又はキムラタケという。径は三センチメートル余りで、長さは三〇センチメートル余りのものもある。讃岐、香川郡安原村産の品質が良い。以上の二種を壬午の年（一七六二年）、主品中に、源内がこれらを持参した。

列当（レットウ）　和名はハマウツボといい、別名は草蓯蓉である。砂地に生じ肉蓯蓉と比べると、やや小さく紫花を開き、形は夏枯草（カゴソウ）の花に似ている。

赤箭天麻（オニノヤガラ）　和名はヌスビトノアシ、又はトウガシラというが、西には希で関東地方には多い。茎の長さは、九〇～一二〇センチメートルで、黄赤色で葉は無い。薄い小さな皮を

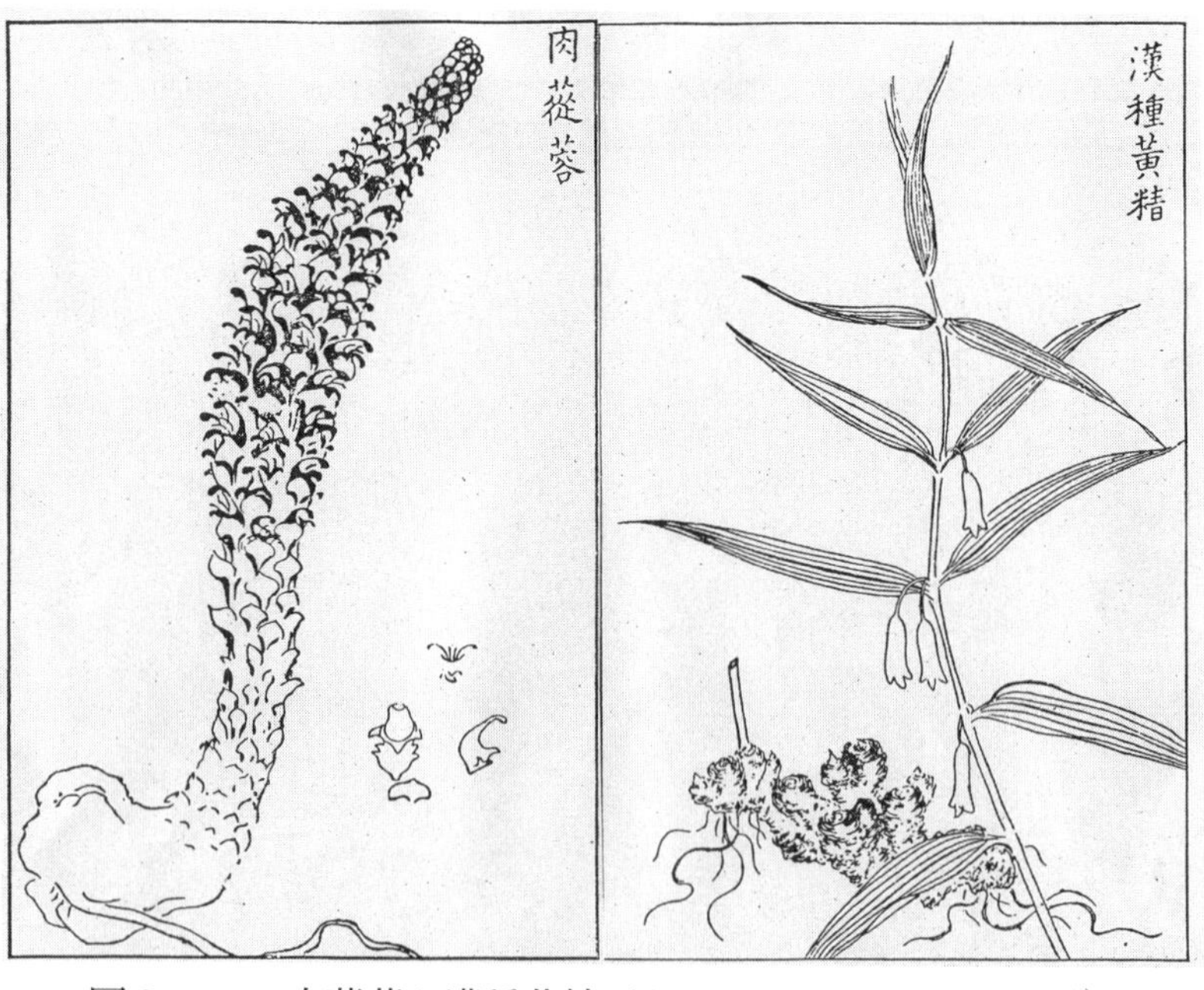

図3－5　肉蓯蓉と漢種黄精（巻之五・産物図絵より転載[1]）

被(おお)っていて初めに生える時茎を包長した後、茎に付いてヒレのようになる（図3－6）。

蘇頌がいっている、茎に貼ってあるような微かに尖がった小葉があるというのは、これのことである。茎の形状は矢のようで赤色である。だから茎を赤箭(オニ)という。茎の上に数個の花を開き、大きさは、六～九ミリメートル余りで茎と同じ色である。根魁(こんかい)が横に出ていて形は、丁度小児の臂(ひじ)のような、或いは小児に傍(かたわ)らに芋の子のようなものがあり、その数は定まっていない。又子のようなものもありこれは、変態で秋になると尽(ことごと)く枯れるので、何処に植えても、必ずしも再生しない。又実を植えても生えない時でも、本草にその実が退却して、虚で茎中に入って土内に潜(もぐ)って生じるという説など信じてはいけない。東都産

図3－6　巴戟天と赤箭天麻　巻之五・産物図絵より転載[1)]

は上品で、一種黄白の物もあるが、形状は異なることはない。

白木 和名はオケラで、上古に蒼白木を分けなかったが、後世これを分けた。弘景によると、白木は葉が大きく毛があり、而も木叉を作り根も甜し、又膏（肉の脂）が少なく赤木は葉が細く毛が無く根は小さく苦い、而も膏が多いという、この説の木の形状を説明することは全く明らかである。それにもかかわらず、東壁が三、五叉の物を蒼木とするのは大きな誤りである。白木は所々山中に産するもの、葉が五叉のもの、三叉のものもある。多くは花が白色、又は紅のものもあるが、皆下品である。漢産は上品で、享保中種子が伝えられ、葉は五椏で毛があり、形は非常に肥大で花は紅色で、大薊の花のようでツクネ芋に似ていて、このものの実を植えて良く生じる。又根を切って植えれば、尽く芽を生じる。一両年経てば掘り取ると良い。数年を経たものは重さ数斤になる。

△**蒼木** 別名は赤木で、これはあちこちに産し、葉に椏がなく花は、白色、又は紅花のものがあるが皆下品である。漢種は上品で、享保中に種が伝わった。大抵は和産のものに似ている。若葉には綿のようなものがあり、花は白色で根の味は香りが強く、このものの実を植えても生えないが、根を分けることは白木のようで生長し易い。

巴戟天 別名不凋草で、和名はジュズネノキといい、先輩がカキノハ草とするのは誤りである（図3－6）。蘇恭*[22]によれば、その苗を俗に三蔓草と呼ぶ。葉は茗に似て冬を経ても枯れず、根は株を連ねたようだ。古い根は青く、若い根は白紫でこの形状はカキノハグサに似ていない。カキノハグサは、冬になれば全て葉が凋落するが、不凋草といってはいけない。根も又曲節だけで連珠では無い。本当の巴戟天は、木の下の陰地に生える草ではなく小木で、形は大葉のアリトウシのようで、両方が相対して生える。葉のでる場所の左右に小さい刺があり、葉の形がたいそう茶葉に似通う。冬を経ても萎(しお)れず、秋になると赤い実を結び、其の大きさは緑豆のようである。根は黄赤色で、凡そ、牡丹の根に似て連珠となって、そのようすは麦門冬(バクモントウ)のようで、根を乾燥して芯(しん)が落ちると小孔がある。大明の宗奭(せき)*[23]の説明と符号するが、真物である。或いは、綱目草部の出たために疑う者がある。しかしながら綱目は木本で草部に入るものは多い。牡丹・莽草(サヤソウ)は常山の類によって知るべきである。肥後産を威寅の年に、田村先生が始めてこれを手に入れて、巳卯の年、主品中に持参された。讃岐、鵜足郡中通村、八幡社地産で庚申の年（一七五八年）に私がこれを得て、壬午の年（一七六二年）に主品中に持参した。

　蘇頌の説明では、一種麦門冬の葉は巴戟天にもあって、私もまだこれを見ていない。松岡先生の用薬須知の後編や直海氏編の廣大和本草*[24]では、モチズリでもって麦門冬の葉は巴戟とし薬屋でいわれている棒ようの巴戟、即ちこれであるといっているのは大変な誤りである。東国のモチズリの一種で大きいものがあるといっても、その根が巴戟に類していない。その上、薬屋で棒ようといわれているものは、漢から渡来したものから選んで連珠あるものを数株(じゅず)ようとして、ないものを棒ようとしているがそのものは同一のものである。決してモチズリの根ではない。又巳卯の年（一七五九年）に社友の福山舜調（しゅんちょう）と箱根で遊んだ時、得た所の草モチズリに似ていて、花に房がなく根が二、三の連珠がある。初めこれを麦門冬の葉といい巴戟天になるであろうと推定した。しかしながら、これもまた真実ではない。讃岐山中に一種の草があって、葉の大葉は麦門冬のごとくで、又たいそうキスゲ葉に類し、根に連珠があって黄赤色でこの物がやや近い。しかしながらこのものも決まっていない。

百脈根（ヒャクミャクコン）　和名は、コガネハナ、又ミヤコハナ、又はキレンゲで江戸の方言ではエボシ草といい、所々原野に多く江戸方言では一種で黄花のものもある。所々原野に多く葉は、苜蓿（ウマゴヤシ）に似て花が黄色である。鎌倉鶴岡産は、黄褐色が互いに混ざったものである。

淫羊藿（インヨウカク）　和名は、イカリソウである。江戸方言ではクモキリといい、紫花のものが何処にでもある。白花のものもあり、これをチドリソウという。又淡紫色のものも青紫色のものもある。葉に大小の区別がある。一種黄花のものもあるが極めて稀である。比叡山産は葉が厚く光沢があり、冬になっても枯れない。蘇頌によると、湖湘（こしょう）に出るものの葉は小豆のような葉で、枝茎は緊細で冬を経ても萎れないというものはこれのことである。

仙芽（センボウ）　和名はキンバイザサである。先輩がキスゲとするのは大きな誤りである。蘇頌によると、仙芽の葉は青く芽のようで軟かく、且つ、やや広く表面に縦の紋がある（図3－7）。又初生の椶櫚（ソウロ）の苗に似たもので、高さは三〇センチメートル位で、冬になれば全て枯れ春の初めに生える。

三月に梔子（シシ）の花のような黄色の花を開き、実は結ばない。根はただ一本で直下に伸び、太さは指ほどで下に短く細い肉根が付き、外皮はやや粗く褐色で内肉は黄白色である。東壁によれば、蘇頌の説明は詳細を尽くしているが、しかし、これは四、五月中に茎が抽き出て一二～一五センチメートルとなり、六出で深黄色の小さい花が開くので、梔子に似ていない。以上の両説明はキスゲでないから、このものの葉は、初生の椶櫚の葉に似ていて、六弁の深黄色の花を開き、大きさは約一・五～一・八センチメートルで非常に可愛らしく、根は菖蒲（ショウブ）根のようである。又小根が付き、その形がほぼ人参に似ていて皆蘇頌の説のようである。但、実を結ばないということは無い。花が無くなった後、茎が更に寸余り延び、形が豊かになって、形が棗（ナツメ）の種のように内側に実が在って熟

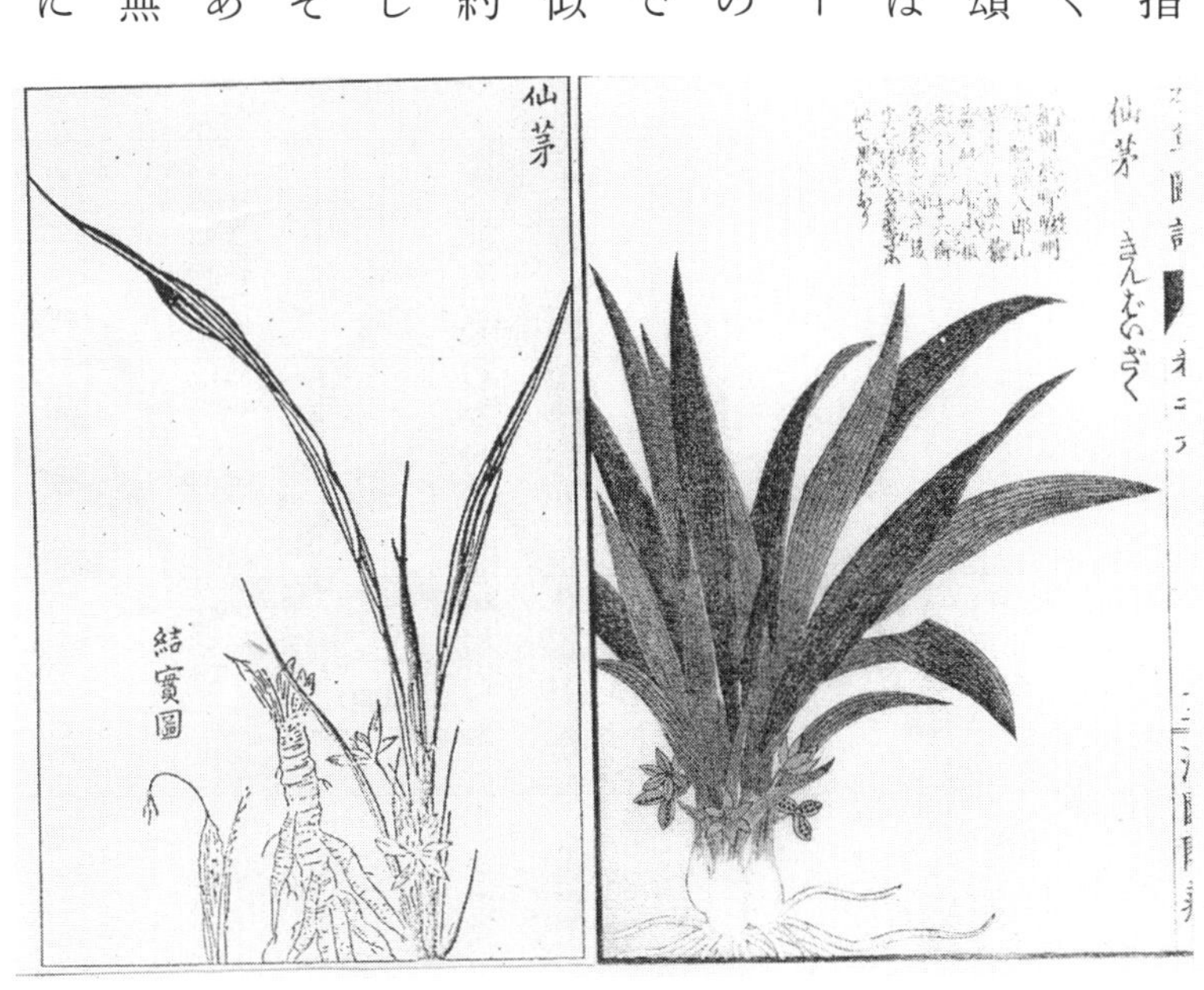

図３－７　仙　芽（図は文献[4]より転載）

すれば、勢い良く破裂し、その内に白譲があって実を包む。実は椒目のようで稍小さい。長崎、八郎山産は戊寅の年（一七五八年）、田村先生が始めてこれを手に入れて、巳卯の主品中にこれを持参された。

玄参 和名はゴマクサである。苗の高さは、一八〇～二一〇センチメートルで、茎は四角で、葉は両方ともに相対して胡麻の葉に似て、根は乾くと黒色となる。東都産は上品で、淡黄花も褐色花のものもある。

地楡 和名はワレモコウであり、何処にでも多く、花は紫色である。一種白花もあり、葉は細く小さく、花の長さは、三センチメートル余りで細い。以上の二種類は皆下品で薬用としては使えない。漢種は上品で、享保中に種子が伝わって今官園に多い。葉は大抵和産と同じで、又別に小袴葉があるが、和産には袴葉がない。根の状態は沙参・防風のようで直根で軟らかく年数を経たものの旁から根を生じても皆下へ向かう。和産は根が横にでて紫黒色で、堅剛なのとは違って、例えば朝鮮産と和産の竹節参のようで、効用や優劣は容易に判る。

紫草 和名はムラサキである。江戸の方言ではネムラサキといい、根を取って紫に染める。南部産は上品で、讃岐、大川山産も上品である。

三七 別名は山漆といい東壁によれば、この薬は、近世始めて南人軍中に出現し、切り傷の要薬に用いられ奇功があるという。考えてみると、わが国にも昔は無かったのだろうか。駿府政事録によると、慶長十六年、辛亥八月十二日、金森出雲守可重が初めて山漆草を奉げたが、その草が三七で本草綱目の図を経て見られ同じであった等々、今は世に多くある。

黄連　和産は数種類ある（図3－8）。加賀産で菊葉のものは上品である。日光産で三葉のものは中品であり、日光産で細葉のものは下品である。日光産で芹葉のものは中品である。伊豆産で芹葉の小葉のものは下品である。讃岐産で川芎*25葉のものは中品である。又一種五加葉のものがあって中品であり、出所は未詳である。

黄芩　和名はコガネヤナギである（図3－9）。日本で俗に黄芩と呼ばれるものは本物ではない。漢種は上品で、享保中に種子が伝わって今世に多い。

秦艽　和名はシンギョウである。葉の形は非常に烏頭の葉に類していて、花もまた花烏頭に似て、根は黄白色で羅紋模様がある。朝鮮産は上品で享保中に種が伝わり、花の色が黄白色、又は紫花のものもある。日光産は上品で色が黄白花、又は紫花の物もある。信濃産は上品で、花は紫色である。

防風　和名はボウフウである。和産は何処にでも多く、二種類ある。葉は芹に似て、光沢のあるものは和名をヤマゼリという。胡蘿蔔（人参）の葉に似たものを、ヤマニンジンという。漢種は上品で、享保中に種子が伝わって、今官園や世の中に多くある。葉は白頭翁に似ていて、花は密集せず毛がなく、筋目があり厚く強く緑白色である。夏の末に小花を開いて、形状は芎藭藁*26の花に

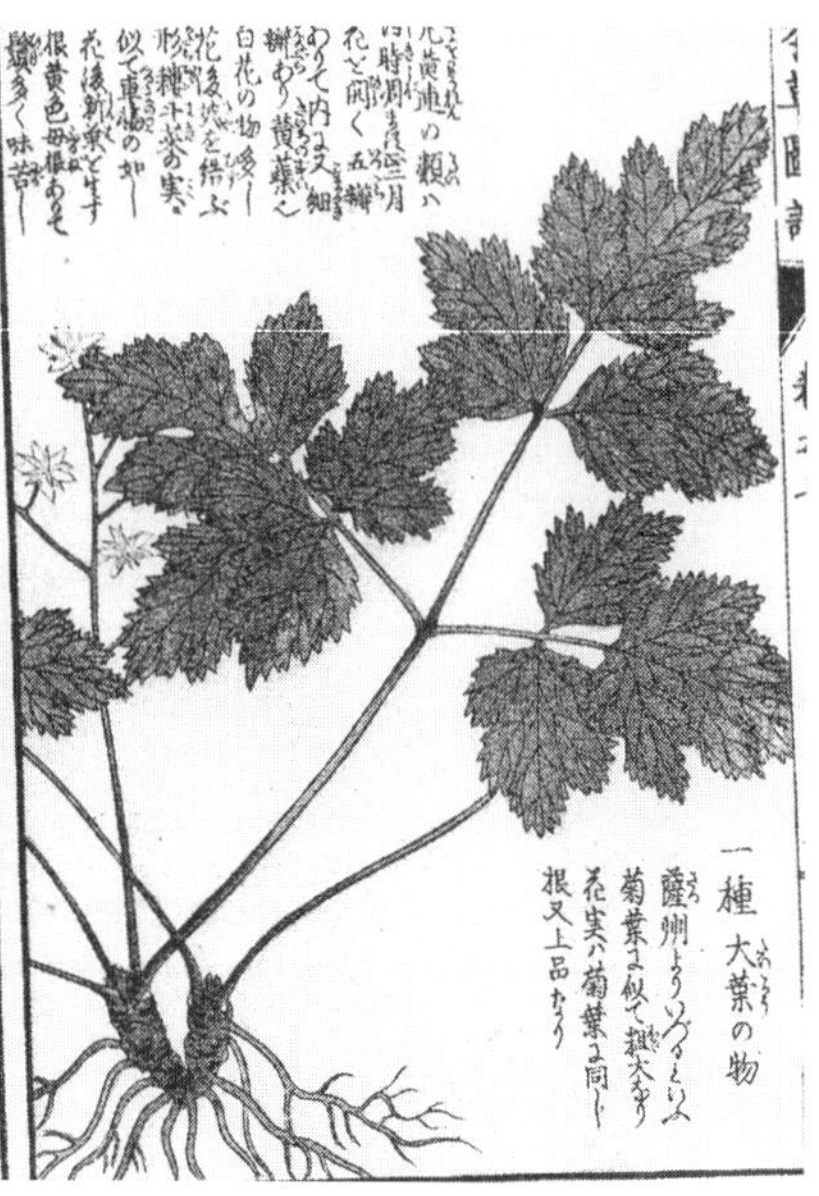

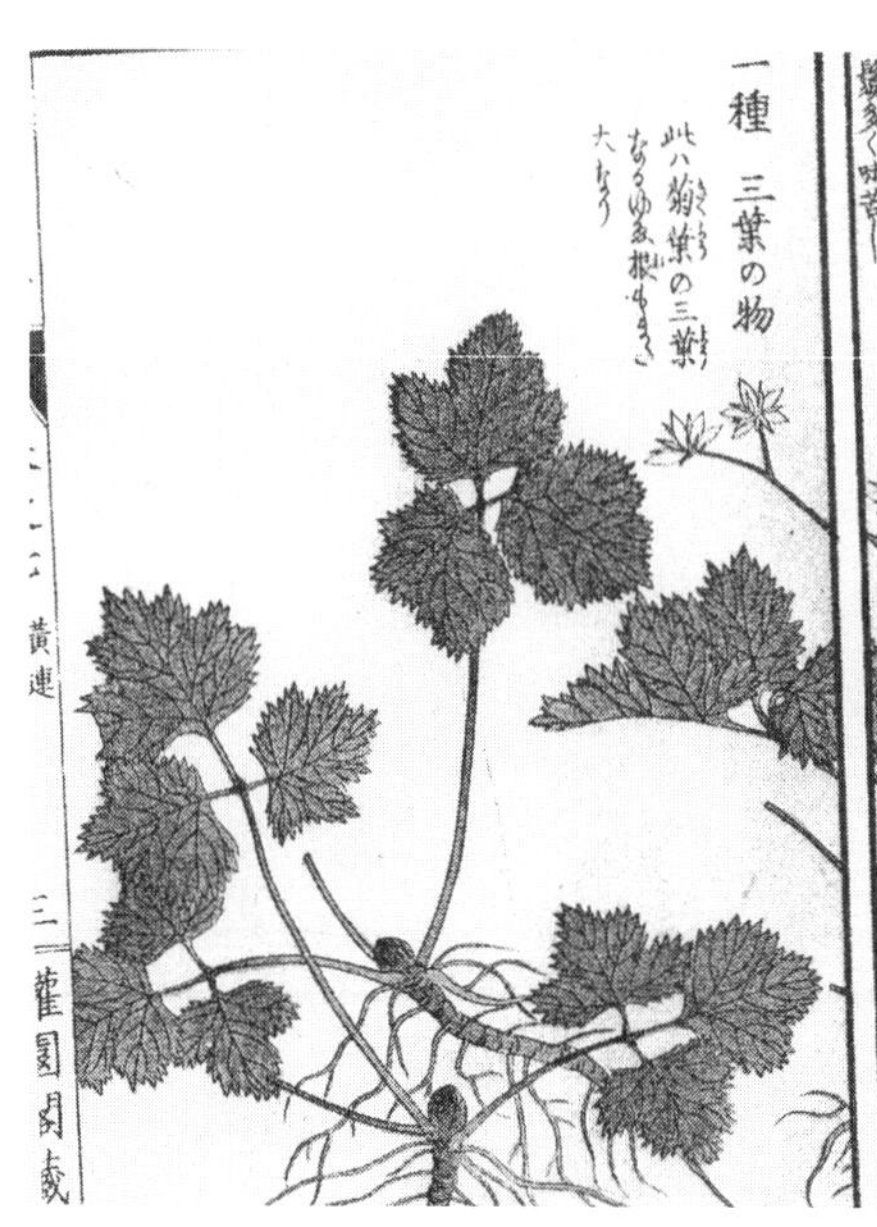

図3－8　黄　連4）より転載

図3－9　黄　芩4）より転載

類し、根に依っては纖長(せんちょう)が、九〇〜一二〇センチメートルになるものもある。

延胡索　和名はエンゴサクである（図3−10)。和産は多くのところにあり、花や葉はよく似ているといわれているが、根の色が白くて大変小さく、薬として用いることはできない。漢種は上品で享保中に種が伝わり大葉、小葉の二種があり、俗に牡丹の葉を延胡索という。葉の形は三叉にして、微かに牡丹葉に似ている。二月に紫花を開き地錦苗花(ヤブケマン)*27に似ていて、根の形は半夏(ハンゲ)に類して黄色である。

貝母　和名はバイモ、又はアミガサユリという（図3−11)。生えはじめは錦棗児(ツルボ)*28のようで、成長すると山丹(ヒメユリ)に似ている。梢(こずえ)から細緑糸をだして、左右に廻旋し、百合花の

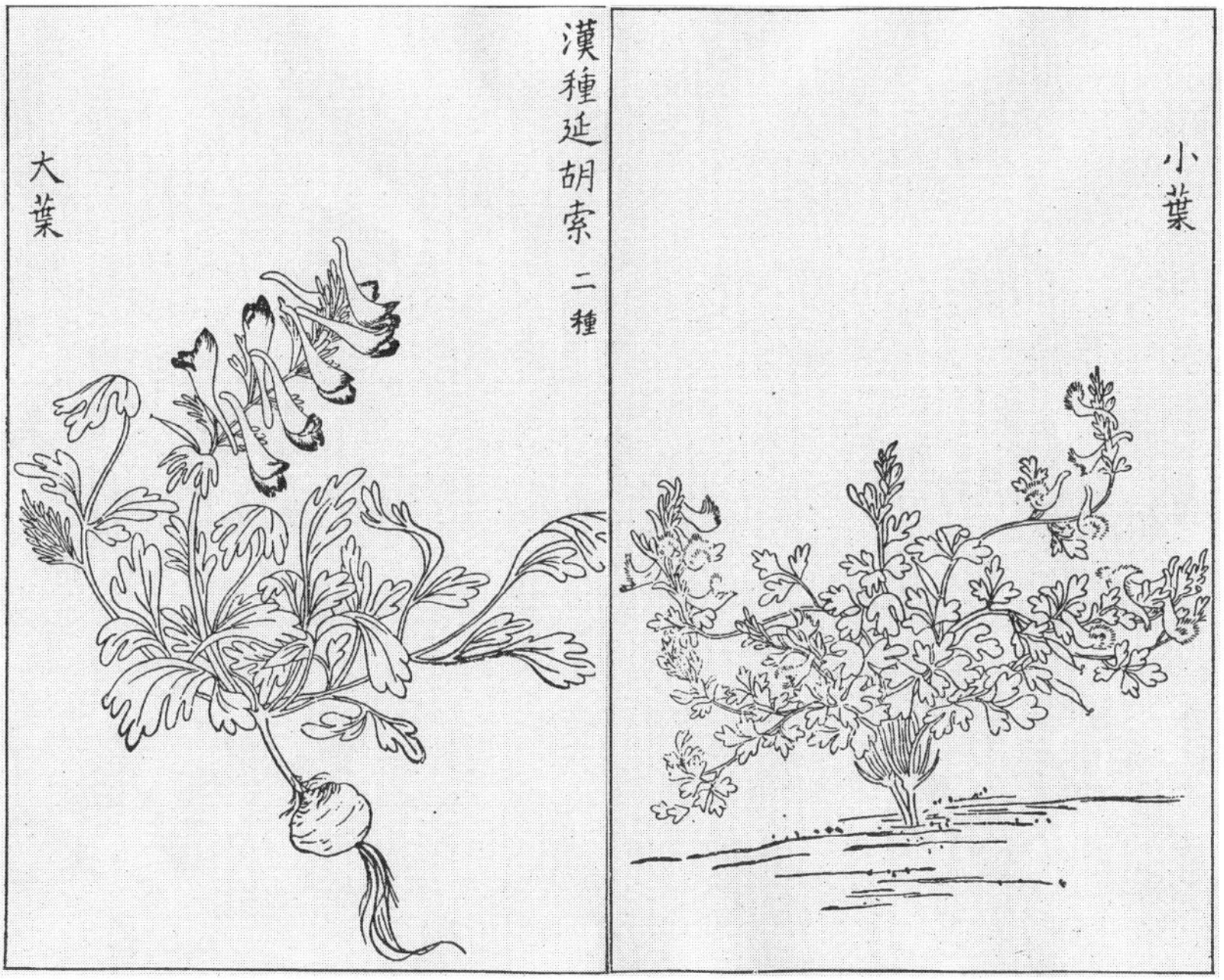

図3−10　漢種延胡索　巻之五・産物図絵より転載[1)]

ように黄白色に紫の点がある。漢種は上品で、享保中に種が伝わった。

山慈姑（サンジコ）　和名はアマナ、又ムギクワイ、又はメウロンという。東壁によると、山慈姑は何処にでもある。冬に水仙花の葉のような狭い葉が生え、二月中に枯れてから矢の幹のような、高さは三〇センチメートル余りの一本の茎の端に白色の花を開くが、色は紅色、黄色のものもあり、上に黒点がある。多数の花が群がってひとかたまりになって、糸の結び目を結び合わせて作ったような、可愛い形のものだ。三月に三稜のある実を結び、四月の初めに苗が枯れる。このものは日本では数種類あり、白花のものは何処にでもある。駿河産の赤花のものを方俗田ユリといい、壬午の年（一七六二年）の客品中に、同地域の沼津

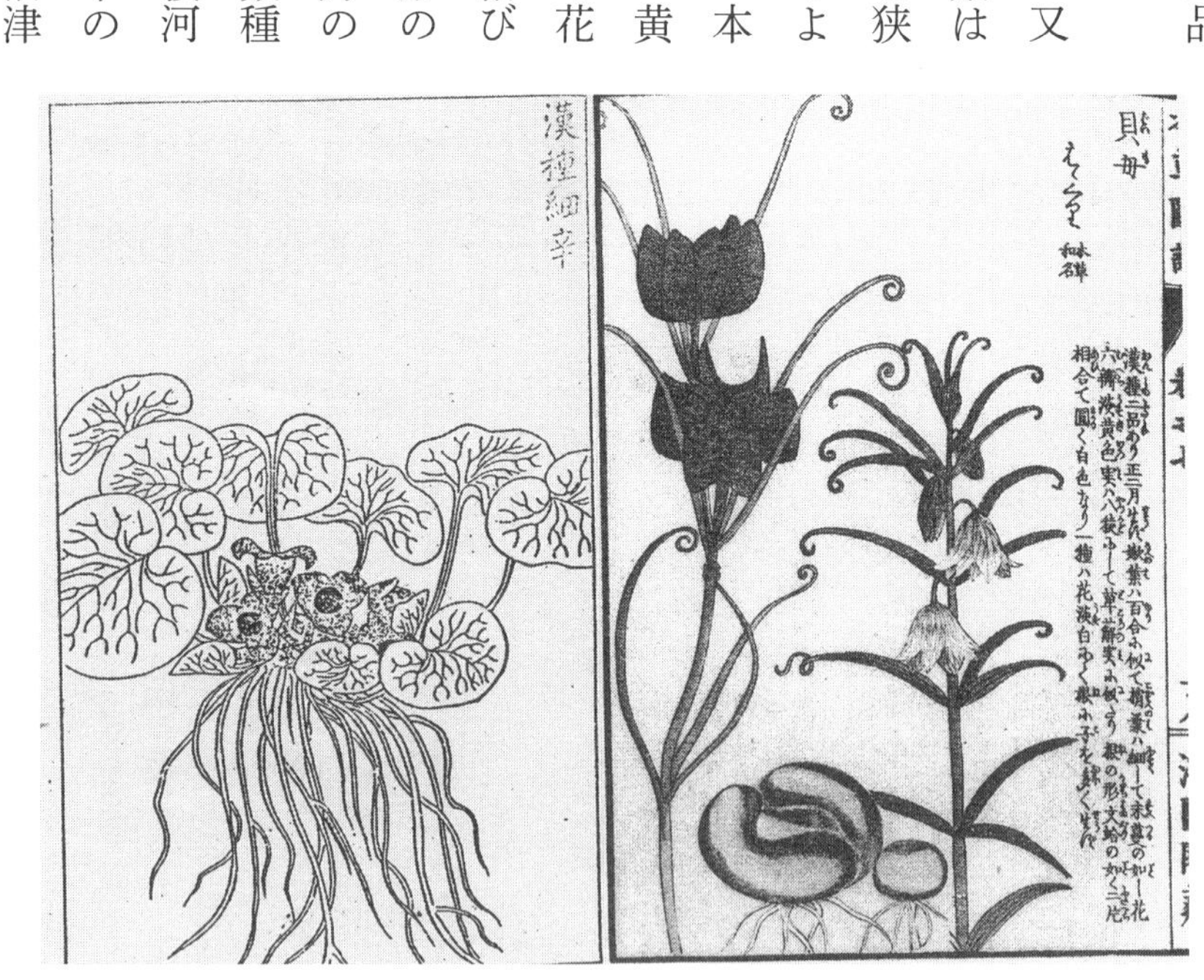

図３－11　貝母と漢種細辛
左図は巻之五・産物図絵[1]より、右図は文献[4]より転載

駅、清玄がこれを持参した。

細辛（サイシン）　和名はウスバサイシンという（図3－11）。種類が多い。漢産は上品で、葉は丸く厚い。佐渡産は上品で、葉が少し長い。南部産は佐渡産と大抵同じである。讃岐、大川山産は上品で、葉が薄く冬になると枯れる。

釵子股（キンサコ）　別名は金釵股で和名はボウランという。東壁によると、石斛（セッコク）を金釵花（キンサクワ）と名づける。この草の形状が、似ているから名づけたのだ。考えてみると、これがボウ蘭である。琉球産は近世薩摩から来ていて、樹石上に寄生し、石斛の類である。中山伝信録*29に直ちに棒蘭に作るとあるが、珊瑚樹のようで緑色、葉が無く花が木の又に出て、蘭に似ているが較べると小さい。このものは寒さに非常に弱く土に植えても育たない。

白芷（ビャクシ）　和名はヨロイグサ、又はウマゼリという。日本産は何処にでもある。漢種は上品で、享保中に種が伝わり今官園に沢山ある。形状は日本産のものと同じで香気が強い。八月に実を蒔き翌年秋、掘り取るのが良い。一年目では根が小さくて用いることができない。春植えて二年目になると、花を開いて根が堅い。季節が秋になって全てが朽ちてしまう。八月に植えて翌年掘り取るのが良い。

補骨脂（ホコシ）　和名はオランダビユという（図3－12）。茎の高さは、九〇～一二〇センチメートルで、葉の形はたいそう胡麻（ゴマ）に似ていて、葉の間から茎が伸びて実を結ぶが、日本産はない。漢種は享保中に種子が伝えられた。

鬱金　和名はウコンという。漢種は享保中に種が伝えられ、今官園に多い莪述（ガジュツ）*30と非常に良く似ている。形は芭蕉に類して小さく、葉は、亦芭蕉と比較すると短小である。鬱金は葉の背に毛が無いが、莪述は僅かに毛がある。根では鬱金は黄赤色で、莪述は淡黄色であるが、まじわり易い。鬱金は良く花が咲くが、莪述の花があることは稀である。秋の終わりに掘り出して屋根の下の暖かい所に六〇〜九〇センチメートルの穴を掘り、土中に貯蔵して水気が入らぬようにして、貯蔵し三月末に掘り出して植えると良い。

蓬莪茂　和名はホウガジュツ、又はガジュツという。漢種は享保中に種が伝えられた。

△**茉莉**　和名はモウリンクワという（図3

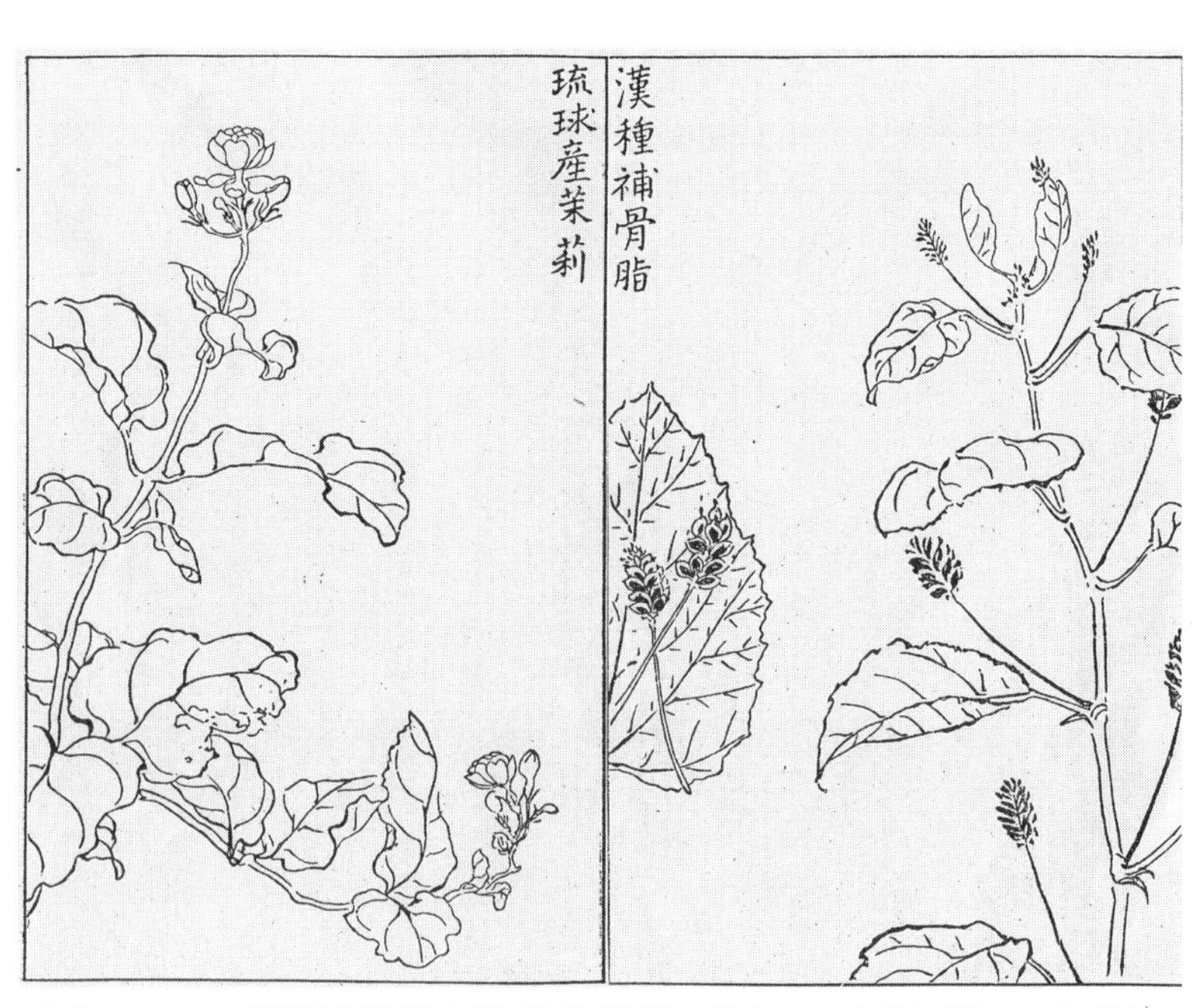

図３－12　漢種補骨脂と琉球産茉莉　巻之五・産物図絵より転載[1)]

−12）。これは茉莉の転語であり、貝原先生が茶蘭(チャラン)*31であろうというのは誤りである。東壁によれば、その性質は寒を畏れるので、北の土地には不適である。茎は弱く、枝が繁り、緑葉は丸く尖り、初夏に重弁で蕊(ずい)のない小さい白花を開く。秋の末ごろに花が止まり、実を結ばない。花が多弁になっているものもあり、紅色や蔓性のものもあり、その花は皆夜開くので、芬香(ふんこう)を愛すべきである。琉球産は白花の他は見られない。

薄荷(ハッカ)　和名はメクサという。西国方言ではメハリクサといい、湿地の地に生える。

△石薄荷　和名はヒメメクサという。蘇頌によれば、石薄荷は江南の山石の間に生じ、葉は極めて小さく、冬になると紫色というのはこれのことである。戊寅(つちのえとら)の年（一七五八年）の客品中に、官医藤本氏がこれを持参した。

艾(モグサ)　和名はヨモギで何処にでもある。漢種は上品で、享保中に種子が伝わって今官園に多く、即ち蘄艾(キガイ)である。淡路島産は上品である。

角蒿　和名はハナゴマである。先輩がハマナデシコとするものは正しくない。蘇恭によれば、花は瞿麦(クバク)のようで紅赤の愛すべきものだ。種子は王不留行(オウフルコウ)*32にて色が黒く、さやになるというのはハマナデシコとする説に似ている。そうではあるけれど、本当の角蒿ではない。宗奭(そうせき)によると、茎、葉は青蒿のようで約三、四分径の淡紅紫色の花を開き、花が終わってから二寸ばかりで僅かに湾曲した角(さや)を結ぶのが本当の角蒿である。

雷学（らいこう）の説明でもハマナデシコではない。武蔵、川越産は宗奭の説明のようである。

泊夫藍（サフラン）　ラテン語でサフラン、紅毛語ではフロウリスエンタアリス、又はコロウクスヲリエンタアリという（図3－13）。このものの生草は絶えてないが、乾花は蛮国より来ている。東壁によれば、番紅花は西番[*33]・アラビア・地面及び天方国（めっか）にもある。即ち、その土地の紅藍花である。考えてみると、この説は大変な誤りである。泊夫藍は番国産であるため、季氏もそのものが何であるかを知らなかった。花の色は紅で、紅花にとても似ているので、でたらめに番紅花と命名した。近世紅毛人のドドニヤウストの著した本草中に、泊夫藍が非常に詳しく図示されている。根や葉は山慈姑に似て五弁の赤花を開き、蛮国より来た所の泊夫藍の蕊（ずい）をみる

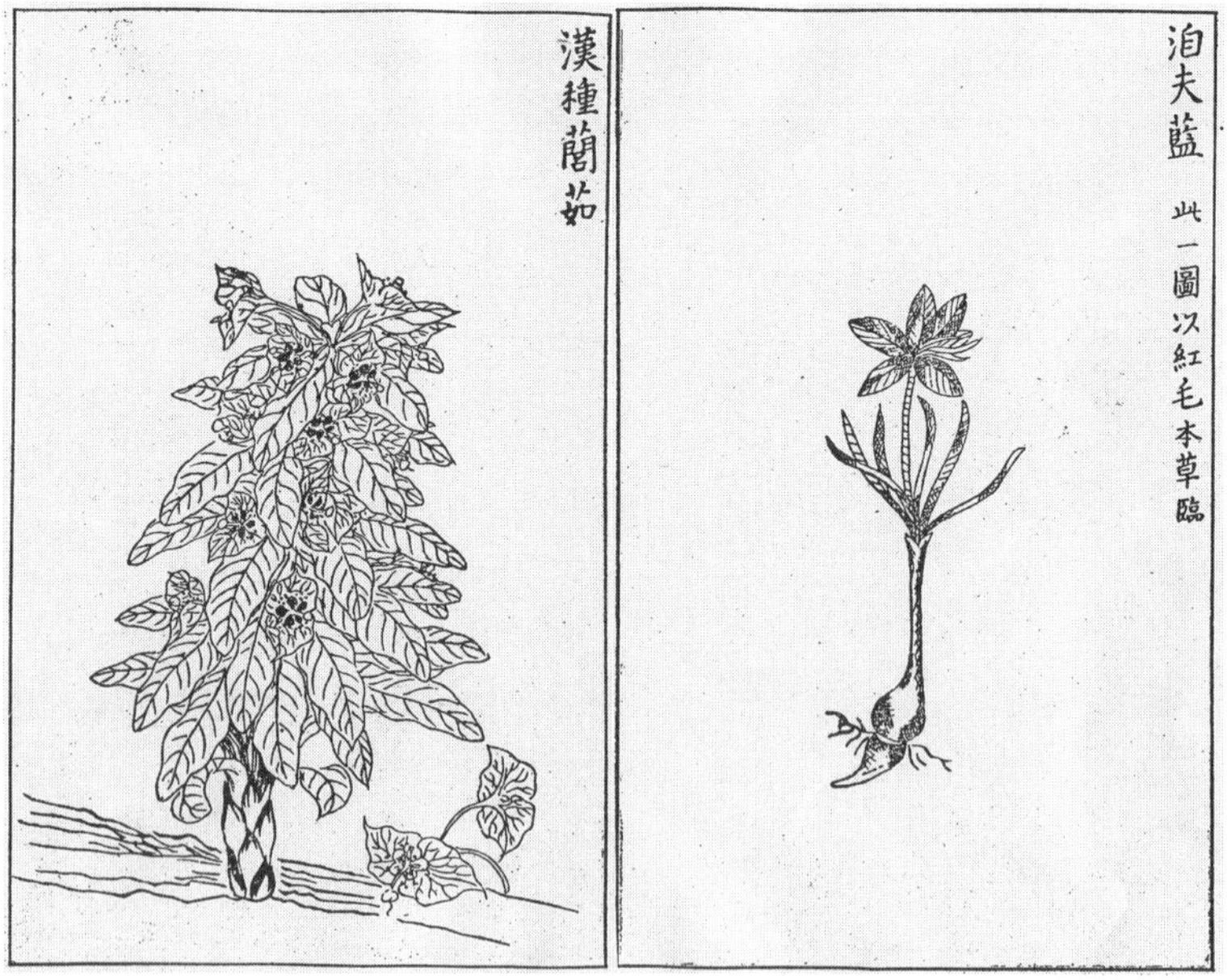

図3－13　泊夫藍と漢種蔄茹　巻之五・産物図絵より転載[1)]

と紅藍の類ではない。図があるから考えることは可能である。

胡盧巴（コロハ）　苜蓿（モクシュク）*34に似て大きく、花は微に黄色を帯び、実は莢（さや）を作る。禹錫（うせき）*35、蘇頌らの蛮国、蘿蔔子（ラフクシ）とするのは誤りである。このものの日本産はない。蛮種が享保中に種が伝わり官園に植えられた。

麻黄（マオウ）　和名はイヌトクサ、又はカワラトクサといい湿地に産する。形は木賊（トクサ）*36に似て梢は小さく、又は杉菜に似ていて、今薬屋にある漢産麻黄の中堅い実のものは雲花子である。日本産を用いると良い。駿河産の形は非常に長く木賊のようで、壬午の年（一七六二年）に主品中に、伊豆北条四日市の鎮惣七がこれを持参した。

地黄　和名はジオウで、日本産は上品で淡黄花を開く。一種紫花のものは和名で千里駒といい、根は堅く薬用に使えない。或いは、これは、附録の胡面莽（センリゴマ）のようであるが詳細は明らかでない。

麦門冬（バクモントウ）　和名はヤブランで数種類あるが、小葉のものを和名でジャノヒゲといい、大葉のものをヤブランという。葉の形は建蘭（スルガラン）に似ている。一種和名でオキナグサいうものがあって大葉のものと比較すれば、梢が小さく生え、始めは白く後に段々と青色に変化する。琉球産の和名ノシランは葉が長く、光沢がある。又日本で俗に雞尾蘭（ケイビラン）と呼ばれるものがあるが、ノシランの類で葉が強く、以上は皆麦門冬の種類である。

鴨跖草（オウセキソウ）　和名はツキクサ、又ツユクサ、又はアオハナという。讃岐方言ではカマツカで、近江、彦根の方言ではコンヤタロウという。何処にでも多く、花は碧色であり、又白花や淡碧色のものや白花で青くぼかしたものもある。琉球種の葉は短く、縦の木目は多く、花は非常に少なくて異品である。近江、栗本郡山田村産は葉の長さが、六、七寸で花弁の大きさは寸に近い。土地の人は多く植えて利益とする。この花の最盛期は、六月十三日より七月十三までで、家じゅうのものがこの花を野にでて採集し、汁を絞り紙で染め、これを青花紙と呼んで周りにその製法が伝えられている。

款冬（カントウ）　和名はフキである。和名抄、朗詠集でヤマブキとしているのは誤りである。山吹は棣棠（タイトウ）である。款冬は何処にでも多くあり、野生のものは葉が大小二種類ある。琉球産で紅花のものもあり、葉は平常のものと異なることは無い。花は一箇所に群がり三、四、五、或いは六、七、八と群がり生ずる。花弁は紅色で可愛らしい。蘇頌によると、紅花のものがある。葉は蓮のようで、而も大きなものは一升の容量で、小さいものは数合の容量である。俗に蜂斗葉（ほうとよう）、又は水斗葉と呼ぶのはこれのことである。丁丑（ひのとうし）の年（一七五七年）に主品中に東都の人、後藤黎春（れいしゅん）がこれを持参した。一種日本では俗に八頭、又朝鮮フキという。葉が大きく味が良く、花が一箇所に群がって七、八から十に至る。一種俗に紫フキと呼ぶものがあり、葉の面は淡紫色で背と茎は深紫色で花は白い。

決明（ケツメイ）　二種類がある。

馬蹄決明（バテイケツメイ）　和名はイタチササゲという。東壁によれば、茎の高さが、九〇～一二〇センチメートルで、葉は苜蓿（モクシュク）より大きく本が小さく末が広く、その葉は昼に開き夜に閉じ両々互いに合わさる。

秋に黄花で五出の花を開き、初めに生える細豇豆（ホソササゲ）の長さは、六センチメートル位の莢（さや）を結び、その莢の中の種は、十粒で不揃いに連なり馬蹄のようで、青緑色というのがこれのことである。漢種は享保中に種が伝わって官園中に植えられている。

茳芒決明（コウボウケツメイ）　和名はセンダイハギという。東壁によれば、救荒本草*37でいっている山扁豆（サンヘンズ）はこれのことである。苗茎は、馬蹄決明に似ていて葉の本が小さく、末が尖り槐葉（かいよう）に似たもので、夜になっても合わすことができない。秋に深黄色の花を開き、五出の角ができて、太さは小指ほどで長さは、六センチメートル余りの莢を結び、その莢の中の種は数列になり、黄葵子（オウギシ）のような形で平たく褐色のものである。

車前（シャゼン）　和名はオオバコで数種類あり、小葉のものが何処にでもある。大葉のものは俗に朝鮮オオバコという。そうではあるが、朝鮮種ではなく日本産で何処にでもある。東都産の一種は葉が大きく縦に筋があり、沢や瀉の葉に似たものがあり穂も大変長い。

馬鞭草（バベンソウ）　和名はクマツヅラである。鼠尾草と混乱して同じとするのは誤りである。次の鼠尾草の項で詳細に示す。

鼠尾草（ミソハギ）　和名はタムラソウで何処にでもある。秋に紫花を開き、又白花のものもある。先輩がミゾハギに充てるのは誤りである。救荒本草でいわれているのは、鼠菊（ネズミギク）本草で鼠尾と名づけた。苗の高さは、三〇〜六〇センチメートルで、葉は菊花の葉に似てわずかに小さく厚い。野艾蒿（ノモグサヨモギ）の葉に似て脆(もろ)く、淡い緑色で茎の端に四、五穂を作る。車前子の穂に似て、極めて疎細な五弁の淡粉紫色の花を開き、赤白二色のものもある。黔中(けんちゅう)のものの苗は蒿(ヨモギ)のようで爾雅(じが)*[38]にいう葝(けい)は鼠尾で皂(ソウ)を染めることができる。その他は弘景*[39]蔵器*[40]等、亦皂を染める説である。タムラソウは良く皂を染め、形状は良く当っている。松岡先生が苦麻台をタムラソウとするのも、亦間違っている。苦麻台は東都の方言でクネソバというのがこれのことである。用薬須知*[41]の鼠尾草の所で疑ってみると、馬鞭草ではなかろうかと。そうではあるけれど、編集後未識部に鼠尾草をだしたときは、それが間違えであることを認識していた。直海氏が自分の考えも無く鼠尾草・和名クマツヅラを馬鞭草の別名とするのは、真の鼠尾草に知識が無い故の誤りである。本草には二物がでている。気味、効用も、又異なることを示しているので決して混同してはいけない。

藍　和名はアイで二種類ある。

蓼藍　和名はタデアイで、形状は蓼(タデ)に似ている。だからそのように名づけて、何処にでもこれを植えた。とりわけ阿波の国に多く植えられ、四方に売っている。漢種は至る所に植えられているものと比較すると、状態が少しばかり大きく、享保中種が伝わって官園にある。中国より浙江(せっこう)大青と号して渡ってきたが、これは大青ではない。一種水田に植えるものがあり俗に水藍といい、京都地方にある。

菘藍(スウアイ)　東壁によれば、菘藍の葉は白菘のようで、救荒本草によると、大藍苗の高さは、三〇センチメートル余りで、葉は白菜の葉に類している。僅かに厚く狭く、尖り茎が淡粉青色で、又梢の間に黄花を開き小さな莢がある。その子は黒色である。本草でいう菘藍を使って靛(あい)で青に染めるのが可能である。その葉は菘菜に似ているので菘藍と名づけ、馬藍と名づけるものは日本産でない。漢種は享保中に種が伝わって、今官園に植えられ江南大青というものはこれで、大青ではない。

海根　和名はミズヒキで何処にでも多い。又葉の中の黒点が八の字に似たものは日本では俗に八幡ミズヒキという。一種に矮生(わいせい)のものがあって、墓地に広がって生じる。穂の長さは三～六センチメートルで非常に可愛らしい。日本では俗にチャボミズヒキという。

蒺莉(シツリ)　二種類がある。

刺蒺莉(シシツリ)　和名はハマビシで海辺や砂地に生じ、葉は翹(きょう)揺れのように蔓延(つるのび)し黄花を開く。実を結ぶが刺が多い。

白蒺蔾(ビャクシツリ)　別名は沙苑蒺蔾(シャオンシツリ)で、和名はクサネノキという。葉合は淹木葉(かんぼくよう)に似て夜ねむり、秋になって莢ができその形は、緑豆莢のようで僅かに刺があり熟すれば莢の節々から折れやすい。

地楊梅(チヨウバイ)　和名はヒメスゲ、又はスズメノヤリで何処にでも多い。藏器によると、苗は沙草(クグ)[*42]のようで四、五月に種ができて楊梅に似ている。この物の穂が出ていない時に沙草と紛らわしくなる。二、三寸の茎を生じ子の形が、非常に楊梅に似て色が青い。先輩が地楊梅をスズメノヤリとするのは誤りで、スズメノヤリは救荒野譜の看麦娘(スズメノテッポウ)[*43]である。

紫花地丁（シカジチョウ）　別名を菫（スミレ）、菫菜といい、和名はスミレ、又はスモトリクサといい二種類ある。

特性のものあり　東壁によれば、何処にでもこれがある。その葉は柳に似て、而も微細である。紫の花を夏に開き角に付ける。平地に生え、茎を起こすというものは今、田や野に多くある。花の色は百種に及ぶ。

蔓（つる）**性のものあり**　東壁によると、谷の辺に生えるものは蔓を起こす。日本では俗にヤブスミレと呼ぶものが、これのことである。葉は短く、細蔓を生じ花は小さい。これ亦花の色は十数種ある。深黄色のものがあり奇品である。巳卯の年、主品中に源内がこれを持参した。

見腫消　和名はスイゼンソウである。蘇頌によると、筠州（いんしゅう）に生え、苗を春に生じ葉と茎は紫色で、高さは三〇～六〇センチメートルで、葉は桑に似て光、表面は青紫赤色というのはこれである。形は非常に三七に似て、葉の背は深紫色で冬になると小さい白花を開く。そうではあるが、寒さを畏れるので花を作らずに凋んで実を作らない。春夏の間茎を折って差し込めば生える。蛮種は巳卯の年に始めて種が伝わった。

大黄（ダイオウ）　和名抄ではオオシトと呼ぶ。このもの羊蹄（ギシギシ）に似て大きいのでオオシトという。日本産の葉は狭小で下品である。漢種は上品で、葉の大きさは、六〇センチメートル余りとなり、根が大きく錦紋がある。このものは実を植えても生えてこないので、根を数十に切って植えると良く芽がでる。

薗茹（ロジョ）　東壁によれば、春初に苗が生え、高さは六〇～九〇センチメートルになる（図3－13）。

根は長く大きく、葡萄(ブドウ)や蔓草のような状態で、枝があって分かれでるものである。皮は黄赤で肉は白く、これを破れば黄色の漿汁(しょうじゅう)がでる。茎や葉は大戟のようで、葉は長くて微かに広くひどく尖らずに、これを折れば白汁をだす。茎を包み短葉が相対して集まって生え、尖葉の中から茎がでて、茎の中ほどから二、三本の小枝が分かれる。二、三月に細かい紫色の花を開いて大きさが、豆ほどの実を結んで一果に三粒が入る。生では青く、熟すれば黒くなり、続随子のように中に白い核がある。今一般にはしばしばその根を狼毒(ロウドク)*44と呼んでいるが、それは誤りである。狼毒は、葉が商陸(ヤマゴボウ)、大黄などに似たもので、根に漿汁がない。このもの大戟(ダイゲキ)、甘遂(カンズイ)に似て茎や葉が肥大し、その形は商陸の根のように黄赤色である。これを切断すると、汁がでて藤黄色となり皆東壁の説明した通りである。日本産はない。漢種は享保中に種が伝わって今官園に植えられ、このものが伝えられた時、漢人が誤って狼毒と名付けてから、大分時が経っている。

△**草䕡茹**　別名は白䕡茹で東都の方言でヤブソバという。陶弘景によると、次に近道にでて草䕡茹と色が白いので名付けた。蘇頌によれば、一種草䕡茹のように色が白く、この物は何処にでもあり湿地に生じる。大戟・甘遂に似て大きく、春の末に黄花を開き、根は䕡茹に似て白く小さい。

大戟(ダイゲキ)　和名はノウルシで、伏見の方言ではキツネノチ、江戸方言ではタカトウダイという。蘇頌によると春に紅芽が生え、漸次に生長して叢(そう)をなし、高さが三〇センチメートル位となる。葉は初生の楊柳に似て小さく円い。三月、四月に丸円で羊蹄や蕪荑(ブイ)*45に似た黄紫の花を開き、根は細苦参（クジン）＊46に似ている。というものはこれである。何処の山中にも多い。

沢漆（タクシツ）　和名はトウダイグサ、又はスズフルハナといい、備前方言ではミコノスズといい何処の田や野にも多い。陶氏が「沢漆は大戟（ダイゲキ）の苗」といい日華子が「沢漆は大戟の花」とするのは誤りであると、東壁が弁明をしているので明らかである。

甘遂（カンズイ）　東都方言ではナットウダイという。蘇恭によれば、甘遂の苗は沢漆に似たものであり、根は皮が赤く肉が白く、連珠になり葉は沢漆に比べると、稍（やや）硬く何処にでも多い。

続随子（ゾクズイシ）　和名はホルトソウといい、日本では俗にポルトガルというが、これは誤りである。ポルトガルは、木のことで全く別物である。何処にでも多く、そうではあるが、皆種を伝えて植えるものである。讃岐、瀬島に自然に生えているものがあり、藺茹以下六種あり皆同類だが別種である。

莨菪（ロウトウ）　和名はホメキクサといい、東都の方言ではナナツキキョウ、肥後の方言ではハシリトコロという。莨菪をタバコとするのは誤りで、タバコは烟草である。保昇によると、莨菪は所在いずれにもある。葉は菘藍に似て茎、葉みな細毛があり、花の色は白く、種は殻が罌（かめ）（容器）の形をしている。結実は扁たく、而も細かく、粟米ほどの大きさで青黄色である。今は何処にでもある。葉は商陸に似て小さい。根は萆薢（ヒカイ）に似ていて、誤ってこれを食べると、狂走して止まらなくなるので、ハシリトコロという。このものの効用は、お互いに近く花、葉、実の殻の状態もよく合っているが、茎葉皆細毛というものとは合わない。

常山（ジョウザン）　和名はコクサギという。草ではなく、小木である。何処にでもあって葉茶に似て光滑で紋があり、非常に臭く根を常山といい葉を蜀漆（ショクシツ）という（図3－14）。

△**臭梧桐**（シュウゴドウ）　和名はクサギという。常山の本条下で、蘇頌によると、海州ででる葉は楸葉（しょうは）で八月に花があり紅白色、実は碧色で山楝子（サントウシ）に似て小さいというのは、これのことである。六月土用中に葉を取って陰干し、細末して喉の骨抜きを治すことは不思議なことである。又樹の中の蠹虫（きくい）や子供の疳（かん）の虫疾を治し、虫を殺す。

△**土常山**（ドジョウザン）　常山は集解にでている。和名はキアマチャ、又は小ガクソウという。蘇頌によれば、天台山に一種の草が出て土常山と名づけた。苗葉が極めて甘く、飲んだところ極めて甘く蜜のようだった。蜜香草（ミツコウソウ）と名づけたのもこれのことである。又別にツルアマチャやカンソウウツルがあり和名に似たものがあるからこれと混同してはいけない。

藜蘆（リロ）　和名はシュロソウ、又は日光蘭という。日光産は上品で花は紫黒色、又は白花のものもある。

木藜蘆（モクリロ）　和名はウジクサという。東壁によると、小樹で葉は桜桃（ユスラ）葉のようで狭くて長い。皺（しわ）が多く、四月に細い黄花を開く。五月に小長子を結び、小豆の大きいもののようになる。トウジクサの詳細は大和本草に詳しい。

附子　和名はブシという。その母は川鳥頭（カワウズ）という（図3－14）。天雄、側子、漏籃子（ロウランシ）は皆鳥頭からでる。茎の高さは、九〇～一二〇センチメートルで、葉は鳥頭に似て、深緑色で分岐が少なく、花は大抵草鳥頭のようで深紫色である。松岡先生は附子をトリカブトとし培養製法を知らないので、用には耐えないというのは大きな誤りである。楊天恵の附子記、及び東壁の説明は明白である。このものに日本産はない。蝦夷産が享保中阿部翁の台命により、蝦夷に赴きこれを得たという。巳卯の年、主品中に源内がこれを持参した。

鳥頭（ウズ）　草鳥頭で和名は、トリカブト、又はカブトキクといい何処にでも多い。花は深壁色、又は白花、淡紫色のものがある。一種蔓性のものもある。和名はハナツルという。箱根産は小葉で花が多い。

白附子（ハクブシ）　和名はヒメウズ、又はトンボクサ

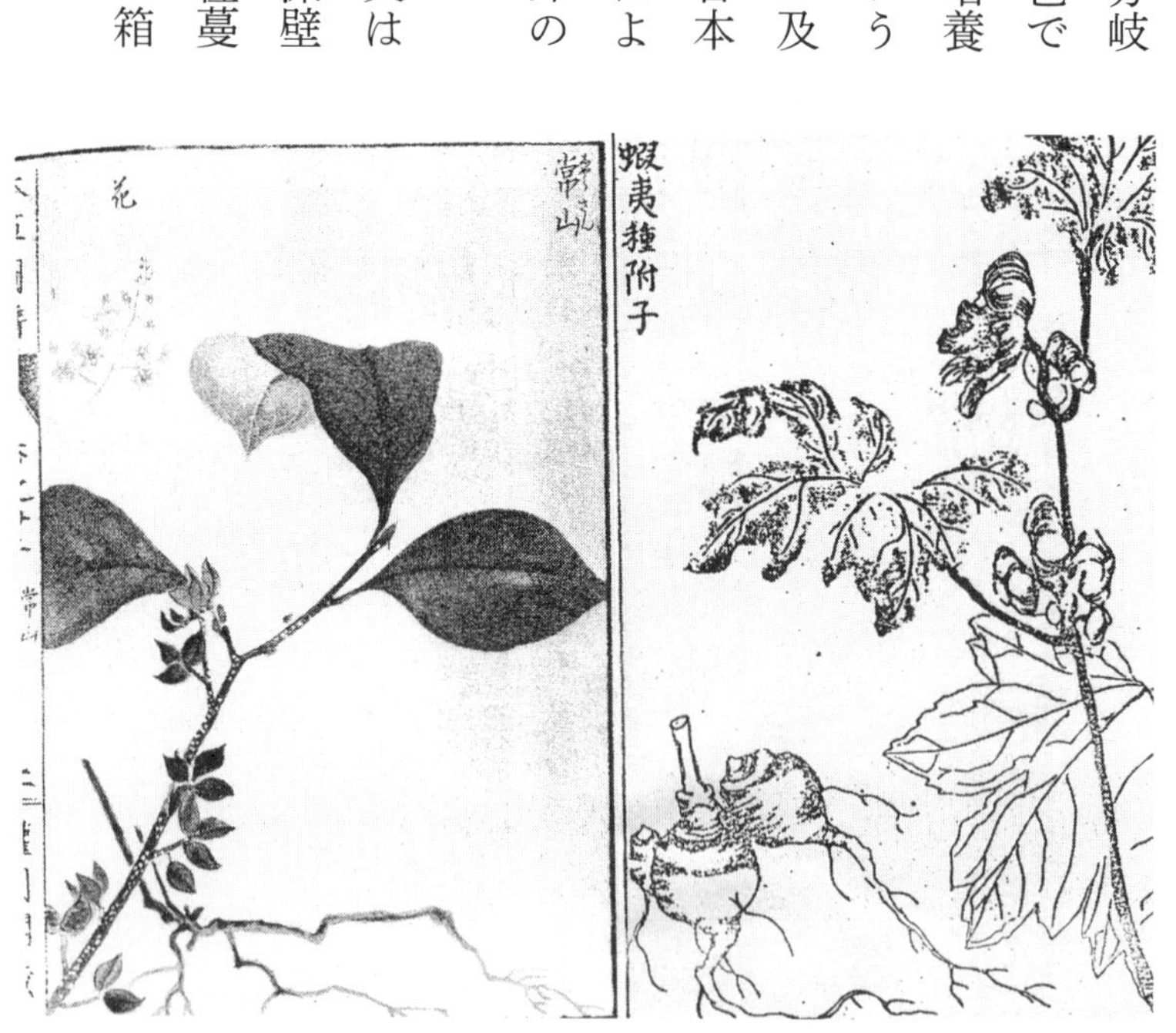

図3－14　常山と蝦夷附子

左図は文献[4]より、右図は巻之五・産物図絵[1]より転載

といい、何処にでも多い。

由跋（ユバツ）　ムサシアブミといい、何処にでも多い。

半夏（ハンゲ）　和名はカラスヒシャクといい、何処にでも多い（図3－15）。一種に根、葉が肥大したものがある。形は由跋（ユバツ）*[47]に似ているが、由跋ではなく半夏の一種である。蘇頌によると、江南に生じ芍薬（シャクヤク）の葉に似て、根は下相が重いとはこれのことである。蘇恭は半夏でないというものは、その苗が、由跋に似ているためであるが、蘇頌の説に従う方が良い。一種に細葉のものがあり、葉長は一・八～二・一センチメートルで広さが〇・九～一・二センチメートル余りで異品である。巳卯の年、主品中に源内がこれを持参した。

芫花（チョウジザクラ）　和名はジゲンジ、又はサツマフジといい、種芸家の収集が多い。

酔魚草（スイギョソウ）　和名はフジウツギという。先輩がアセミとするのは誤りである。東壁によれば、酔魚草は南方の何処にでも多い。塹岸（せんがん）の付近にあって、小株になって生えるもので、高さは九〇～一二〇センチメートルで、根の形状は枸杞（クコ）のようで、茎は黄荊（コウケイ）*[48]に似て微かな棱があり、外部に薄い黄皮があり、枝はふえ広がり易い。葉は水楊（スイヨウ）に似て節に対して生え、冬を経ても凋まない。七、八月に花を開く。その花は紅紫色で穂になり、まるで芫花と同じである。細かい実を結ぶ。漁夫はその花、及び葉を取って魚を毒するが、魚類は疲れ果てて死んでしまう。それで酔魚草と呼ぶ。池沼の付近には植えられぬものである。この花は色彩、形状、おもむき、いずれも芫花のようで魚を毒することは同じだが、ただ開花期が違っているだけの違いである。この形状はフジウツギであり、アセミも魚を毒するので先輩はこの作用によって、これを酔魚草と間違えた。そうではあるが、アセミは、春花を開きその色は白く上に説明された形状とは合わない。

莽草（ボウソウ）　和名はシキミで、何処の深山中にも多く産する。

茵芋（インウ）　和名はミヤマシキミで、何処にでもある。弘景によると、茎、葉の状態は莽草に似て細く柔らかい。蘇頌によれば、春苗が生えて、高さが九〇〜一二〇センチメートルで、茎は赤葉で石榴（ザクロ）に似て短く厚い。形状は石南樹（シャクナゲ）に似て生の葉は厚い。四月に細い白色の花を開き、五月に実を結ぶというものはこれのことである。

五味子（ゴミシ）　二種類ある。

北五味子（ホクゴミシ）　朝鮮種は享保中に種が伝わって、今官園に植えられている。葉は杏の葉に似て蔓を延ばし、実は南五味子と大層似ている。駿河産は朝鮮種と異なることがない。享保中に朝廷の命令があって、薬を探しだす時に始めてこのことが判った。今に至って毎年これを官に献じている。

南五味子（ナンゴミシ）　和名をサネカズラといい、何処にでもたくさんある。

使君子　和名はシクンシである（図3－15）。漢種は上品で享保中に種が伝わって、駿河の官園に植えられている。今非常に繁茂していて、毎年実を東都に献じている。そうではあるが、役人以外は厳禁であるので、関係のない人は、見ることができない。巳卯の年に、長崎の山本利源治が漢種一根を田村先生に贈った。その後漢産の実を植えて生じるようになった。世上稀にあってその苗が蔓延（まんえん）した。葉は大豆の葉に似て、両方の葉が相対しているが、そうでないものもある。茎と葉の背に微に毛があるが源内は花を未だ見ていない。

牽牛子（ケンゴシ）　和名はアサガオといい、黒と白の二種類がある。

黒丑（コクチュウ）　黒牽牛子（クロケンゴシ）であり、花の色は数十種ある。黒白江南花は和名をシボリアサガオといい、花鏡によると、近頃異種があり一本上に二つの花を開くものを名づけて、黒白江南花という。重弁のものがあって奇品である。実を結ばないが、その花の色数は十二に及び、薬用には碧花（へきか）のものを用いるのが良い。

白丑（ハクチュウ）　白牽牛子（シロケンゴシ）であり、牽牛子の花の実は

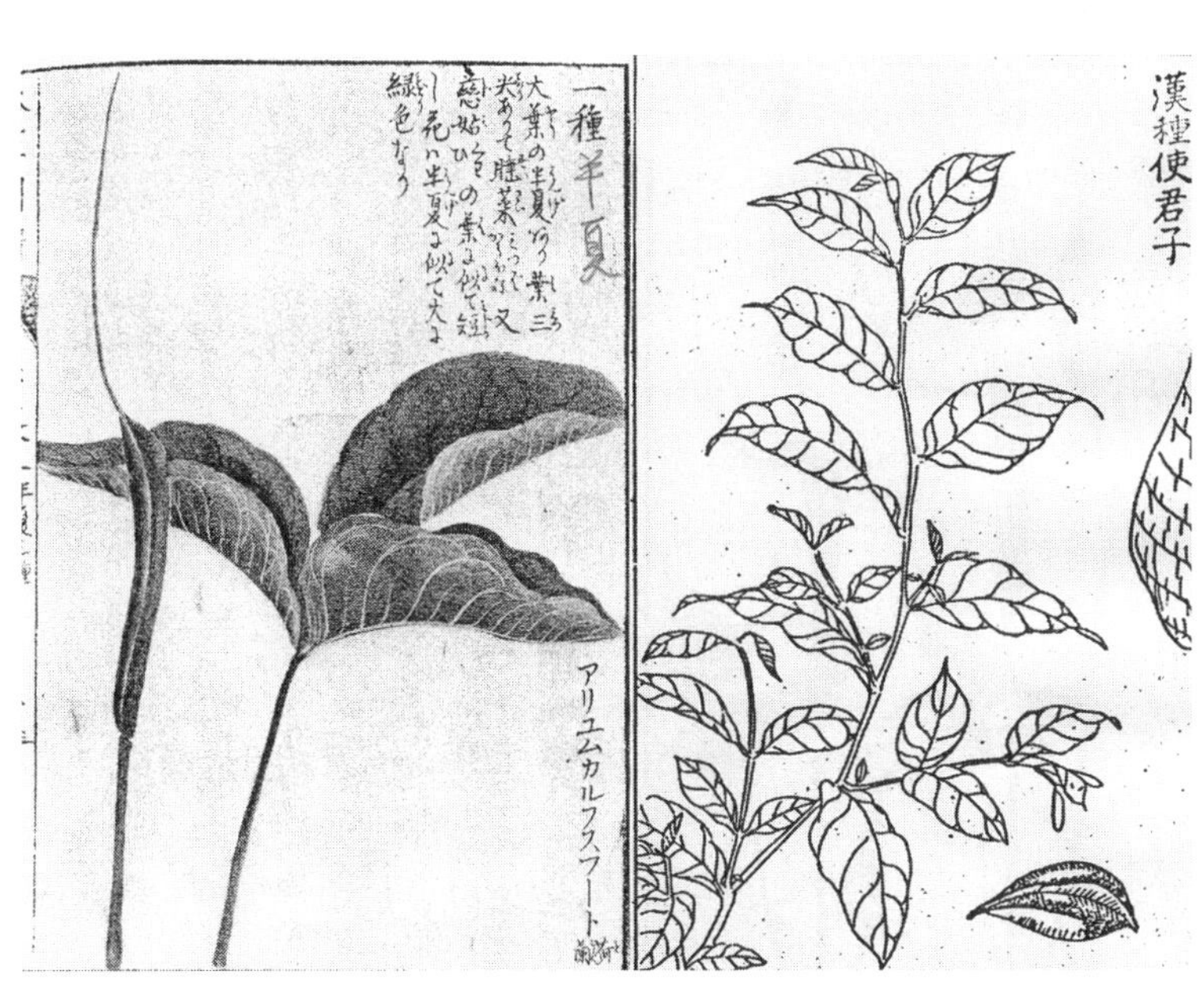

図３－15　漢種使君子と半夏

左図は文献[4]より、右図は巻之五・産物図絵より転載[1]

皆白である。東壁によると、天茄子を白丑とするのは間違いである。次の項に詳しい。

△**天茄子**（テンカシ）　一名は丁香苗で、和名はトウナスビ、又は丁子ナスビいうが、日本産はない（図3−16）。琉球種のその蔓（つる）は微紅で、毛がなく柔らかい刺があり、これを切断すると濃い汁がでる。葉は円く山薬*49又は甘藷葉に似ている。アサガオの花のようで、白色で底が紫色である。花は午前に開き夕方に凋（しぼ）む。実はアサガオ類に属し、蔕（へた）が長くなって丁子（チョウジ）のようで、茄子に似ている。生育中は青く、熟すると白くなり、その種はアサガオに比べるとやや大きい。若い実を取って蜜煎（みつせん）したり、或いは茶として飲んだり、生姜酢（しょうがす）に混ぜて膳に差し出す。口瘡を治す良い方法は、高濂（こうれん）の遵生八箋（じゅんせいはっせん）*50に詳しい。このものの日本産はない。戊寅の夏に薩摩の商人が東都に再来し、琉球

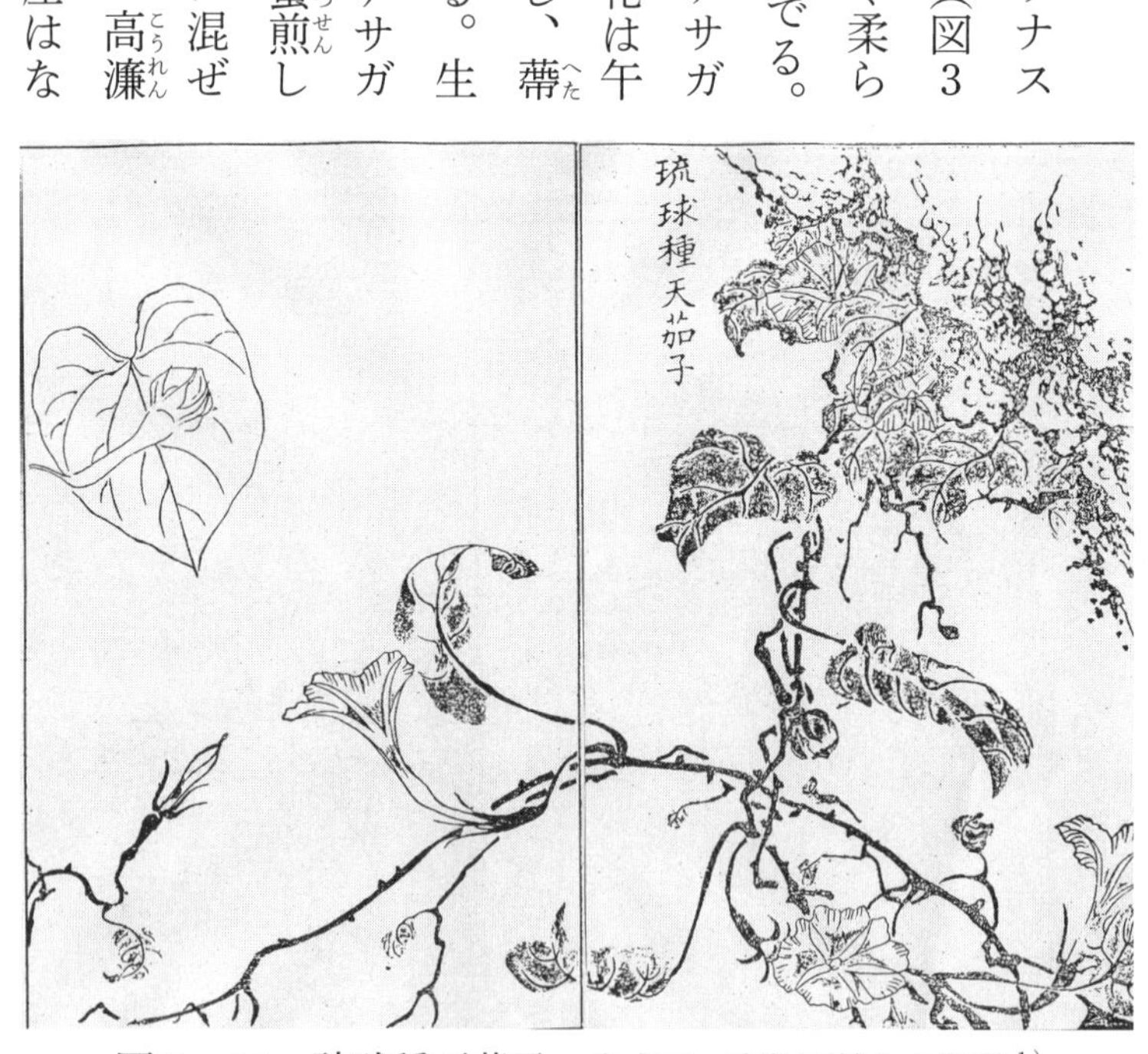

図3−16　琉球種天茄子　巻之五・産物図絵より転載[1)]

にあるという。源内がこれを得て大切にして秋に実の数十から百枚を得た。翌年巳卯の年、主品中に源内がこれを持参し、同志のものに贈って世に公にした。考えてみると、東壁は天茄子を白牽牛子とした。そうではあるけれど、蘇頌は黒白の二種類があるというが、昔の人の説はない。アサガオの中で色が白いものがあるが、天茄子は形が良く似ているといってもその種類は別である。かつ天茄子の果実を食べても下痢はしないが、アサガオに抗力がないのと似ている。恐らく、東壁はアサガオの白い実のものを見ないで、分別も無く認めてこのものとしてしまったのかも知れない。

旋花(センカ)　和名はヒルガオである。仙台方言でアメフリは何処にでも多い。菠薐草(ホウレンソウ)のようで三つが尖って小さく、アサガオの花のようで小さい。

△藤長苗　救荒本草にでている。和名はオオヒルガオで、讃岐方言ではチョクハナという。葉は旋花に比べれば稍長く(ややながく)大きく、花は、亦旋花のようで大きい。色淡紅、又は白花のものがあり、旋花と紛れ易く混乱してはいけない。

墻蘼(ノイバラ)　数種がある。東壁の説は野墻蘼である。和名はノイバラ、又はサカヤニンドウといい何処の山野にも多い。蔓性で茎の間に刺が多く、其の花には百葉のもの、八出のもの、六出のもの、色が白、紅、黄、紫の数種がある。

木香花(モッコカ)　花鏡によると、一名錦棚児(キンホウジ)は、藤蔓(つる)が木に付き葉を薔薇と比べると細く小さい（図3－17)。繁茂し四月の初めに花を、開く雌・雄蕊(しべ)の先が、極めて香りが甘く愛すべきものである。紫芯（しん）で小白花か黄花で、若いと香りがない。青芯で大白花のものには、香味は及ばない。高架で伸び伸びと育てると、香雪のような眺望となる。薔薇のように下に花をつけない。剪定し優れた種を選ぶことが可能である。しかしながら、活着しやすくはないが、条件によって差し込んで土にいれ泥で抑えて保護し、その根が延びて木が枝を生じるのを待て。外を剪断して移栽すれば活着する。これに糞を与えていたら、二年で大きく育った。漢産は上品で、紫芯で小白花のものである。このものは、庚辰（かのえたつ）の年に始めて伝わって官園にある。私が園中にこれを植えた。

栝桜（カロ）　和名はカラスウリで、越前の方言はクソウリで、人が住んでいる所に多い。実の形は土瓜*51に似て大きい。生は青く、熟すれば黄色になる。関東には土瓜が多く、栝桜は稀である。薬

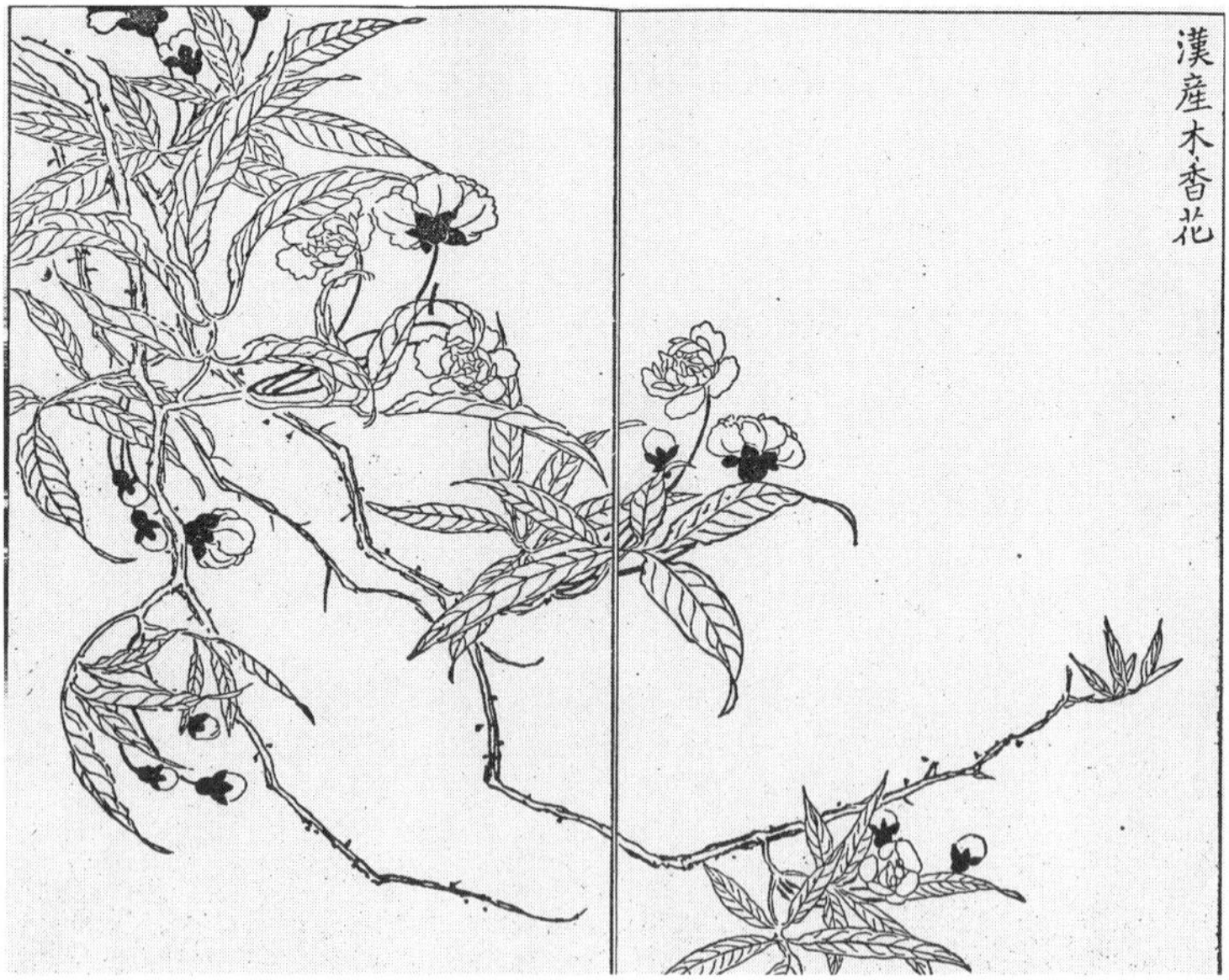

漢産木香花

図３－17　漢産木香子　巻之五・産物図絵より転載[1)]

屋では、土瓜仁を栝楼と偽る者がおおい。天瓜粉も栝楼の根で作るのが本物である。土瓜の根で作ったものを用いてはいけない。

王瓜（オオガ）　一名は土瓜で、和名はタマズサで人が住んでいる所にある。東都地方に極めて多い。俗に栝楼に代わって用いてはいけない。

天門冬（クサスギカズラ）　人が住んでいる所にあり、茎の長さは、丈（約三メートル）になる。葉は糸杉のようで茎に刺があり、秋になると円い実をつける。根は数十の連珠となる。

百部（ビャクブ）　蔓性と特性の二種類がある。

蔓性のもの　は（図3－18）、鄭樵通志（ていしょうつうし）*52によると葉は薯蕷（ショヨ）*53のようで、蘇頌によれば、百部は春苗が生えて藤蔓になり、葉は大きくして尖って長く、非常に竹葉に似たもので、表面は青く光る。根は一株に一五～一六本あり、ま

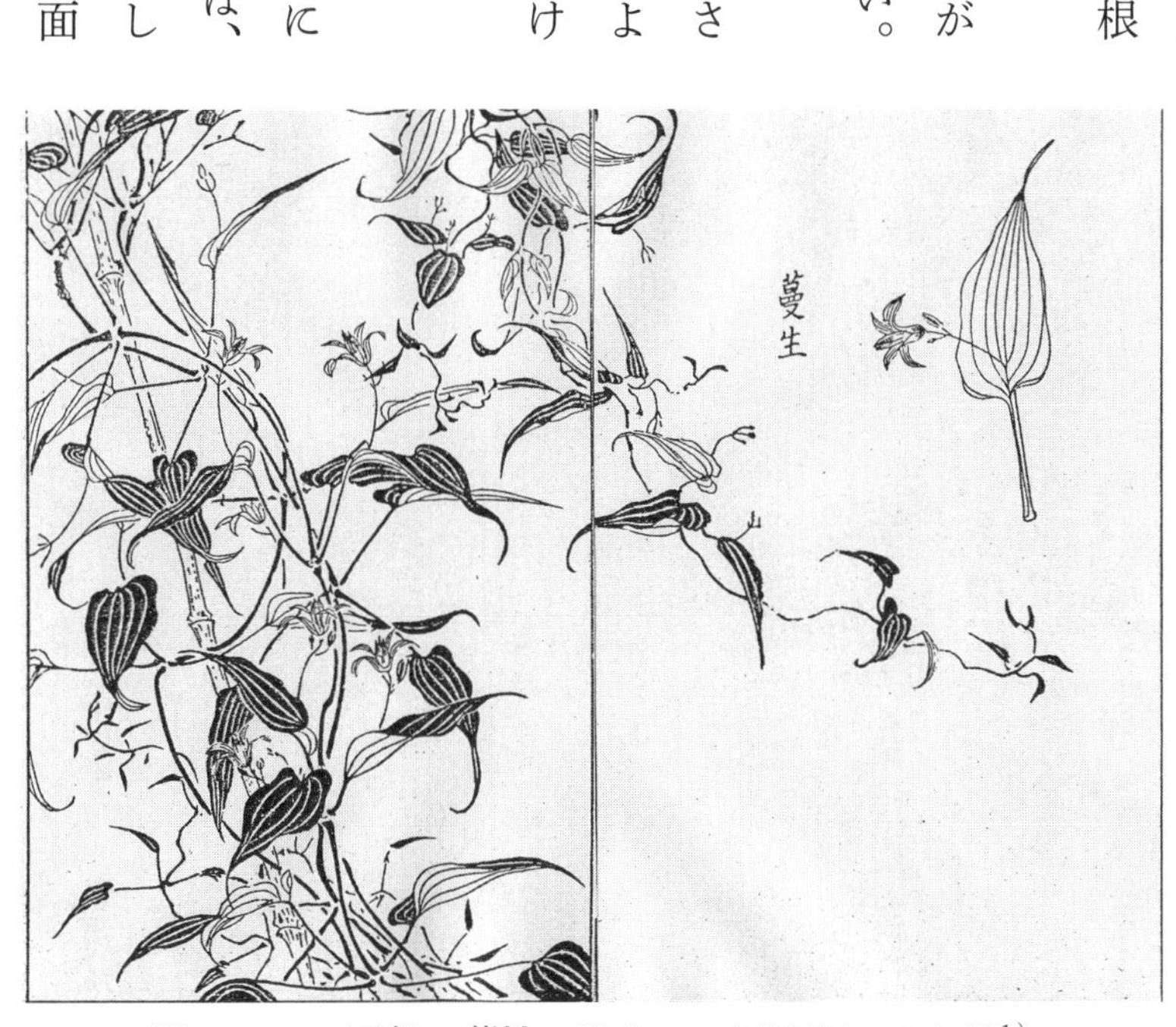

図3－18　百部の蔓性　巻之五・産物図絵より転載1)

とわって生え、黄白色というのがこれである。葉は薯蕷に似て、葉の半ばに花を開く。漢種は上品で享保中種が伝わって、今官園にある。

特性のもの（図3－19）は、天門冬は条下で禹錫（うせき）によると、別に百部草があり、その根は百余りが一隊となっていて、苗は小さく異なり菝葜（サルトリイバラ）に似て、この種は茎長が、三〇センチメートル位で三縦紋がある。非常に菝葜に似て、傍ら茎を生じて花を開く。漢種は上品で享保中に種が伝わり、今官園にある。葉が尖ったものと円いものの二種類がある。図の中に詳細に示されている。先輩の東壁が誤りを受けて、キジカクシとするものは間違っている。東壁は百部を知らない。弘景がいう所の百部の根は、数十本が相連なって、天門冬に似て根が苦く強いという。だから、野天門冬を百部茎葉のこととしている。しかしながら、東壁は百部

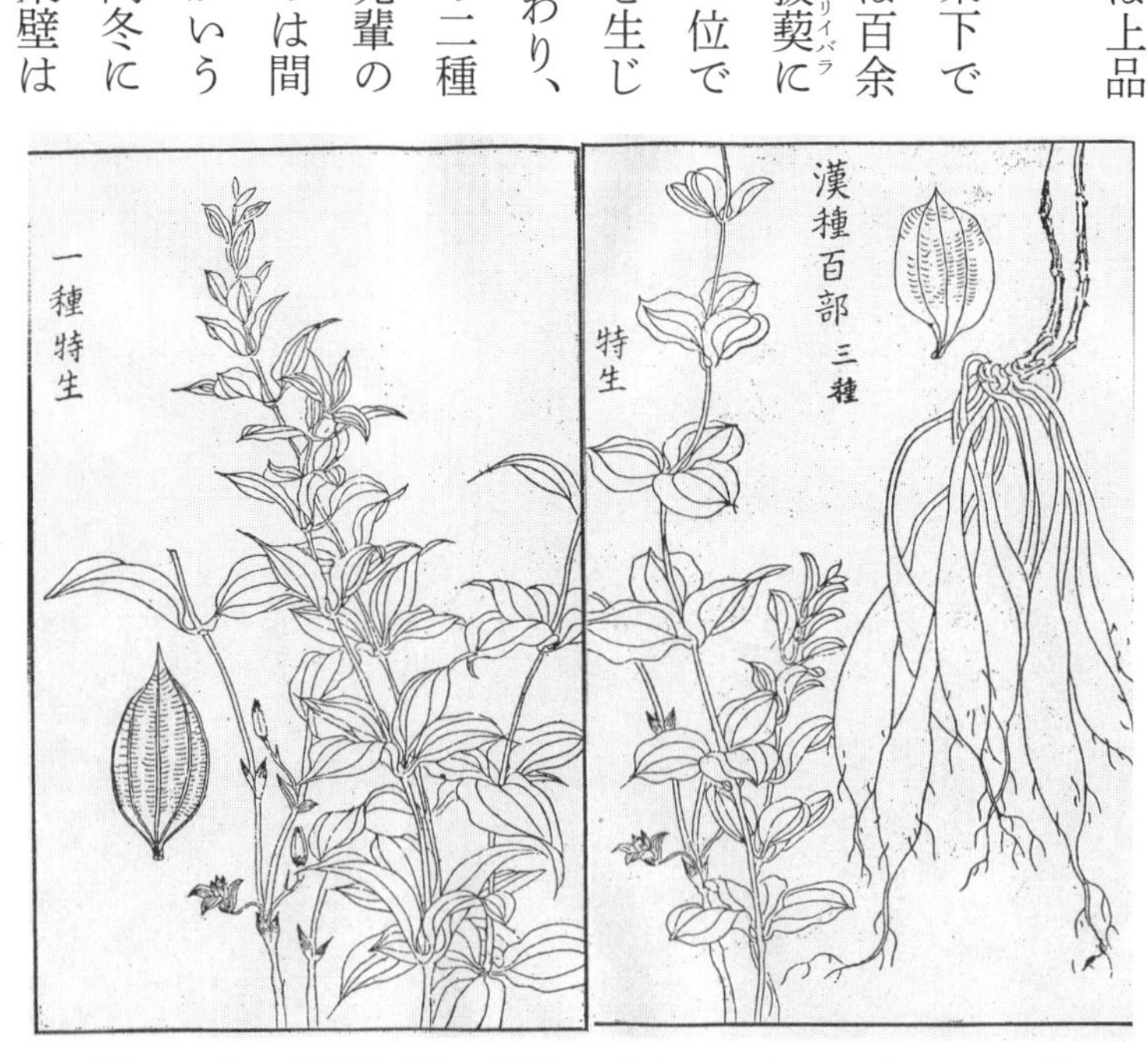

図３－19　漢種百部の特性　巻之五・産物図絵より転載[1)]

と考えている。野天門冬（アスパラガス）は今、人が住んでいる所にできる、ソウチクというものがこれである。百部とは全く違っている。ソウチクキジカクシの類の根が、天門冬に似ていることも判っていないと、源内がいっている。東壁がいう、その根が、三〇センチメートルに近いというのは、天門冬に似た形状ではない。また、ただ乾けば虚（むな）しく痩せて、脂潤が無くなるというのは、真の百部の形状ではない。これがソウチク根を説明していることは明らかである。蘇頌、禹錫、及び鄭樵通志に説明されたものが真の百部である。東壁が本物を知らずに鄭樵（ていしょう）の説を誤っているとするのは何であろうか？おもむき、発明等を説明している部分は妄説である。釈名野天門冬と並び削除すべきである。

野天門冬（アスパラガス）　東壁は誤って百部の一名とした。そうではあるけれど、これは別物で百部ではなく、説明で判っている。これには、大小二種類がある。

大きいものの和名はソウチクといい、形は天門冬（クサツギカズラ）に似ているが、他のものにまとわずに生長する。貝原先生がいうには、キジカクシの赤実があるもので、一種実のないものをソウチクという。これは百部の雄であるという説は誤りである。ソウチクは赤実をつける。小さいものは、キジカクシといいソウチクの矮生であるが、赤実を付けたり付けなかったりする。

何首烏（ツルドクダミ）　和名では俗にカシュウというものは黄獨（コウドク）である。漢種は上品で今何処にでもある。

萆薢（ヒカイ）　和名はオノトコロで、人が住んでいる所にある。漢種は日本産と大抵同じ葉や花は大変多い。

菝葜（ハッカツ）　和名はサルトリイバラで、和サンキライトといい近江、讃岐の方言でカラタチ、伊勢方言でカンクチ、備後方言は、ホクライ、佐渡方言はカナイバラで、葉は大、小、円長の数種類がある。

土茯苓（サンキライ）　和名は山帰來（サンキライ）で、漢産は上品で、享保中に種が伝わって官園にある。葉は竹葉に似て厚く光沢があり、三縦紋がある。琉球産は下品で、享保中に種が伝わって官園にある。葉は菝葜に似て円く細葉で刺が無い。

実は菝葜子に似て、僅かに小さく色が黒い。駿河産は下品で、大抵琉球産に似ている。壬午の年、同国沼津駅の清春達が始めてこれを得て、壬午の年、客品中にこれを持参した。

白薟（ビャクレン）　先輩がホトトスルとしたことは、誤

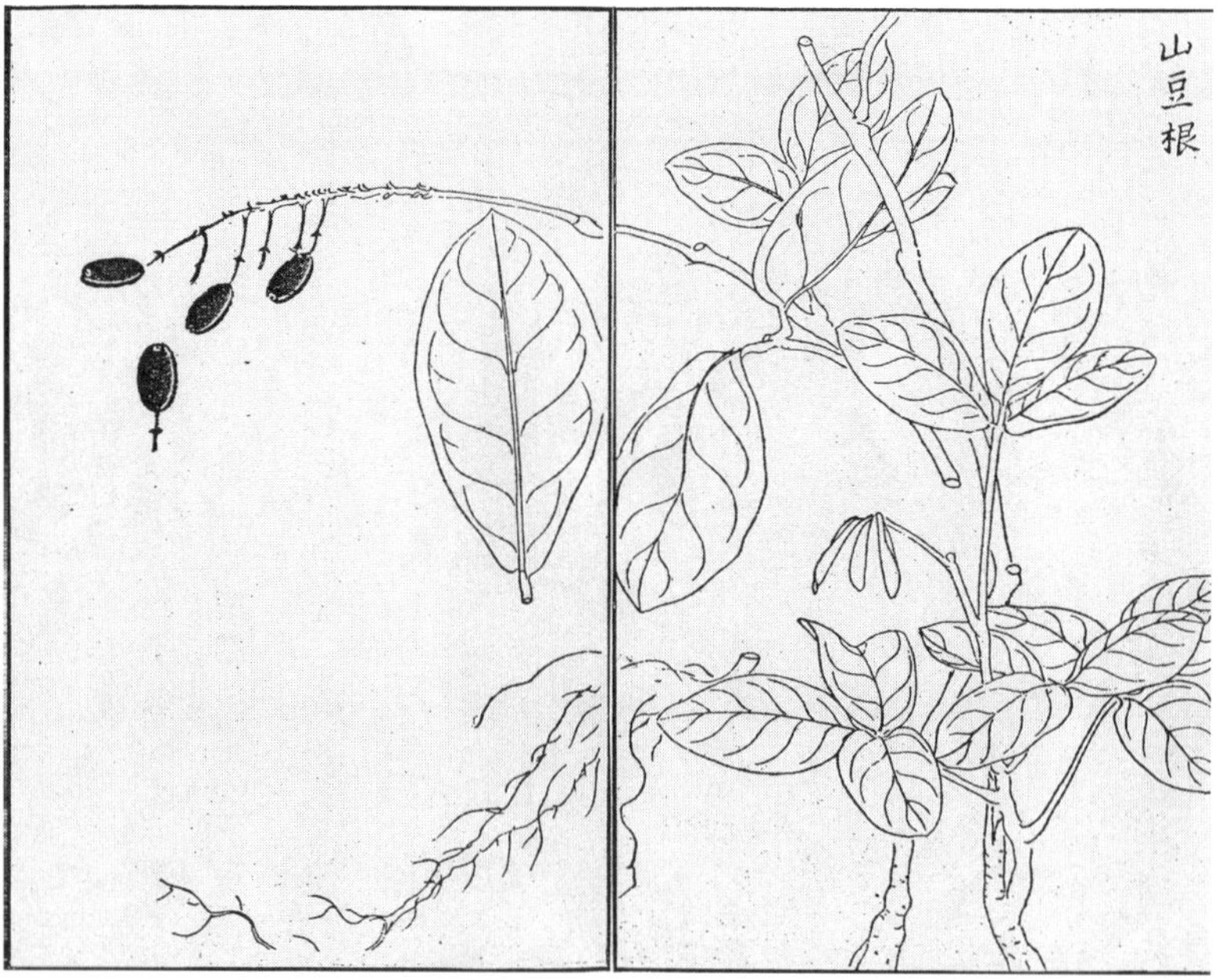

図３－20　山豆根　巻之五・産物図絵より転載[1]

りである。漢産は享保中に種が伝わって官園にある。葉は五瓜龍(ヤブガラシ)に似て、小さく根に塊があり秋に実を付ける。大きさは大豆のようで生は青く、熟すと青碧色となる。

山豆根(サンズコン)　蘇頌によると、苗の蔓が豆のようで葉が青く、冬を経ても凋(しぼ)まない（図3－20）。八月に根を探(さぐ)る。このものは山陰の樹の下に生じる。茎は緑色で、葉は三葉で豆のように厚く、滑らかでつやがあり、冬に凋まない。根は牡丹のように、肉が厚く味が苦い。秋になると実を結ぶ。形は蓮肉のように色が青黒色で、薄皮を取ると仁が二片となるのは豆のようである。官園・老史の海治善右衛門によると、往年この種を唐商に求めたが、遠い道のりを守れず、東都に至った時、既に枯れていた。近世日本産が得られた。肥後、上益城郡二王木山産を方言でイシャトウシという。戊寅の年、田村先生が肥後でこれを得て、巳卯の年、客品中にこれを持参された。伊豆、天城山産は上品で壬午の年、客品中に讃岐、志度村の多田孫助がこれを持参した。

釣藤(トウカギカズラ)　和名はカラスノカギツルで木に依って蔓を延ばし、茎の初めは四角で、後で円くなる。枝は相対して出て、葉は蝋梅(ロウバイ)の葉に似て滑らかでつやがある。両方が相対して、葉の間に刺があり、形は鉤(かぎ)のようで、これを藤鉤といい、小児のひきつけに用いる。安芸、近江に産する。讃岐、金比羅山に産するものの大きさは、三〇センチメートルに近い。

忍冬(ニンドウ)　和名はスイカズラで、人が住んでいる所に多い。一種葉に花のあるものは、日本では俗に菊葉スイカズラという。肥後産は、大葉が普通のものとは異なり、葉は大きく厚く濇毛(しょくもう)があり、花も大きい。

南藤(ナントウ)　別名は風藤(フウトウ)、又は石南である。和名はフウドウカズラで、紀伊、湯浅橋の橋本仙室によれば、先輩が南藤をツルウメモドキとするのは誤りである。形状が本草綱目に合わず、フウドウカズラが本当の南藤である。蘇頌によると南藤は、南山の山谷に生じる。今は泉州、栄州にもある。生えると南の木に依り掛り、茎は馬鞭(バベン)のようで節があり紫褐色である。葉は、杏(アンズ)のようで尖っている。採集に一定の時期はない。又いうには、天台の石南藤は四季共に凋まない。この説はツルウメモドキの形状ではなくフウドウカズラに近い。このもの紀伊、伊豆に非常に多い。土地の人はフウドウカズラと呼んでいる。日本の往昔(おうせき)薬物によって、国中から献上された。当時良くこのものが、風藤であることを知り、その名称が今に至って民間に伝わっている。又は暗に風藤の名が和漢で同じなのか。庚申(こうしん)の年、源内が讃岐候の命令を受けて薬の採集を封内で行った。一日阿野郡川東村深山中に行って土地に人に合歓木(ネムノキ)を指したところ、コウカノキと呼んでいた。古今六帖では合歓(ネム)をコウカと呼んでいる。合歓は、古名ネムリノキで、コウカは合歓の略語で中古の呼び名である。今都会の地ではコウカとは呼んでいない。逆に田舎、深山中の人が、この名を呼んでいることを知った。風藤もそのような経過を辿(たど)ったのであろうか。

紫藤(シナフジ)　和名はフチで、山野のものは花が短く、シノフジという。摂津、野田産が上品で、花は極めて長く、紫花と白花の二種類がある。漢種では粉紫花のものがあり、希品である。壬午の年、主品中に田村先生がこれを持参された。一種深紫色で重弁のものがあって、非常に珍しい品であり、府中候の園にある。

香蒲　和名はガマで、人が住んでいる所にある。一種細葉のものがある。葉の広さは、三〜四センチメートルに過ぎず、蒲槌（ほつい）も、亦小さい。世俗にはアンペラという。アンペラは南蛮語で席の総称であって草の名ではない。

萍蓬草（コウホネ）　和名はカワホネといい、人が住んでいる所に多い。東都産は赤花のものがあり、可愛らしい。一種に黄弁で紅蕊（しべ）のものがあり、俗心クレナイノカワホネと名付けている。一種矮生のものがあり、花、葉は極めて小さく、ヒメカワホネという。

沙箸（ウミヤナギ）　越王の余算附録に出ている。これは草類ではない。肥後、宇土郡御輿置（おこしき）産は方言ウミカンザシ、又はサギノソウメンという。海辺砂中に生じ、その形は箸（はし）のようで色は非常に白く、巳卯の年、主品中に田村先生がこれを持参された。

石帆（アカヤギ）　藏器によれば、石帆は海底に生じ高さは、三〇センチメートル余りで、根は漆のようで梢上に至って、漸次軟らかくなって交羅紋を作る。蘇頌によると、石帆は海島石の上に生える草類である。葉が無く、高さは、約三〇センチメートルで、その花は離桜（リロウ）して互いに連なる、というものである。弘景は状態が柏（カシワ）のようだというものは、石柏（セキハク）のことである。

石斛（ゼッコク）　日本産は所々の深山石上に寄生して、花白色と粉紅色の二種類がある。

△麦斛（バッコク）　和名はムキランで、蘇恭は石斛には二種類あるという。一種は大麦に似て纏（まつ）わって相連なる頭に一葉を生じる。そこで性冷麦斛と名づける。もう一種は深山樹石上に生じる。その形は麦のように上に一、二の小葉をだす。光沢があり石斛の葉のようである。

骨砕補（コツサイホ）　和名はイワショウガで、東壁によると、その根は平たく、長くおよそ薑（ショウガ）形に似て、その葉は深裂があり、非常に貫衆（カンジュウ）*[54]の葉に似ている。このものは、深山石上や朽木上に生える。形状は東壁の説のようである。別にイワナと呼ぶものも、亦石上に生ずる。根の形はおよそ相似しているといっても骨砕補ではない。長崎産は上品である。

巻柏（ケンバク）　和名はイワヒバで、筑紫地方はコケマツである。讃岐、紀伊方言ではイワマツで、あちらこちらの石上に多く生じる。

地柏　巻柏は附録にでている。和名はイワシノブである。蘇頌によれば、根は黄色で糸のようであり、茎が細く上に黄点があり花はなく、三月に長さが、一二～一六センチメートル位に生長する。東壁によれば、巻柏は地上に生じ、このものは深山中にあり、葉の形は巻柏のようで、茎は細いが巻柏ではない。

含生草　巻柏の附録に出ている。和名は安産樹（アンザンジュ）で、紅毛語ではロウズハンエリゴウという。紅毛人によると、ロウズとは棘（いばら）の刺（とげ）をいい、ハンは助語であり、エリガウとはこのものが出た場所の国名である。藏器によると、靺鞨國（まっかつこく）*[55]に生じ、葉は巻柏のようで毒が無く、婦人が難産のときこれを含んで汁を飲む。このものの生草は絶えてないが、乾燥した干物のものを紅毛人が持ち込んできた。その形は屈曲し非常に巻柏のようで、臨産にこのものを水中に投げ入れると、葉が開きそのときに平産となるという。蛮産の干物のものを壬午の年、主品中に田村先生がこれを持参された。

玉柏(タマガシ)　日光方言で万年草といい、その形は杉のように長さは、一五～一八センチメートルで非常に愛すべきである。高野山に産する万年草とは別物である。

石松　和名はヒカゲノカズラで、玉柏の類は形状が長く、蔓性となるものである。

百草灰(モグサ)　五月五日に百種の草を分けて陰干し、焼いて灰にしたものである。百草霜とは別物である。

胡菫草(スミレグサ)　和名はエゾスミレである。蘇頌によれば、枝葉は小菫菜(スミレ)に似て、花は紫色の翹韶(ギョウギョウ)の花に似ている。一枝は七葉、花が出ることは、両方の三茎というものはこれであり、あちらこちらの深山中に産する。

天芥菜(テンカイナ)　和名はダイコンナである。江戸方言はタンゴナで、備前方言ではダイコンソウという。東壁によれば、平野に生えて、小葉で芥状(ごみ)のようで味が苦く一名を雞痾粘(ケイアネン)という。蛇傷(だしょう)を主にし、金沸草(キンフツソウ)と同じく塩を入れ叩(たた)いてこれを伝えた。王璽(おうじ)の医林集要*56によると、腋下に生じた腫毒を治し、塩酢で叩(たた)いて腫を散して痛みも止める。膿を生じた者が穏やかになり、一切の腫毒を治す。このものは何処の田野にも生えている。大和本草の中の和品大根菜、その葉は菘に似て菜として食べる。非常に美しいその実は、莢を結ぶ。天芥菜、壊症を治療しこれを用いて神様のように、起死回生の功がある。漢名は未詳であるが痘瘡であろう。同書で天芥菜という説のところで、茎、葉、実は、皆天芥菜に似て細長いというものは、救荒本草の水芥菜の類であろう。松岡の用薬須知の後編によると、狼牙（ロウゲ）、俗に大根草と呼ぶ。大葉と小葉の二種類がある。痘瘡、熱毒を無くす効力は迅速で中山華陽軒は、小葉の根葉を倶（とも）に用いて効力を得たといえる、という説は誤りである。日本で痘瘡に用いた所、大根葉は貝原先生の説の葉が、菘に似てその実が莢を結ぶというものであり、これが天芥菜（テンカイナ）である。今なお西国民間に伝えて痘瘡に用いて効験がある。京師、及び東都の医者は和名が同じなので、名に依って天芥菜の替わりに狼牙草を用いたり、或いは水楊梅を用いるのは皆良くないことである。

△**覇王樹**（ハオウジュ）　一名仙人掌は和名をサンホテイ、又はトウナス、イロヘロ、サチラサツホウというのは、種々の本にでている。

△**覇王鞭**（ハオウベン）　和名はキリンカクで、花暦百詠によると、覇王樹は一種であり、長方形で鐗に類するものを覇王鞭と呼んでいる。郷談正音*57にいう、官音鎗錐（そうすい）、郷談鎗鐗（そうかん）と鐗は鎗の鋒である。このもの近世琉球より来ているが、寒さに耐えがたい。或いは、始め紅毛より来たというが、それは間違っている。紅毛は寒国であるからこのものは生じない。皆南国より得て貴重だといえる。紅毛本草もまたこのものを載せている。イボウエホウエという。

△**金絲桃**(キンシトウ)　和名はビョウヤナギで至る所、園中に植えられている。

△**金絲梅**(キンシバイ)　致富奇書(ちふきしょ)、及び園史にでている。貝原先生がクサヤマブキとしたのは誤りである。致富奇書の金絲桃條によると、一種梅に似ているものの金絲梅と名づけ、その花は僅かに小さく、金絲桃に比べると更に優れている。このもの金絲桃と一類二種である。葉の状態は円く、小さくて花弁も短く花の形は梅花のようで、僅かに大きく深黄色で非常に萍蓬草の花に似ている。蕊(しべ)は短く五分に分れ内に芯がある。長さは、三分余りで堪愛するのが良い。日本産はない。漢種は壬午の年、主品中に田村先生がこれを持参された。この種は庚申の年、始めて日本へ伝わる。

△**平地木**(ヘイチボク)　和名はヤブコウジで、詳細は大和本草にでている。松岡先生が平地木をカラタチバナとするのは良くない。花鏡によれば、平地木の高さは、三〇センチメートルに満たない。葉は桂に似て深緑で、夏の初め粉紅細花を開く。実を結ぶ南天竹子に似て、冬に至って大紅子は下に連ねて観ることができる。花鏡では桂を指すものは木樨(モクセイ)である。カラタチハナの葉は長く竹のようで、木樨には似ていない。また八種画譜の図のものと考えるのが妥当である。

△**水木犀**(ミズモクセイ)　和名はオトギリソウで、先輩の劉寄(りゅうき)が奴オトギリソウとするのは良くない。群芳附録によると、水木犀は一名指田で枝は軟葉で細く五、六月に花を開く。細くて色は黄色で全く木犀の種類で、中鬚(ひげ)があり香りが良く似ている。二月中に種を分けて、甘州*58に狗杞(クコ)ともに配し両盆に植えた。非常に清らかにはかり、葉を剝いて明礬(ばん)を加え指で染める。紅の鳳仙花(ホウセンカ)とオトギリソウの

葉をもめば紅汁となる。二つの説と合わせると妥当である。貝原先生は綿胭脂がこの草の生葉を搾って、綿にひたせるというのは誤りである。綿胭脂（メンエンシ）は紫鉚（シキョウ）である。虫部に詳しく出ている。本草拾遺に草犀があって、水中に生ずる水犀と名づける。その功はオトギリ草に似ている。疑いなく同じものではないだろうか。蛮種の漢名は詳しく判らない。

ローズマレイン　乾燥したものを紅毛人が持ち込む。茎、葉が白く蒿（ヨモギ）に似て香気があり、背に細理紋がある。日本産は壬午の年、客品中に大阪の天満種芸家、喜右衛門がこれを持参した。これを和名でマンサルソウというが、出所は未詳である。

ケルフル　葉は胡荽（コサイ）の葉に似て、小実で藁本茴香（コウホンウイキョウ）に類している。蛮種は戊寅の年に種が伝わった。このものは日本の何処にでも野生のものがある。

イケマ　蝦夷に産する。蝦夷の人は、このものとエブリコの二種は諸病ともに刀傷、打撲等にも用い、日本でも産後、産前に用いて大いに効能があるといえる。世の人は、そのものが何であるかをしらない。源内が一日讃候の邸にいて仙台侯の所蔵する草木図画を見た。その種類は千に近く、写生の巧みさは本物に匹敵するが、その中にイケマの生草の図がある。その草が蔓延して葉の形が蘿藦（ガガイモ）、何首烏（ツルドクダミ）に類する。そのため物色してそれを探し、庚辰の年に讃岐で根葉が良く似たものを得た。日光に産することを知り、方言ではヤマカゴメという。これがイケマで本草の白兎藿（ハクトカク）、救荒本草の牛皮消（イケマ）の類*59であろう。蝦夷の生草を見ていないのでこれを決めることはできない。今ここに初春の松前候の医官である宮崎椿菴が、帰国してイケマ生草を私に贈与してくれることを約束した。この情報を得てから決めるつもりである。

文献

（1）入田整三：平賀源内全集上、平賀源内先生顕彰会、東京（一九三二年）頁一－一七六・
（2）木村康一：國譯本草綱目第一冊、春陽堂書店、東京（一九七三年）頁一－一〇七、頁四一三－四二六・
（3）木村康一：國譯本草綱目第四冊、春陽堂書店、東京（一九七三年）頁一－四二五、頁五一一－六二四・
（4）北村四郎、塚本洋太郎、木島正夫：本草図譜総合解説第三巻、同朋舎出版、京都（一九八六年）頁一五〇六－一六二三・

＊1 元禄九年生まれ。備前（びぜん）岡山藩士の子。京都で吉益東洞（よしますとうどう）に医学を、津島恒之進に本草学をまなび、大坂で開業。香川修庵の「一本堂薬選」を批判して「非薬選」をあらわす。
＊2 「図経本草」の著者、宋の蘇頌のこと。
＊3 「雷公炮炙論」の著者、劉宋（りゅうしょう）の雷学（らいこう）のこと。
＊4 「本草綱目」の著者、明の李時珍の字。
＊5 熊谷玄随は、松岡恕庵（じょあん）に本草学をまなぶ。恕庵がニンジンの品種などを記述した「広参品」を増補、

宝暦一一年（一七六一年）に刊行した。

＊6　平賀源内のこと。

＊7　白昼に無意識に精液が滑出すること。

＊8　子宮出血のこと。

＊9　精液がもれることで＊7に同じ。

＊10　漢方医学の概念で、気が不足し元気がない状態のことをいう。

＊11　うがいをした時に血の混ざった痰がでること。

＊12　張子和（一一五六年生まれ〜一二二六年没）張子和は金元四大家の一人で又問診、望診、脈診などを用いた。

汗吐下法（かんとげほう）、汗吐下法は古来より行われている基本的漢方治療方法である。汗吐下法の「汗法」と「吐法」は各々発汗させることと吐かせることとである。

＊13　オウレン（黄連）キンポウゲ科、学名：*Coptis japonica,*：花期：春．北海道、本州、四国の山地の樹林の下に生える多年草。根茎を苦味健胃整腸、消炎、精神不安に用いる。

＊14　苦参、学名：*Sophora flavescens,*：は、マメ科の多年草。和名の由来は、根を消炎、鎮痒作用、苦味健胃作用があり、苦参湯（くじんとう）、当帰貝母苦参丸料（とうきばいもくじんがんりょう）などの漢方方剤に配合される。

＊15　黄芩はシソ科のコガネバナの周皮を除いた根で、旺盛な繁殖力を持ち病気にも強く、土地を選ばない

栽培しやすい植物である。

＊16 ジョウザンは和名をコクサギという。草ではなく小木である。

＊17 シュロソウとは（藜蘆(リロ)）：わが国特産で、北海道、本州、四国に自生。根元を見ると、古い葉柄がシュロの毛に似た黒褐色の繊維状になっているので、この名がある。

＊18 ウコン（鬱金、宇金、郁金、玉金）は、香辛料、着色料、生薬として用いられるショウガ科ウコン属の多年草。

＊19 アブラギリ（油桐）、学名：*Vernicia cordata,*：はトウダイグサ科の落葉高木。種子から桐油と呼ばれる油を採取して塗料などに用いる。

＊20 アカヤジオウとはゴマノハグサ科の植物の一種。学名：*Rehmannia glutinosa,*：中国原産の多年草で地下茎は太く赤褐色で、横にはう。葉は長楕円形で、根際から出る。初夏、一五〜三〇センチメートルの茎を出し、淡紅紫色の大きい花を数個開く。現在は殆どが栽培種である。根は地黄(ジオウ)という生薬である。地黄は根を陰干ししてできる生地黄(ショウジオウ)、生地黄を天日干ししてできる乾地黄(カンジオウ)と呼ばれる。

＊21 『傷寒蘊要(しょうかんうんよう)』を著した明代の医者。

＊22 「唐本草」の著者、唐の蘇恭(そきょう)のこと。

＊23 「本草衍義」の著者、宋の宗奭(そうせき)のこと。

＊24 広大和本草は直海竜の著書で、貝原益軒の大和本草十六巻、附録二巻、図解一巻は大変膨大なものな

ので、役に立つ部分を抽出して全二巻四冊にまとめたと記されている。「広」の意味は「広益」の意味。

＊25 セリ科の多年草。高さは三〇～六〇センチメートル。葉は羽状複葉。秋、白い小花が多数咲く。根茎を漢方で頭痛・強壮・鎮静薬とする。中国の原産で、薬草として栽培。おんなぐさ。

＊26 川芎の古名。

＊27 地錦苗花の学名は：*Corydalis incisa,*：で別名を薮華鬘（ヤブケマン）といい、ケシ目ケマンソウ科キケマン属ムラサキケマン種で、原産地は日本、中国。草の丈は、三〇～五〇センチメートルで開花期が四～五月。花色は紫、白（まれに）で、花径は〇・五センチメートルで筒状の花を咲かせる。

＊28 ツルボ（スルボ）の学名は：*Scilla scilloides (Lindl. Druce.,*：で、科名、クサスギカズラ：*Asparagaceae.,*：山野の日当たりのよいところに生えるユリの仲間の多年草。地下に鱗茎と呼ばれる丸い玉を持っている。

＊29 《「中山」は琉球の異称》中国の地誌。六巻。徐葆光（じょほうこう）著。一七二一年成立。前年に清の外交使節として訪れた琉球の見聞を、皇帝への報告書としてまとめたもの。琉球の研究資料として知られる。

＊30 ガジュツは、ヒマラヤ原産のショウガ科の多年草で、今日では熱帯地域で広く栽培されており、日本では屋久島、種子島、沖縄などが有名。

＊31 茶蘭はセンリョウ科の常緑低木で葉は茶の葉に似る。五、六月ごろ、黄色で粟粒ほどの花が穂状に咲く。花は香りがよく、茶に香気をつけるのに用いる。中国南部の原産。観賞用。

＊32　王不留行（種子）はヨーロッパ、アジアに広く分布するナデシコ科の一年草、ドウカンソウの種子。

＊33　西番、番は、明代から中華民国期にかけて、甘粛・四川・雲南地方の中国人が、隣接するカム地方のチベット人を指して用いた蔑称。

＊34　ウマゴヤシ（馬肥、苜蓿）の学名は：*Medicago polymorpha.*：で地中海地方原産でマメ科の越年草。漢字表記で苜蓿は本来、これに近い品種で紫花をつけ、モヤシなどにされるアルファルファ（和名：ムラサキウマゴヤシ）のことで、牧草として西アジアから輸入。

＊35　「嘉祐補注本草」の著者、宋の掌禹錫（しょううせき）のこと。

＊36　トクサ（砥草、木賊）の学名は：*Equisetum hyemale L.*：でシダ植物門のトクサ科トクサ属の植物。本州中部から北海道にかけての山間の湿地に自生するが、観賞用などの目的で栽培されることも多い。

＊37　明代の本草書。飢饉（ききん）の際に救荒食物として利用できる植物を解説した書。周定王朱粛（しゅしゅく）（一四二五没）の撰で、全二巻、一四〇六年刊。収載品目は四〇〇余種。

＊38　中国最古の類語辞典・語釈辞典。儒教では周公制作説があるが、春秋戦国時代以降に行われた古典の語義解釈を漢初の学者が整理補充したものと考えられている。訓詁学の書。『漢書』芸文志には四巻二〇篇と記載されている。

＊39　「名医別録」の著者、梁の陶弘景のこと。

＊40 「本草拾遺」の著者、唐の陳藏器のこと。

＊41 松岡恕庵(まつおかじょあん)が著した［一六六九〜一七四七年］江戸中期の本草学者。京都の人。名は玄達。恕庵は通称。山崎闇斎・伊藤仁斎に儒学を、稲生若水に本草学を学んだ。著「用薬須知」五巻に掲載する薬品の品目（附録）和名。学術名。読み方。薬名考異。用薬須地後編　一巻に掲載する薬品の品目（綿子仁、浮麦、萆麻、青蛤粉、続随子、報秋豆、過路蜈蚣、雄黒豆、沢漆、甘蕺。）

＊42 わが国の本州、千葉県以西から四国、九州それにアジア・アフリカの熱帯・亜熱帯地域に分布している。海辺の日当たりの良い草地や道端などに生え、高さは、三〇〜五〇センチメートルになる。茎には三稜があり葉は広線形となる。

＊43 看麦娘は中国名で日本名はスズメノテッポウ。イネ科スズメノテッポウ属。園芸分類、二年性草本。原産地、北半球全般。わが国では各地の田畑の湿気の多い地に自生の見られるイネ科の二年草である。

＊44 クワズイモの根茎を、漢方では生薬・狼毒と呼ぶ。有毒植物で別名、狼毒根、白狼毒、不喰芋(クワズイモ)。学名：*Alocasia odora*.,：

＊45 カヤツリグサ科カヤツリグサ属の多年草で、学名は：*Cyperuscyperoides*.,：で、わが国の本州、千葉県以西から四国、九州それにアジア・アフリカの熱帯・亜熱帯地域に分布している。海辺の日当たりの良い草地や道端などに生え、高さは、三〇〜五〇センチメートルになる。

＊46　朝鮮ニレのこと。

＊47　ムサシアブミの別称。サトイモ科の多年草、園芸植物学名：*Arisaema ringens.,*：

＊48　：*P. microphylla; P. puberula.,*：　日本名はハマクサギでクマツヅラ科．日本語別名、トウクサギ、キバナハマクサギという。学名：*Premna japonica.,*：落葉低木で用途は薬用（果実・樹液）で原産地、東南アジア．樹高は、二〜八メートル程度。葉は長い葉柄を持った掌状複葉。

＊49　ヤマノイモの根茎の周皮を除いて乾燥させた生薬。

＊50　高濂（一五七三〜一六二〇年）の著した『遵生八箋』は、中国の食文化：中国の歳時記と食：中国食経叢書。

＊51　：*Trichosanthes cucumeroides.,*：日本、中国、台湾に分布し、山地や平地のやぶなどに自生するウリ科のつる性多年草。

＊52　鄭樵通志（ていしょうつうし）は南宋の鄭樵が書き、高宗の紹興三一年（一一六一年）に本となった。形式は断代史を批判して通史である『史記』をまね、三皇から隋唐各代までの法令制度を記録する政書、十通の一つ。全書二〇〇巻、考証を三巻付け加え、紀伝体としての帝紀一八巻。

＊53　とろろ汁にする芋。ヤマノイモ・ツクネイモ・ナガイモなど。

＊54　貫衆は単味でも殺虫の効能を持っているが、他の殺虫薬を配伍して使うと、治効を強めることができる。

＊55　靺鞨（拼音：Mòhé）は、中国の隋唐時代に中国東北部（現在のロシア連邦・沿海地方）に存在した農耕漁労民族。南北朝時代における「勿吉」の表記が変化したものであり、粛慎、挹婁の末裔である。

＊56　明代医者、王璽の『医林（類証）集要』二〇巻（一四八二成立）

＊57　郷談正音。［書写者不明］、その他のタイトル：郷談正音抄。本文言語。

＊58　甘州は中国にかつて存在した州。西魏により西涼州が設置され、五五三年（廃帝三年）に甘州と改称された。

＊59　イケマにして本草の白兎カク、救荒本草の牛皮消のことで、エゾの霊草として古くは、アイヌ民族の重要な薬草のひとつとして、利尿、強精、強心薬として用いられていた。

「物類品隲　巻乃四」穀部、菜部、果部、木部、蟲部、鱗部、介部、獣部

「物類品隲(ぶつるいひんしつ)」(1)が著された宝暦年間（一七五一年－一七六三年）に、源内らは、本草学では、李時珍が著した「本草綱目」や、貝原益軒の「大和本草」が参考にされたと推定される。本草学は、博物学の一種なので、蟲（昆虫）、鱗（魚・水生動物）、介（貝類）、獣（動物）等も含まれている。穀類や野菜・果実などの栽培法は、元禄一〇年（一六九七年）に出版された宮崎安貞著の「農業全書」(2)、(3)等を参考にしたと考えられる。これは、明の徐光啓が著した「農政全書」（崇禎一二年（一六三九年））六〇巻と元の王貞の「王貞農書」（皇慶二年（一三一三年））二二巻を参考にして著されたと考えられている。

わが国最初の農書は、「清良記」(4)で伊予、宇和島郡の領主一代を記した、伝記物の中の第七巻や「農業全書」が世に出る約一五年前に著され、東海地方を地盤とする「百姓伝記」(5)、更に「会津農書」(6)等の書籍が地方に現れ元禄時代に盛んになった。これらの農書にも示唆を受けたと考えられる。

穀部

稲　別名を糯（ダ・モチゴメ）ともいう。和名は、モチヨネといい、東壁*1によると物理論*2に世間でいうところの〝稲は、灌漑を行う種類の総称である〟(7)とあるのはこの意味である。本草では、専ら糯を指している。稲は穀稲の総名で、和名イネは糯・粳・秈と書き皆稲のことである。けれども古くから本草家が指す稲は、糯である。顔師古*3がその誤りを正し、俗に本草がいう稲米は、今の糯米のことで種類が多い。

粳　和名は、ウルチネで種類が非常に多い。紀伊、熊野・本宮の山中・水沢の中に自生するものがあって、年々良く茂っているが、その地方で俗にいう空海が植えたというのは誤りで、稲は天下広く植えられているけれど、始めは皆自生のものである。或人がいうには、仙台にも自生のものがある。

△**旱稲**（カントウ）　和名は、ハタケイネである。日向の高千穂山中に自生のものがあって、年々生えて、その地方の方言ではヤマイネという。

秈（セン）　和名は、タイトウゴメ、又はトウボシといい、赤と白の二種類がある*4。

薏苡仁（ヨクイニン）　和名は、トウムギという。中国種で官園、及び世上で多く植えられている*5。

△**粳穇**　別名は菩提子（ボダイシ）、薏珠子（ヨクシュシ）ともいい、救荒本草*6にあり、宿根から生じた穀実の殻が硬く中身が少ない。和名のジュズダマは、とうむぎの一種であるが、野生で殻が厚く食料用とならない*7。

罌子粟　和名は、ケシという。花は一重咲きも多重咲きのものもある。一重咲きのものも、実が多くて香ばしい。花の色は、数種あるが料理には白が良い。矮小で日本で俗にいう三寸ケシは、茎の高さが三、四寸で花が咲き、可愛らしいものである。

緑豆　和名は、ブンドウ、又はヤエナリという。二種類あって、東壁によれば、粒子が粗く、しかも色が鮮明なものは、完全に緑になり皮は薄く、しかも豆の中身は多い。粒子が小さくて皮が厚く、その上、中身が少ないものを油緑といい、所々に植えられ緑色となる。

西洋人が献じたジャガタラン産の木綿子中にあって、形が小さく色が、深いものを油緑という。

豌豆（エンドウ）　日本産のものは所々に植えられている。西洋産グルウンエルテは、茎や葉は普通の豌豆のようで大きく褐色の斑点がある。東壁によると、西洋産の豌豆の大きさは杏仁（アンズ）のように大きい*8。

菜部

葱（ソウ） 和名は、キ、又はヒトモジ・ネブカ・ネギという。東都産は高級で葱白は、三〇センチメートルに近い。

△**桜葱**（ロウソウ） 別名は龍瓜葱（リュウソウウソウ）で和名・マンネンネギ、又はサンガイネギともいう。救荒本草によると、桜子葱（ロウシ）、苗の葉・根・茎は葱に似ていてその葉の梢頭（こずえがしら）、又子葱は四、五枚の枝を生じ三、四層に生える。

従って、桜子葱と名づけた。種は作らないが、子葱を取ってこれを植えると、葉が根の下に生える。又新しい葉が生えて、まるでサボテンから枝がでるようで珍しいものである。東都で希にあり、その場所の詳細は不明である。

菘（トウナ・ハクサイ） 和名ナは、菜っ葉のことで数種類ある。西洋産種は根が大きく、葉も同じように食べる。コナルコールと呼ぶ。

蕪菁（カブラ） 和名は、カブ、カブラで種類が多い。西洋種は根が辛く、刺（とげ）が多くランマナースという。

萊菔（ライフク） 和名は、オボネ、又はダイコンという[*9]。中国種は葉に花多く、根は美味しい。西洋種で赤色のものは、ロートラテイースという。

生薑（キショウガ）　讃岐、金比羅産は品質が良い。形が小さく味は非常に辛く、筋が少ない。長崎産は形が大きく、辛味は少ない。

邪蒿（ジャコウ）　和名は無い。形は青蒿（セイコウ）に似て細く軟らかく、春に小さく砕弁の黄花が咲き田舎に多い。

恭菜（キョウナ）　和名は、フダンナ、又トウチサ、或いは、イツモナという*[10]。日本産は何処にでもある。西洋種は紫赤で光沢がある。ロートベイトという。これは又恭菜火焔菜の類である。

萵苣（ワキョ）　和名は、チサという。葉の色が青いもの紫のもの等数種類ある*[11]。一種類の葉は細く、長さが、三〇センチメートル余りのものもあり、キジノヲという。西洋種は葉が細く花が多く、長い。花は深緑色で、一重咲きの菊のようで朝、花が開き夕方に閉じる。和名オランダチサ、又はキクチサといいアンテイヒという。

蒲公英　和名は、タンポポという。花は黄色と白色の二種類がある*[12]。筒型の花びらのものをクダザキタンポポという。

百合（ユリ）　日本国中に在って種類も多い*[13]。松前産は、花が小さくて紫黒色のものを、俗にクロユリという。

茄　和名はナスビで、数種類ある*[14]。水茄は、和名ナガナスビという。青茄は、和名がアオナスビで、白茄は、和名がギンナスビという。

冬瓜　和名は、カモウリ*[15]という。所々に多く植えられ本草には、大きいものの直径は三〇センチメートルで、長さは、八〇～一二〇センチメートルにもなり、日本産は円くなる。一種類は越瓜（シロウリ）のようで、長さは、三〇センチメートル余りで、黄色のものがあり非常に変わったものである。

絲瓜（イトウリ）　和名は、ヘチマ*16という。所々に皆植えられていて、一種類には、長さが、九〇センチ余りで、俗にナガヘチマという。

苦瓜　和名は、ツルレイシと呼び*17、長崎方言でニガゴオリという。所々に多く生えている。中国の変わった種類では、長さが、九五～九六センチメートルになるものもあって、ツチノトウのものが中心である。

△**番椒**　和名は、トウガラシという。これは、後世番国より産出されたが、本草には掲載されていない。東壁の食物本草や、それより新しい書で掲載された。日本へは豊臣秀吉公が、朝鮮征伐の時に種を持ち込んだので、俗に高麗胡椒というのは、貝原益軒先生の説である。近世盛んに植えられていて赤と黄色の二種類がある。

その種類は、一〇〇種にも及んでいる。一種類で実が二種類のものがあり、これを俗にフタマタ唐辛子という。長さが、三センチメートル余りで、江戸の目黒にある讃候別荘園から出現した。後にこれを植えたところ皆フタマタであった。一種に甘い種類で長さが、九センチメートル余り、形が太っていて色が鮮紅で非常に辛くないので、かえって甘いこれは変種である。

果部

木瓜　和名は、ボケで日本産は数種類ある*[18]。中国種は、享保年間に種が伝わってきて官園にある。花は、紅と白の雑ったもので、実の形は大きい。

胡桃　和名は、クルミで何処にでも多い。陸奥、会津産の俗にゴンロククルミという。この種は、会津、大塩村の穴沢権六の園の中の一本で、その他は絶えて無くなっていて形は、弾丸のようでかわいらしい（図4－1）*[19]。

橄欖（カンラン）　和産はない*[20]。己卯（つちのとう）の年に春種を伝えてこれを植えた。種の形は六つの角があり、両方が尖って内側に三つの竅（あな）が在って、その中に仁がありその形は扁平である。花鏡の中で仁なしというのは、桃

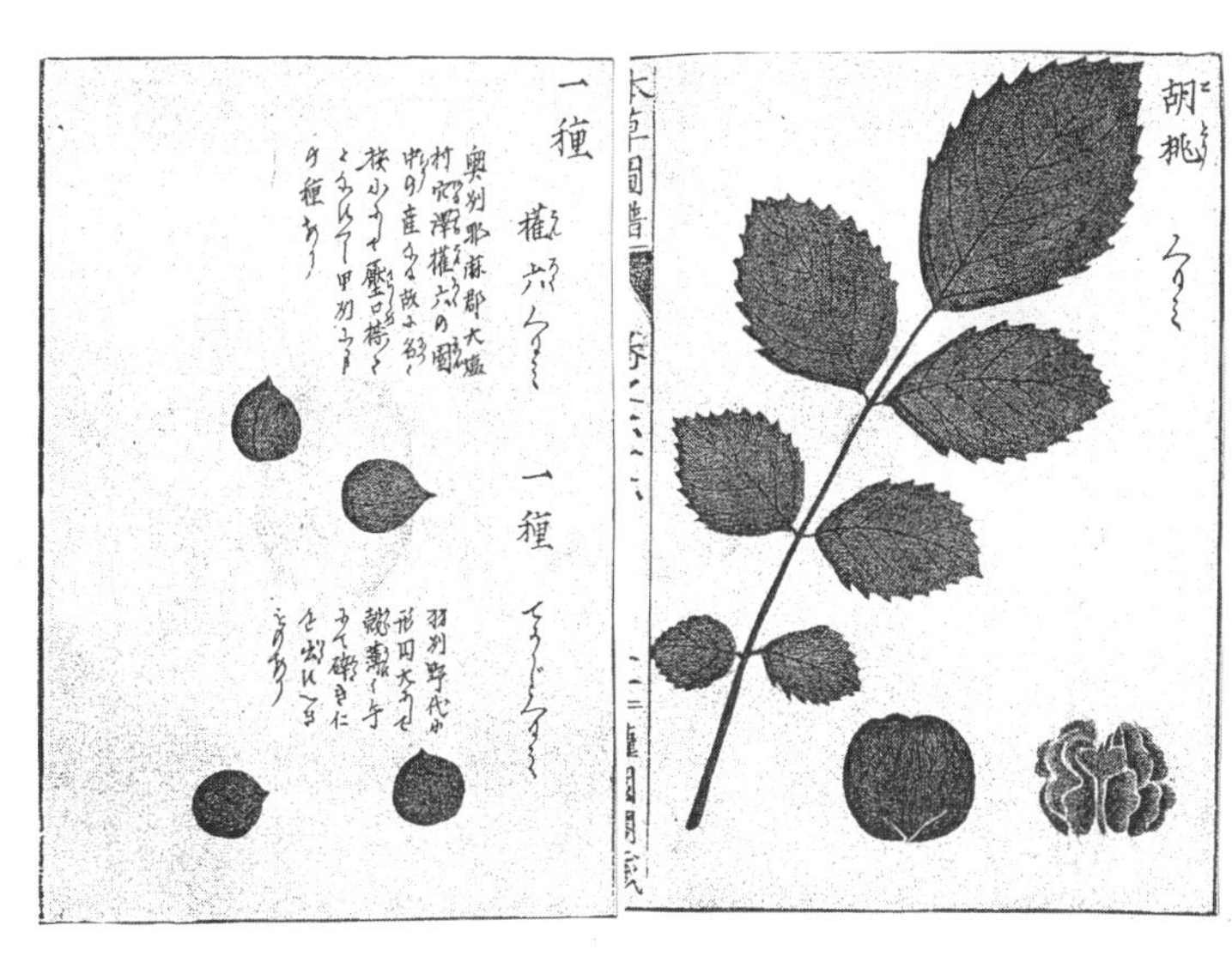

図4－1　胡桃*[21、9)] 左は権六グルミ、右はテウチグルミ

の仁や梅の仁とは、異なっていることをいっている。仁が無いわけではなく、桃や梅とは違うことを意味する。実を植えると日数が経過して、核が三方に開いて芽が出るので、一つの核で三つの根を生じる。実生に各々三葉あるので、三葉で水字のようである。多くの草木が二葉になるのと異なって、次に一葉を生じる。だんだん長くなって後で、葉の状態は、キハダムクロジのようで光沢がある（図4－2）。このものは非常に寒さを恐れ、北国では育ちにくい。長崎の一つの株では、大きく実ができる。

阿勃勒　和名は、ナンバンサイカチという。別名を婆羅門皂莢(バラモンソウキョウ)*21、波斯皂莢(ハシソウキョウ)*22という。生木は、絶えて無い。南蛮産の乾燥した実は、紅毛人が持参した。藏器*23によると、サイカチの形状は、皂莢に似ていて丸長である。東壁によれば、莢長は、六〇センチメートルで中に隔が在って、隔内に一つの

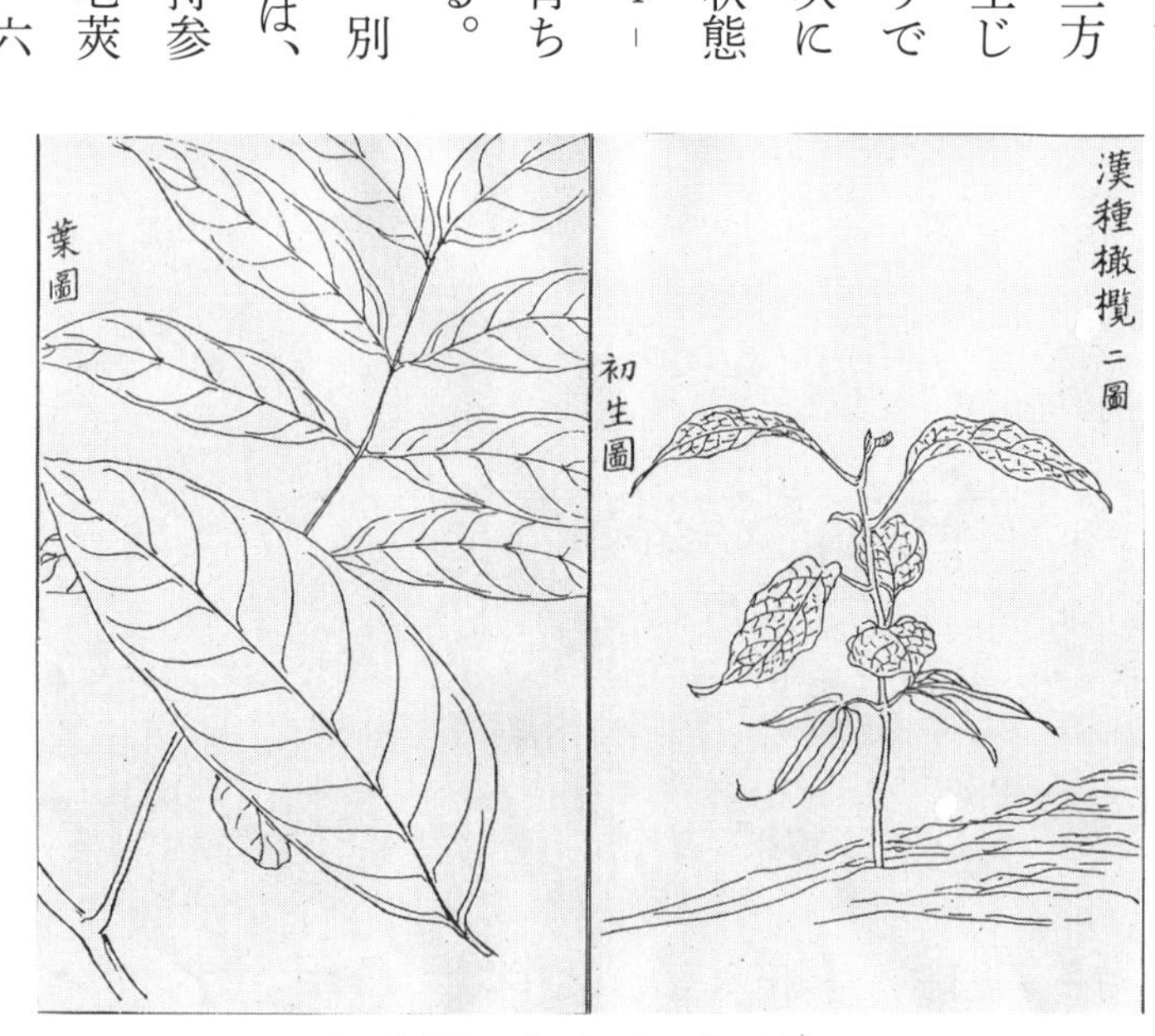

図4－2　漢種橄欖の初生図と葉図[1)]の産物図絵より

種がある。大きさは指頭のようで、赤色に至って堅硬で中が、墨のように黒いのはこれである。田村先生は、全長が判らず三〇センチメートルの莢は筒の如くであり、中に種があるのは東壁の説のようである（図4－3）*[24]。

△**羅望子**　「本草綱目」阿勃勒（ナンバンサイカチ）の附録にでている。桂海志*[25]によれば、広西に出穀の長さは、数センチメートルある肥桅（ヒゾウ）、及び刀豆（ナタマメ）のようである。色が赤く内に三粒ある種子を煨（や）いたものを食べると、非常に美味である。和俗名のイソ豆は、別名をナタマメと呼んでいるものもある。海浜の所々に蔓延して生えた花や葉・莢は、刀豆に似て長さが約九－一二センチメートルで、内側に二、三粒あり、莢の状態は肥桅莢に類し、疑えば羅望子のようでもある。桂海志に花葉の形状が詳しくないので、決定が困難である（図4－4）*[26]。

呉茱萸（ホンゴシュユ）　木は高さが一丈余りで、皮は青紫色(11)、葉は椿に似て厚く光沢がある。実を植えて生えなければ、傍（かたわ）らから根からの芽を出し、分かち植えする。日本産はその辺にあるが、あまり品質は良くない。中国種は享保中に種が伝わってきて、官園に植えられ品質が良い。

茗（ミョウ）　別名を茶という。中国から種が伝わったという説は「大和本草」に詳しく書かれている。思うに、伊豆の山中深く自然に生えているものも多いが、日本ではこれを知らないので中国から種が伝えられたようである。

皐蘆（コウロ）　和名をトウチャという。李珣（りしゅん）*[27]によると、南海の山中に生えていて茗（メイ）の葉に似ている。

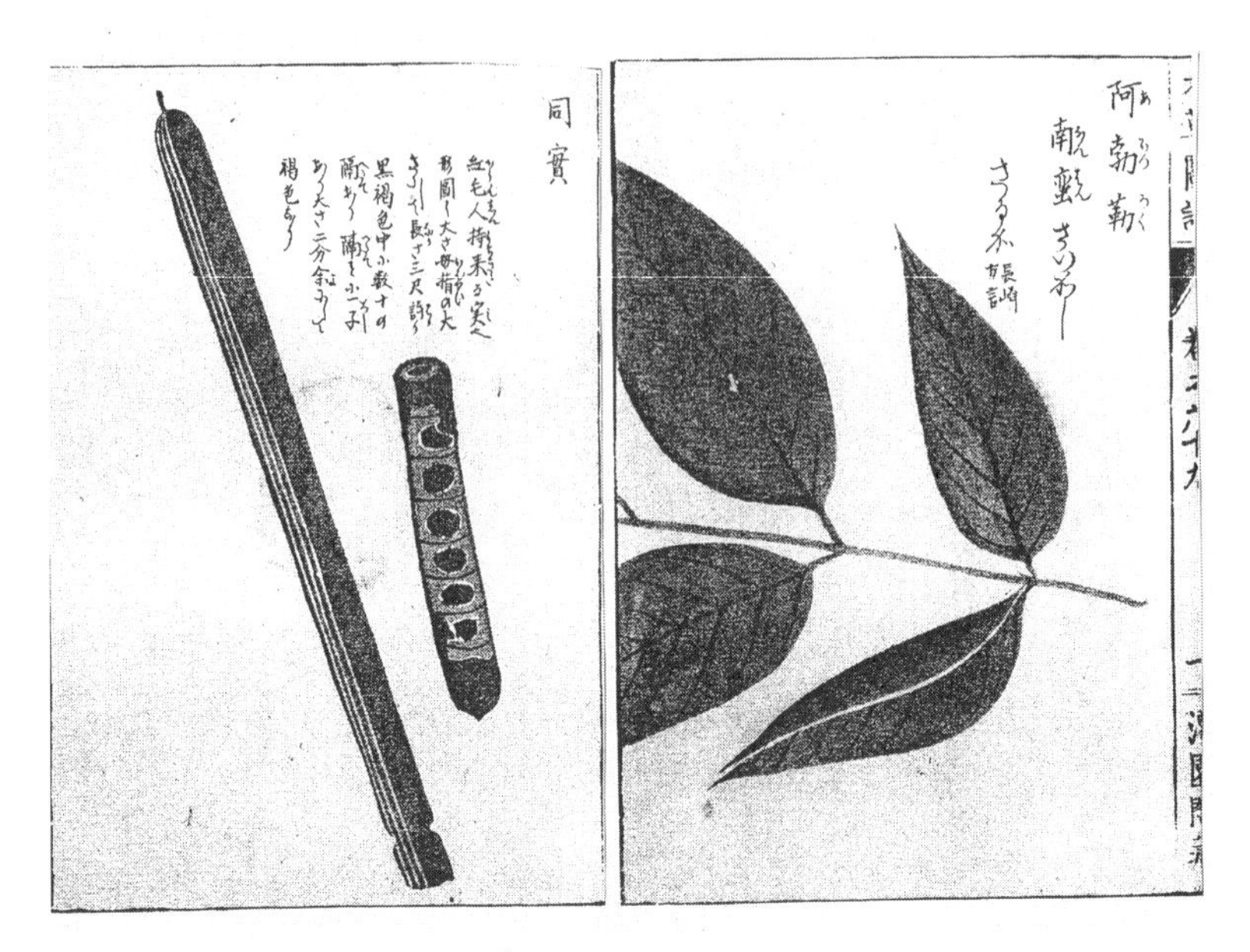

図4－3　阿勃勒[*26、9] 左は、ナンバンサイカチの実、右は葉

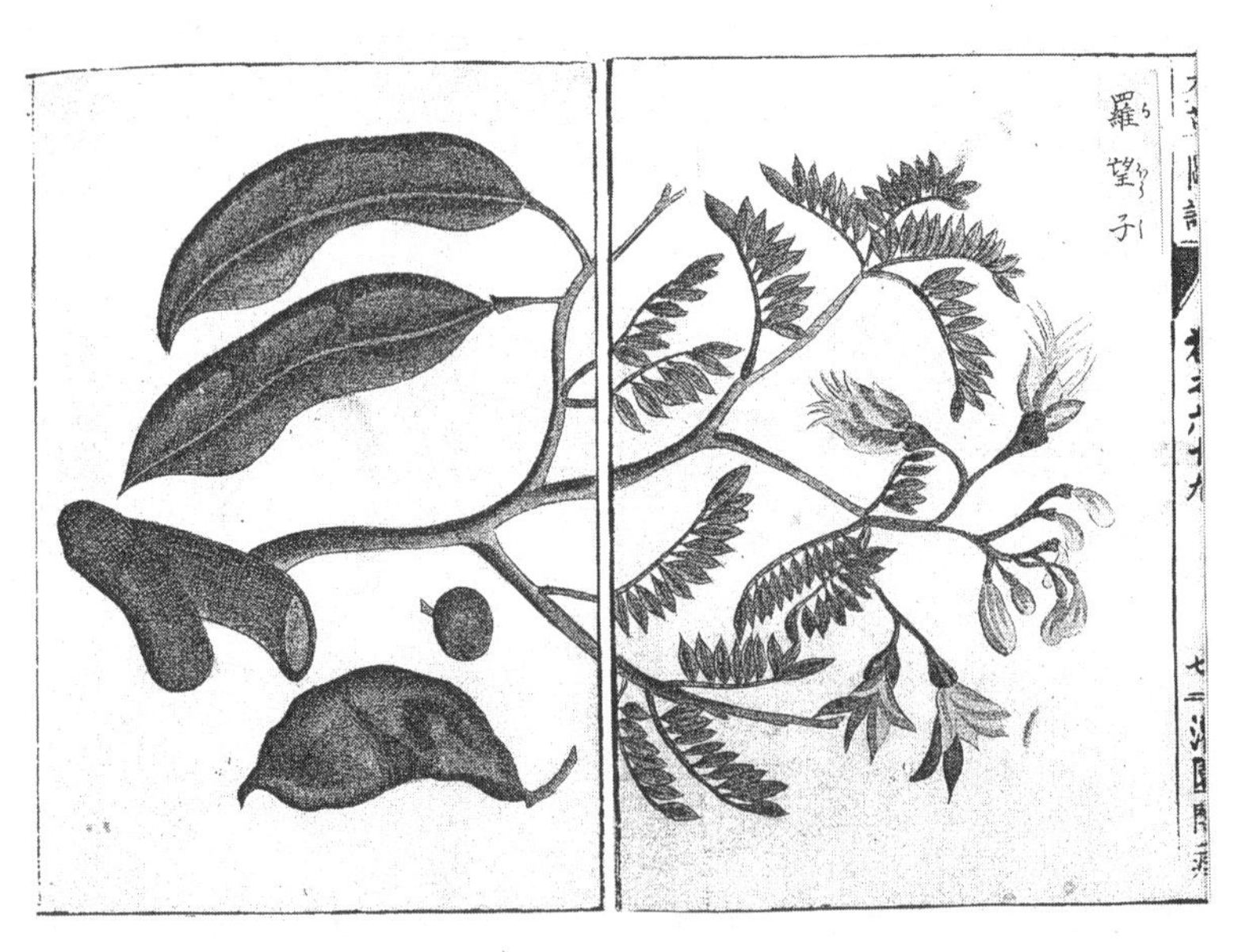

図4－4　羅望子[*28、9] 左は、タマリンドの果実　右は葉と花

大味で苦渋く、南人は茗を作って飲み極めてこれを重要視している。蜀人が茶を飲むのと同じである。皐葦は、東部の種芸家が希に飲んでいて、茶に大変似ているが、その葉は大きく厚さが異なっている（図4－5）*[28]。

甜瓜（ウマウリ）*[29]　和名は、マクワウリといい、西国方言ではアジアウリで和産では数品種がある（図4－6）*[30]。

△**瓜蔕**　和名は、ウリヘタといい、越前産が上級品で吐薬として用いる。

西瓜　和名は、スイカという*[31]。皮が緑色で中身が赤いものが所々に植えられている。皮が白い品種もある。伊勢産で中身が黄色のものや、種が赤い品種もある。

甘蔗　和名をサトウタケ、又はサトウキビといい和産のものは無い[(2)]。琉球種は享保年間に薩摩へ伝えられ、所々へ植えられて砂糖が作られている。形は蜀黍（シュクキビ）のようで花や実は、無く茎を切って植えれば芽を生じる。培養法や製造法は附録六[(1)]に詳しく解説してある。

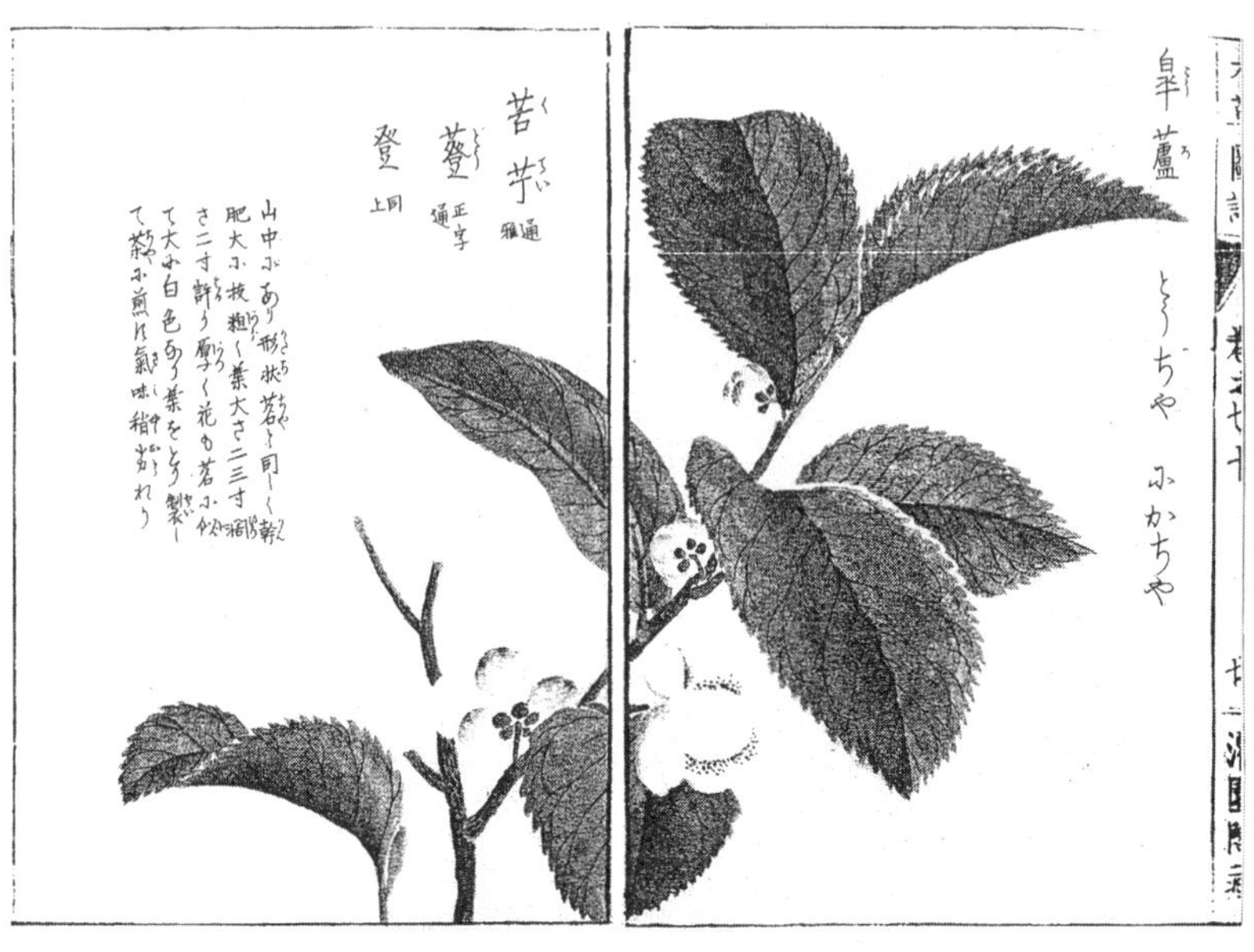

図4－5　皐葦*30、9)

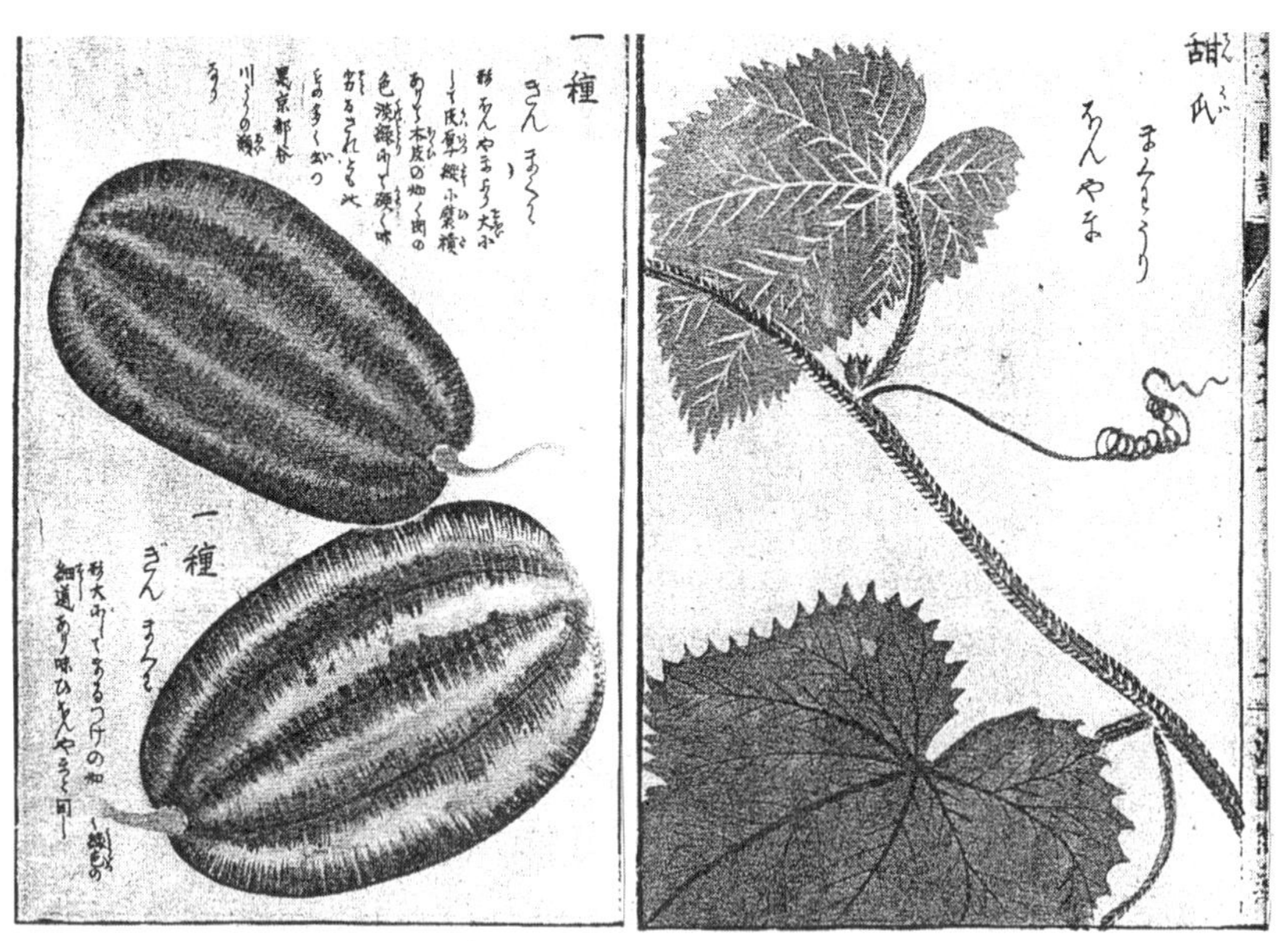

図4－6　甜瓜*32、9) 左は金まくわ、銀まくわ　右はまくわうり

木　部

杉　和名は、スギという。一種類に枝が極めて長く、下がって垂れるものがある。俗にいうエンコウスギである。愛好者は盆に植えて大変尊重する。その始めは、比叡山より出たものといわれている。

桂　中国種の品質が良く、享保中に種が伝わって駿府の官園にあり、今では数千株に及ぶといわれている。箘桂（キンケイ）*32を使って接木をすれば成長しやすい。

烏薬（テンダイウヤク）　日本産はない。享保中に種が伝わって、官園に植えられていて二種類がある。台州種の葉の形は、樟（クスノキ）の葉に似ていて、表面が青く光沢があって、背が白く横紋があり、縦紋のあることは桂葉のようである。東壁が、葉の形はフナに似ているという説を良いとしている。三月に黄色の細い花を開き、実は大豆のようで、生では青く熟すると紺碧色になり、植えると作りやすく根は、香気が強い。

衡州（こうしゅう）種は品質が悪く、たいてい台州種に似ている。台州種は、繁茂して高さは、九〇～一二〇センチメートルに過ぎずこの種類の高さは、約三メートルとなり根が硬く香気は薄い。(図4-7)

楓樹　和産は、絶えて無い。一種の唐カエデは、三葉で葉の大きさが、約三センチメートル余りで、形状は日本のカエデに似たものを、俗に楓樹だというのは違っている。

中国産は享保中に伝えられた。しかし御園および日光ともに三株しか無かったので、その後絶えて無くなった。葉は円く、枝は三角に分かれていて、大きさが、六～九センチメートルで草の形は綿花のようで、その実は、毬のような柔刺がある。その形は、図に詳細に示してある。（図4－7）樹脂を楓香脂といい、効用が大きい。壬午（みずのえうま）の年（一七六二年）の主品中に、田村先生がこれを持参された。

質汗　和名は、ミイラという。先輩が木乃伊をミイラとするのは間違っている。藏器によると、質汗は西番*33に産する。檉乳（ていにゅう）、松涙、甘草、地黄、に血液を煎じて造ったものである。西番人がこの薬を試すのに、小児の一足を断ち、この薬を口中に入れ、足を踏ませてみる。その場で良く走るものを良

図4－7　台州腫鳥薬と漢産楓樹[1]の産物図絵より

とする。

篤耨香（トクジョクコウ）　紅毛語でテレメンテイナという。東壁によれば、真蠟国（しんろうこく）*34に産する樹の脂である。樹は松のような形で、その香りは老いると溢出する。色が白く透明なものを、白篤耨（ハクトクジョク）と名づける。盛夏にも融けず、香気が清遠である。土地の人は、集めて後に夏期に火で樹を炙（や）いて、脂液を再び溢れさせ、冬になって凝ったところを、また取り収めるが、その香りは夏融けて冬に結する。瓢（ひょう）に盛って陰涼の場所に置けば、融けずにある。樹皮を雑ぜてあるものは、色が黒く黒篤耨と名づけて品質が悪い。この製品をテレメンテイラという。日本産で似たものがあるが、決まっていない。蛮産は、壬午の年の客品中に、小浜候の医者である杉田玄白がこれを持参された。

△**胆八香**（タンハチコウ）　篤耨香の附録に出ている。日本の俗名は、ポルトガルの油と名づける。ポルトガルは、南蛮国の名前でこれはこの国で産するので、オオリオオレイヒと名づけられた。オオリオは油のことで、オレイヒがこの木の実名である。この物の効用は、綱目に出ている。悪血を去り、肉を上げ一切乾燥を潤し、筋を伸ばし痛を和らげる。これを服して麻疾（ましつ）を治す。以上が紅毛人のカスハルによる口授の効能であり、又紅毛人が通常に食用とすると、別の南蛮紅毛人が持参し伝えた。

胆八樹　東壁によると、胆八樹*35は交趾（こうし）の南蛮諸国に生え樹は、若い木犀（モクセイ）のようであり、葉は鮮紅色で霜楓に類する。その実の油を嫌がるので、種々の香を加えると、これは熱や悪気を除く。即ちこの実の仁を取って、油を絞ったものをオオリオオレイヒといい、日本で俗に考えられているポルトガルの油というのはこれのことである。紀伊産方言でズクノ木といい、湯浅の深専寺内に大木がある。高さは、二一〜二四メートル、周円約三・九〜四・〇メートル、その他紀伊地方に多く、葉の形は、冬青樹、及び木犀に類する。冬を経ても凋(しぼ)まずに葉は秋に落ちる。葉が落ちる時は、鮮紅色となって可愛らしい。実の形は、棗(ナツメ)のようで熟しても色は青い。三月に紀伊を歩き回って始めてこれを知った。南蛮の実を使ってこれを比較すると、南蛮産は大きく日本産は小さいといえるが、全く同じ物である。（図4−8）或いはこれが橄欖(カンラン)の一種とする説は全く誤っている。橄欖は全く別のものである。今茲(ここ)に三月に紅毛人が東都に来るので私は、これを携えて紅毛外科医ポルストマンに質問したが、これは真物であるといっていた。小川悦之進が、詳細を伝えた。即ち南蛮人

図4−8　胆八樹と漢種薭核樹[1)]の産物図絵より

は実を酢に漬けてこれを食べているが、味は酸甘であるという。又日本で俗に言う続随子（ゾクズイシ）＊[36]をポルトガルと呼ぶのは大きな誤りである。

盧会（ロカイ）＊[37]　日本産のものはない。南蛮産を紅毛人が持参したが、何であるかの詳細は不明で、古い説では木脂であるといっている。東壁によれば、盧会の元は草部にあり、薬譜図で物の形を判断すると皆これを木脂だという。一統志＊[38]によれば、瓜哇（じゃわ）、三仏斎（しゃりびじゃや）＊[39]諸国に出る所の乃草の属、状態は鱟（かぶとがに）＊[40]の尾形でこれを采玉器（さいぎょくき）＊[41]でもって膏薬とすると鱟尾のようだという。近世琉球より来るトウアダンの＊[42]形状に似て、トウアダンの葉を切断すると粘り気があり、これを取って製品として試そうと思っているが、まだ果たしていない。

檗木　和名はキハダで、日本では至る所にある。葉は無患子胡桃（ムクロジクルミ）に似ていて、皮は黄色で朝鮮種は、享保中に種が伝わって官園にある。

楝　和名は、アフチ、又はセンダンという。日本では至る所にある。実は小さく品質が悪い。中国産は実が大きく品質が良い。東壁によると、川中の者が良いというのは、これのことである。

秦皮　和名は、トネリコで至る所にある。大葉のものは葉の形が、呉茱萸（ゴシュユ）＊[43]に似て樹の高さや葉が群がって生える。このものは目の疾を治す力がある。汁を取り墨に入れてその色が佳（よ）く、絵に描く色に加えると非常に味わいがある。

皂莢（カブラ）　和名は、トウサイカチで蘇恭＊[44]や東壁よれば、三種類あって、別録では猪牙（猪の角）

ものが良い。弘景*[45]は、長さが、六〇センチメートルのものが良いとした。蘇恭は、長さが一八～二一センチメートルで円く厚く、節が促って直きものは、味が濃く大いに好ましいとした。三説は同じではないが、蘇頌*[46]によると、今の医家は、風気を疎(うと)んずる丸煎を作るのに、長皂莢を多用する。歯を治し、及び積(しゃく)を取る薬に牙皂莢を用いる。用いるところは、異なるけれども、性質や味は、それ程、異なるものではない。考えてみると、咽喉にすって涎(よだれ)を吐(は)き、鼻に入れて嚔(くさめ)を取る等のときは、みな猪牙皂莢を用いる。

長皂莢　和名はサイカシで、至る所にある。中国種は、莢の形は非常に薄く長い。葉に花が多く根は美味しい。弘景がいう、長さが、六〇センチメートルのものを、東壁は痩薄(そうはく)で乾燥せず粘らないのがこれであるといっている。

猪牙皂莢(チョガサイカチ)　生の木はない。中国産は、乾燥した実として薬屋にあり、長さは、約九センチメートルで曲戻りで、猪牙に似ている。蘇恭の説では、長さは、一八～二一センチメートルで円が厚い。これは疑いなく肥皂莢であろう。

肥皂莢(シャボンサイカチ)　生の木はない。中国種は、乾燥した実で、莢の長さは、約一二センチメートルで、非常に厚くて硬く、内に黒子数粒あり、木患子(モクゲンジ)*[47]に似ている。形は青蒿(セイコウ)に似て、細く軟らかく、春に小さく砕弁の黄花が咲き、田舎に多い。

椶櫚　和名はシュロで、椶櫚の転語である。中国産は、葉は円く小さく硬く、盆に植えるのが良い。

相思子（トウアズキ）　和産のものは無く、実は中国より渡来した。俗にトウアズキという。中国の種は、田村先生が新しい種を植えて育てることができた。その葉は槐（エンジュ）に似て小合観葉のようで、一五〜一八センチメートルになって、冬に枯れることは残念である。

枳（キ）　実が小さくなるのは、枳実（キジツ）で年数を経ると枳殻（キコク）となる。日本では俗にカラタチを枳殻、枳実とするのは大きな誤りである。カラタチは枸橘であり、混乱してはいけない。中国種は享保中に種が伝わって駿府の官園にある。樹は橘（タチバナ）のようで、葉は橙（ダイダイ）に似て刺があり、実も橙に似てやや小さい。

枸橘（カラタチ）　別名は、臭橘（シュウイツ）である。和名は、カラタチといい、日本産はあちこちにあり、藩の領地内にもある。日本国中にあって種類も多い。中国種は、享保中に種が伝わって東都の官園にある。形は、日本産と同じである。中国で俗にいう枳殻とするのは誤りで、実が大きいといっても枳殻とは別である。

酸棗（サネブトナツメ）　中国種は、享保中に種が伝わって樹、及び実の状態は、みな棗（ナツメ）であるが小さい。

蕤核樹（ズイカクジュ）　日本産はない。春に東都の古河の菖蒲園に、これを植えて上手に育てた（図4－8）。同じ年、客品中にこれを持参した。

山茱萸（ヤマグミ）　日本産は何処にでもある。葉は縦に木目が多く、正月に黄花を開き、実を結ぶ。秋になると赤色で形が胡頽子（グミシ）のようである。中国種は、享保中に種が伝わって官園にある。これを植えると形は、日本産と同じであり、実を日本産と比較すると、大きくて果肉が多く、上品である。

女貞 和名は、ネズミモチノキ、ヤブツバキ、又はネズミノフンという。讃岐方言では、テラツバキといい、何処にでもある。

△水蠟樹 和名は、イボタノキという。これは、女貞の一種で葉は小さく、薄く実は小さい。

枸杞（クコ） 蘇頌によれば、枸杞は、枸棘（クキョク）を与える。良く似た二種があり、その実の形は長くて、しかも枝に刺が無いものが、本当の枸杞である。円で刺のあるものは枸棘である。薬に入れると非常に良くない。今何処にでも産するものは皆刺があり、本当の枸杞では無い。宗奭（そうせき）*48によれば、枸には、刺の無いものは無い。大きくなって棚を作ることになっても、刺が無くならない。このものは小則に刺が多く、大則は刺が少なく、本当に酸棗の刺があるもののようである。その実は一物であるという説は誤りである。肥後産を戊寅（つちのえとら）の年（一七五八年）に、田村先生が西遊してこれを手に入れられた。枝に刺が無く実の形が僅に異なる。

枸棘（クキョク） 枸杞の一種で、刺のあるものである。色々なところにある。人々は、これを枸杞とする。

牡荊（クキョク） 和名は、ニンジンボクという。東壁によると、その木は芯が四角となり、その枝は群がり生える。一枝に五葉、或いは七葉、楡（ニレ）の葉に似て長くて、しかも鋭く鋸葉を有し、五月、梢の間に花が開き、穂ができる。紅紫色のその種子の大きさは、胡荽子（カメムシグサ）のようで、しかも白膜皮をゆうし、これを束ねている。この東壁の説は、牡荊の形状を尽くしている。中国種は享保中に種が伝わって官園に植えたが、その葉は非常に人参葉に似ているので、日本では俗に人参木という。荊瀝（ケイレキ）を取る方法は、本草に詳しい。痰（たん）に変わる風邪の妙薬として、医者は必ず植えて薬用に備えるべきである。竹瀝および荊瀝の効き目*49が良く似て等しくないことが、延年秘録の丹溪説*50の所で説明され、あわせて考えることが可能である。

紫荊（シケイ）　和名は、ハナスオウという。人家に植えている。宗奭によれば、春紫の花を開き、非常に細かく砕いて共に枝を作り、その花の生ずる部分は一定せず、或いは、木身の上に生じ、或いは、根上、枝上に付いて直ちに花を出し、花がやむと葉が出る。葉は光って繁り、微かに円い。園圃に多く植えてあるというのが真実である。藏器の説の紫珠は別物であり、次に詳しく示してある。

△紫珠　和名は、ヤブムラサキという。藏器によると、田氏の荊（ケイ）で秋になると実が熟し正紫色となり、円く小珠（しょうしゅ）のようになり、紫珠と名づけている。江東の林や沢の間に最も多く、これがヤブムラサキの形状である。綱目では紫荊と混乱して一つとするのは誤りである。このもの所々に多く実の大きさは、ウメモドキの如くであって深紫色である。

扶桑（ブッソウゲ）　別名は、仏桑で日本には産しない。琉球産がわが国に渡来している。木槿（ムクゲ）に似て深緑で、光沢は椿に似て厚く、光滑（かつ）がある。花の形は、木槿のようで大きい。又木芙蓉（キフヨウ）の花に似ていて、深紅色で非常に愛らしい。朝に開いて夕に萎（な）える実がある。植えるのが容易で、花には単弁、重弁の二種類がある。花鏡等にはその花粉が紅、黄、白、青色の数種類があるというが、これを見ていない。このものは非常に寒さを畏れ、秋末に土を一二〇~一五〇センチメートル掘り、稲殻を用いて三月まで埋め、暖気になったらこれを出すのが良い。そうしなければ、冬を越すことが出来ない。

蝋梅（ロウバイ） 和名をナンキンウメという。東壁によると、蝋梅は凡そ三種類ある。この種が出て接いだことのないもの、臘月（ろうげつ）に小花を開き、しかも香りが淡く狗蝿梅（クヨウバイ）と名づける。接いだもので、花が疎（まばら）に開いたとき口に含む者の馨（ケイ）口梅と名づける。花が密で香りが濃く、色は深黄で紫檀（シタン）のようなものを、紫檀梅と名づける。最も巧（うま）く実を結ぶと、垂鈴が尖（とが）り、長さは一寸余りとなり、種子がその中にある。日本には狗蝿及び檀香の二種類ある。

狗蝿梅（クヨウバイ） 江村如圭*[51]によると、日本では、これがあることを聞いていない。後水尾帝の時、朝鮮から来て、今では多くのところで植えられている。

檀香梅 中国種は享保中に種が伝わって官園に植え、俗に唐蝋梅といい花狗蝿梅と比べれば三倍大きい。色は琥珀のごときで、蔕（へた）に近い所が深紫色で、紫檀の色のようである。香りは非常に濃く、もし一枝を瓶中に挿せば、芳（かぐわ）しい香りが部屋に満ちる（図4-9）。本草がいうには、花瓶水を飲めば人を殺す程、蝋梅は非常に優れている。

虎刺 和名は、アリドオシという。遵生八牋（じゅんせいはっせん）*[52]によると、杭州の蕭山（しょう）に産する白花紅子は、非常に堅く、厳冬で雪が厚くなっても良く堪えている。太陽光を畏れず、百年の経ったものでも高さは、六〇~九〇センチメートルで止まる。成長は遅く、このものは山中にあり、一般に寒さを畏れるので北国では生えにくい。大葉、小葉の二種類がある。小葉のものは、枝葉が細密で実が多く、盆に植えても可愛らしい。大葉のものは、枝葉が荒く実は少なく、巴戟天（ハゲキテン）*53と非常に良く似ているが、巴戟天は根に連珠があって虎刺は、根に連珠が無く黄色である。

木綿　東壁によれば、木綿には二種類あって、木に似たものを古具と名づけ、草に似たものを古緑と名づける。草本のものは、所々に植えてキワタという。（図4－10）木本のものは、パンヤである。次に詳しく示してある。

古終　これは草本木綿であり、和名はキワタという。東壁によると、江南の淮（わい）北の生産地の木綿は、四月に種を落として茎弱く蔓（つる）のように高いものは、一二〇～一五〇センチメートルで、葉は三尖りがある。楓葉のように、秋に入ると黄花を開き、葵花（キカ）の

図4－9　漢種檀香梅[1]の産物図絵より

ようである。しかも小さく、また紅紫ものがあり、実を結び大きさは、桃のようで中に白綿があり、綿の中に実があり、大きさは梧子（アオギリ）のようで、また紫綿のものがある。八月に棘のある外皮をつくり、これを綿花という。このものは昔から日本には無い。類聚国史（るいじゅうこくし）*54の巻百九十九殊俗（しゅ）の崑崙編によると、聖武天皇の延暦十八年七月、小船に乗って三河の国に一人が漂着した。布で背を覆（おお）い、褌だけで袴を着けず、左肩に紺布を着け形が袈裟（けさ）に似ていた。年が二十歳位で身長が約一五三センチメートル、耳の長さが九センチメートル余りで、言葉は通じなかった。何処の国の人か分からないが、大唐の人など皆がいうには、崑崙人（こんろんじん）であろうと。後で彼は、中国語を習って自らを天竺人といった。常に一弦の琴を弾いていて、歌声は物悲しく、伺い持っていた実のような物を、綿種といっていた。その願いに依っ

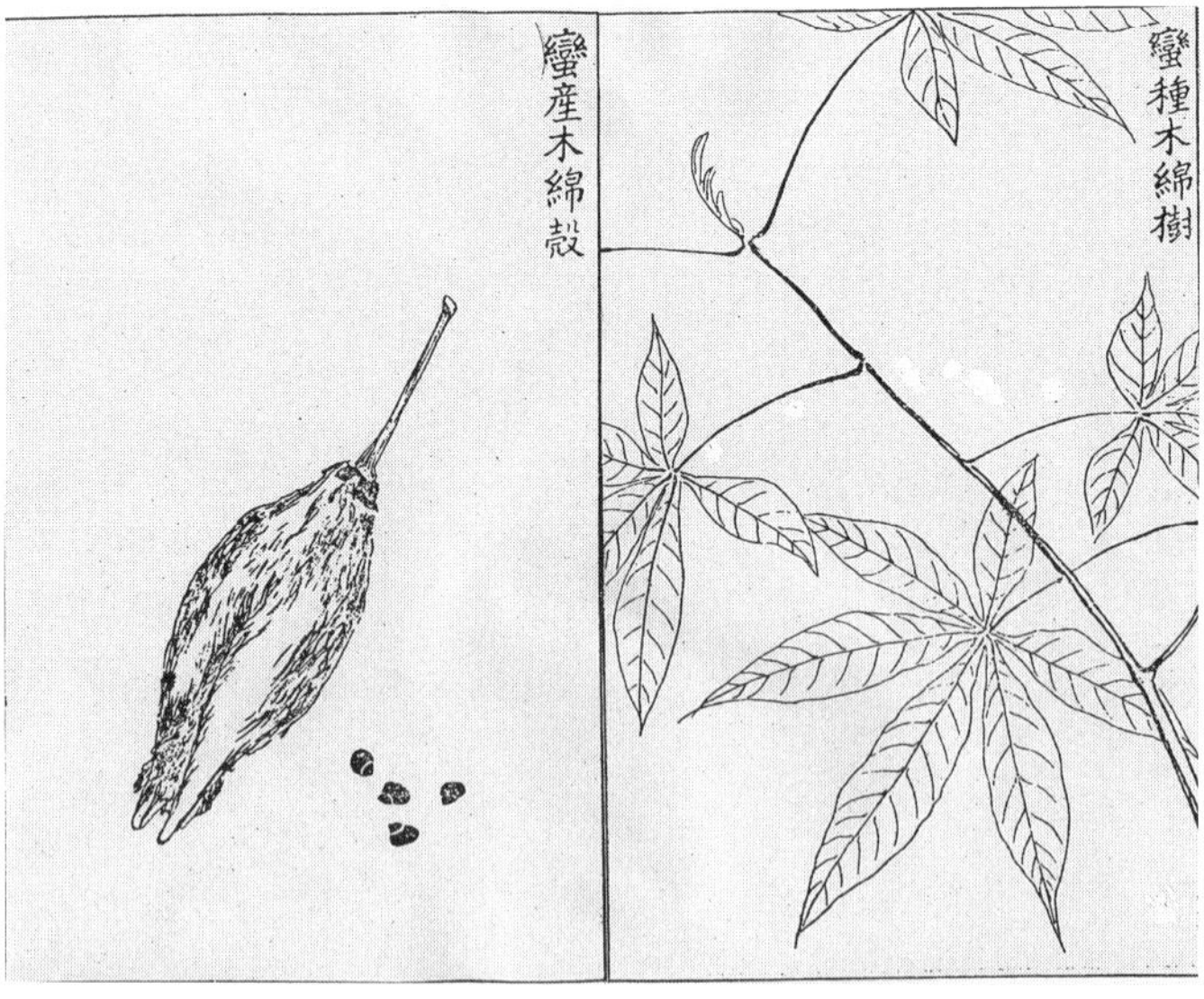

図4－10　南蛮種木綿樹と南蛮産木綿殻[1)]の産物図絵より

て、川原寺に住み、身に所有する物を売って、家を西郭(くるわ)の外路の辺に立て、窮民(きゅうみん)を休息させ、ここにおいて近江の国の国分寺に移り住んだ。同十九年四月庚辰(かのえたつ)の年に崑崙人が無賈棉種(せい)を賜り、紀伊、淡路、阿波、讃岐、伊予、土佐、及び大宰府等諸国に持って行き、これを植えた。その植え方は、日の良く当たる肥えた土地に、深さ一寸位の多くの穴を掘って種を洗い、これを水に浸し、一晩を経て、明けがたに殖(ふ)やかす。一穴に土を覆い手でこれを押さえ、毎朝水を灌ぎ、常に生えるのを待って、水を豊富にしておき、これを植えれば良い。貝原好古*[55]によると、これが日本に木綿がある始まりである。中世より、その種を失って絶えてしまった。文禄年中に重ねてその種を伝えて、日本に入り広く天下に知られることとなる。国倫*[56]が考えてみると、古終の本(もと)が南蛮に出でて、宋の末に始めて江南に入り、わが国にこの種が伝わってから、今諸国に多く植えられ、とりわけ和泉、河内、紀伊、讃岐の国にできるものは上品である。北国にも植えると、実を結ぶことが少なく、その上、品物がよくない。本当は、南国に出て暖地に適している。類聚国史でいっている紀伊、淡路、阿波、讃岐、伊予、土佐、大宰府の諸国にこれを植えることは都合が良い。日本で用いることを考え、その種が出る場所の寒暖で土地の適正を判断したかどうかは、今となっては分からない。

古貝　即ち木本の木綿、和名はパンヤ又*[57]蘿藦紋(ガガイモヒモ)を俗にパンヤといい、この物に似ているからである。或いは、蘿藦紋をクサパンヤといい、真のパンヤは古貝である。東壁によれば、交廣木綿樹の大きさは、抱(ホウ)のようで、その枝は桐に似ている。その葉の大きさは、胡桃(クルミ)のようである。秋に入って開花し、紅椿のようで黄の雌(し)・雄蕊(ゆうずい)の花片が極めて厚く、房ができて良く繁る。短い側に相対して実を結び、大きさは拳の如き白綿がある。綿の中に実があり、今の人は、これを*58斑枝花(はんてんか)といい誤り、攀枝花(はんしか)としたため、このものの本邦産は絶えてない。その綿、中国より来たものの価は貴いが、もしこのものが日本で沢山穫れるならば、その利益は少なくない。だから田村先生は、官に通告した。戊寅(つちのえとら)の年、台命が下って、この種を清国の商人に求めたが、清の人はこのことを知らなかった。船主は商いが多く珠等の献上を行った。その大略は、唐の山で木本綿花は、見いだされていない。綿花は元来草本に関係し、毎年秋八、九月になると採集しこの種は、唐山には、とりあえずのことが多くついに判らなかった。綿花が樹上で生じることが多いなど、唐を回った時、調査で木本綿花樹、或いは種子があれば持参して進んで再び植えようとした。

台命が下って、これを蛮国の商人に依頼したが、巳卯の年（一七五九年）、紅毛人がジャガタラ木綿樹の種子数斤を持って再来した。同年八月長崎郡官の高木君がこれを東都に献じた。紅毛語で木綿をカトウンコロイトという。カトウンは、綿のことで、ボウムは、木のことである。コロイトは、草のことである。庚辰(かのえたつ)の年に台命が下って、これを諸国に植えさせたが、希にしか生じなかった。この時になって、始めてみることが出来た。形状は円中に詳しく、但、長じて後に葉の形が胡桃のようであるという。このものは非常に寒さを畏れ、冬になると、ことごとく枯れる。考えてみると、この種は、また南国に出て暖地でなければ生育しない。もし紀伊、伊豆、薩摩、土佐等に植えれば、必ず繁茂する。古草綿の種を伝えてから、その益が天下に与えるものは大変大きい。今木綿の繁殖が出来れば、国益は大きい。再びこの種を得て、南国暖地に試験植えすることを思うだけである。

△**海桐花**　和名をトベラといい、讃岐方言でニガキという。このもの八種が画譜に出ている。又別に海桐があり、本草喬木類にでている。和名をボウタラ、又はハリキリというが、同名は異物であるから混乱してはいけない。画譜によれば、花は細白く、チョウジの香りと似ていて、臭味が非常に悪く、遠くから観ても、区別がつくものは、トベラである。トベラは人のいる所に多い。花は黄白で金銀花のようである。変種はジャガタラより来る木綿子中に在って生じ、その状態は日本産と比較すると、葉は深緑で非常に光沢がある。壬午（みずのえうま）の年に、客品中に官需の青木先生がこれを持参された。

△**多羅**　翻訳名義集*[59]によると、古くから備わる名は多く、多羅を貝多羅（バイタラ）と訳す。形は棕櫚（シュロ）のようで、真直ぐで、且つ、高い、極めて高い物は二四～二七メートルで、花は、黄米子のようであると人がいう。一つの多羅樹の高さは、七仞（ひろ）で、七尺を仞という。これが即ち樹の高さが、四拾九尺（一四～一五メートル）あるという。西域記*[60]によると、南印建那補羅（こおーんかなぶら）国の北から遠くはなく多羅樹林が三十余里のところにある。その葉長は広く、その色光潤、諸国が書き写しているが利用

していない。本草綱目の椰子附録に樹頭酒があって、即ち、これは多羅樹の実の汁を集めて作った酒である。樹を樹頭棕といい、また貝樹といい、此のものの生木は日本で絶滅してなく、蛮国からも来ていない。蛮産の葉は、紅毛人が持参し葉の長さは、九〇～一二〇センチメートル、幅が一五～一八センチメートルで色は白く光沢がある。壬午の年に、客品中に長崎の山本利源次がこれを持参してきた。

琥珀 和名は、コハクという。東壁によれば、色は黄色で、明宝であり、これは琥珀という。若い松香紅で、且つ、黄色のものを明珀と名づけ、香りのあるものを、香珀と名づけた。高麗倭国に出るものの色、深紅蜂蟻の松枝を有するものが、最も好ましい。下総、銚子外川産が上品である。

△**鳳尾竹** 和名はホウオウチクという。東壁によると、葉和は細く、三分で竹譜では、紫の幹の高さは、六〇～九〇センチメートル以内で葉は細く、而も、猗那鳳毛に類し、盆種清翫を作り今所々に植えて藩の直轄地としている。

△**方竹** 和名は、シカクタケである。竹譜によると、本体は四角で削ってできたようで杖、梃、柱杖にすると丈夫で珍しいものである。その幹は四角で馬鞭草、盆母草の茎のようであるが、日本には産しない。琉球産は壬午の年に、客品中に下野国、那須郡佐久山の白石松徹がこれを持参してきた。

竹黄 即ち天竺黄である。馬志によれば、天竺黄は天竺国に生ず。今種々の竹のうちで往々これを得ているが、苦竹、淡竹等みな存在する。形はかけら状で、色は黄白色で、これは竹液内に結成するものである。このものは始め天竺に出たので、天竺黄という。けれども東壁は、僧賛寧（さんねい）がいうことを信じて、一種天竹中に出るとして、天竺で作られるものは、これではないとするのは、逆に誤りである。このもの夏期は、暑熱ために燻（いぶ）されて、竹液内に滲注して日が経つと結成する。天竺及びその南国の酷暑の所に多く産出する。北地には産しないので、東壁はこのことを知らない。呉の僧賛寧によると、〝竹黄は南海の鏞竹（ヨウチクチュウ）中に生じる。この竹は極めて大きいもので、又天竹と名づける。その内に黄があって疾病に用いられる。〟(4) 親がこれを見、けれども天竹中に生じるのを見て、色々な竹の内に生じることを知らないで、子供に誤伝する。又大明がいう所の竹内の塵を沙結するものというのは、全く筋が通らないことで、塵沙（シュサ）が何処から竹内に入るのか？＊61

駿河産は上品で壬午の年、主品中に私がこれを持参した。

瑿　和名はクロコハクといい、即ち琥珀の黒色のものである。下総、銚子外川産、及び紀伊千里浜産は上品で地方で俗にカラスミという。

雷丸（ライガン）　別名は竹苓（チクレイ）といい、竹林中に生じる竹の、余気の結所である。松根に茯苓（ブクリョウ）が生じるのと同じである。遠江、金谷産が非常に上品で、形は大塊で、その色白く、軟らかく、大抵茯苓に似ていて、内に竹根を夾（はさむ）ものもある。壬午の年に、客品中に金谷駅の川合小才次がこれを持参した。

篁竹（ナヨ）　和名はナヨタケ、又は、メタケ、カワタケ、ニガタケという。載凱（たいがい）の竹譜によれば、篁竹は堅くて、而も節促で、体は円くて、而も質が強く、皮が白く霜のようである。大なるものは船を造り、小なるものは笛を作るのが、この竹である。このものは人のいる所に多く、笋の味は非常に苦いので、俗にニガタケというが、苦竹とは別物である。蘇頌によれば、竹は所々にあるその類は非常に多く、而も薬とする場合は良く考えるべきである。篁竹、淡竹、苦竹の三種類は、根、葉、茹瀝の功用は別で本草は主治の所に詳しい。

苦竹　和名はクレタケ、又はマタケといい、筍は微かに苦味があり、たけのかわは、紫褐色で斑文がある。

淡竹　和名はハチクといい、筍の味には、苦味が無くそのたけのかわは、黄褐色で斑文はなく、又別に淡竹に葉があり、和名でササクサという。又鴨跖草、別名は淡竹といい、三種、同名異物で混乱してはいけない。蛮物と中国名の詳細は不明だが、ここに載せる。

キヨルコ　紅毛人が持ち渡る芝類であると思われる。フラスコの口に用いるもので、質が軟らかく、大変締まりが良い。徳利の口をポロップといっているが、日本人が聞き誤ってこのものをホロッフと称した。

サツサフラス　鳥薬に似ていて、紅毛人が持ち込んだ。

エブリコ　蝦夷に産し、蝦夷人は、色々な病気にこれを用いる。その質は非常に軟らかく、色が白い。或いは、これは、五葉松が生じる所の芝であるといわれている。

ルザラシ　この木は堅くて味が非常に苦い。痞蟲積(ひちゅうせき)、食あたり、霍乱(にわか)胸痛、目眩(めくらむ)頭痛を治し、傷寒の熱を解し、諸毒を分解す。三枚におろして、二分余り白湯にて用いる。熱腫には水に溶くのが良いと伝えなさい。

蟲部

蟲白蝋　和名はイボタラフ、又はネズミモチノロウという。東壁によれば、この虫の大きさは蟣虱(きしつ)の大きさで芒種の節後になると、樹の枝に這い広がり、汁を食べて粘液を吐き、若茎に粘着する。それが白脂に化して凝結し、凝霜のような状態の蝋(ろう)になる。それが処暑の節後に、白露の節を過ぎると硬く粘着して刮(けずれ)なくなる。このものは所在にあり、女貞木、又は水蝋樹に生じ、又は秦皮樹(しんぴじゅ)にも生じることがある。剥ぎ取って水に入れて、煎じて布で濾して滓(おり)を除けば、蝋このもの良く疣(いぼ)を治すのでイボタという。イボタは疣取(いぼとり)の略である。

紫鉚(エンジ)　東壁によれば、紫鉚は南番*62に産する。蟻虱(ぎしつ)のような細虫が、樹の枝に付いて造るもので、あたかも今の冬青樹上の小虫が、白蝋を作る状態が知られている。だから世間では多く枝を挿して造るのである。現に呉地方では胭脂(エンシ)はこれで造る。このものの日本産はない。蛮産が持ち渡り、これが紫黒色で、これで綿を染めたものを綿胭脂で一名を胡燕脂(コエンシ)といい、和名ではショウエンジという。

石蚕(イサゴムシ)　和名はダイコクムシという。所によっては川の沢中に生じる。蔵器によれば、水底の石の下にいる。形状は蚕のようで、糸を吐いて繭のように、小石を連綴(れんてい)するというのがこれである。又一種石類、石蚕と名づけるものがあり石部で見られる。

斑蝥(ハンミョウ)　一名は斑猫(ハンビョウ)で、讃岐の方言ではダイドウトホシといい、所在にある。漢産や讃岐産は上品である。

芫青(アオハンミョウ)　蘇頌によれば、所々にあり、形が斑蝥に似ているが、色が純青緑で背上に一条の黄色の紋があり、嘴(くちばし)が尖っていると。このものの形は、斑猫より小さく青緑色で光があり日本産はない。蛮産は紅毛語でカンタリー、又はスパンスフリイゲという。フリイゲは蝿

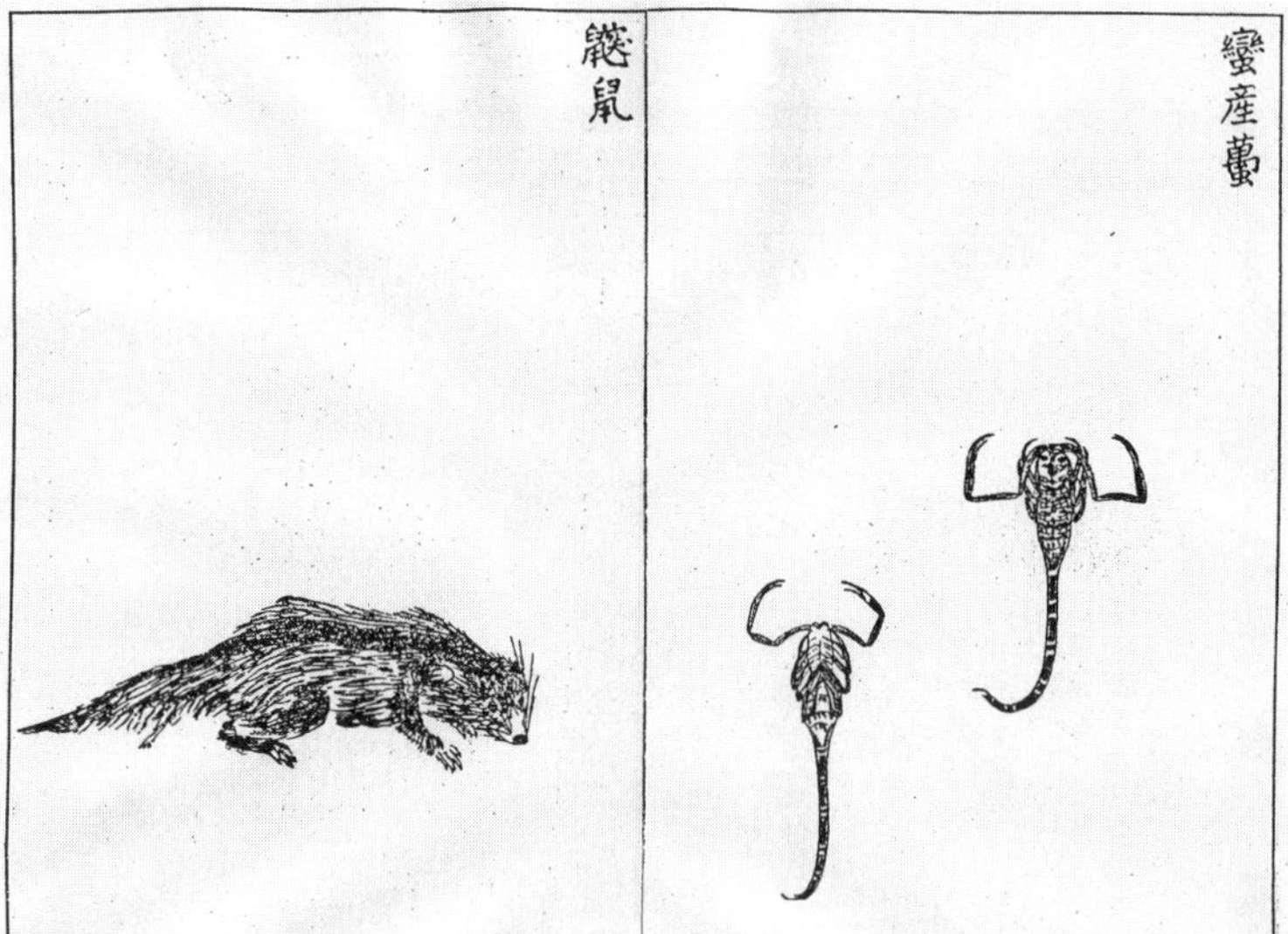

図４－11　蛮産蠍とジャコウ鼠[1)]
右図―蛮産蠍、左図―ジャコウ鼠

を、スパンスは国の名前である。壬午の年、客品中に官医の橘氏がこれを持参した。

蠍　和名はサソリで許愼(きょしん)*63がいうには、蠍は蠆尾虫(タイビチュウ)であって、長尾のものを蠆(サソリ)といい、短尾のものを蠍(カツ)という（図4－11）。薬屋にあるものは皆乾燥したものである。蛮産で長尾のものを、田村先生が長崎で紅毛商船の中で発見したものを手に入れた。数十日では死ななかったが、死んだ後で薬水中に貯蔵した。その状態は産物図絵に示した。

衣魚　一名白魚で和名はシミという。衣装中や書紙中に生じ、形は小さく色は銀のようである。本草鱗部、亦白魚という名前はあるが同名の異物であり、混同してはいけない。

蝸牛　和名はカタツムリ、又はデンデンムシといい、所在に多く数種がある。一種モノアラガイといい陰湿の地、又は池沼中にも生じる。殻蝸牛とは異なっているが肉は一様である。これはまた蝸牛の類である。蘇頌によれば、城や垣根の陰の所に一種扁平で小さいものは、無力で用いるには耐えない、というのはこれである。このものは歌の中に出てくる。人々は海中の貝と思うのは間違っている。古歌に、〝荷葉(はちすは)の上は、つれなきうらにさえ、ものあら貝はつくというなり〟というのを以って証とするべきである。

△**龍骨** 別録でいうには、晋地の川谷、及び太山の巖水の岸、土穴中の死んだところに生ずる。弘景によれば今、梁、益、巴中に多く出る。骨は脊脳の白地錦文になっているものを、選ぶことになっている。舐めてみて舌に着くものが良い。歯は小さくて強く、歯の形があるかに見え、育ったものだ。皆これ龍蛻(せい)で、実体の死んだものではない。後世諸家の弁説は沢山ある。東壁が本経を以って正と為す説は、明らかである。讃岐、小豆島産は、上品で海中にある*64。漁師が網の中で得たという。その骨は、非常に大きく形体は、だいたい整っている。これを舐めて舌に付着すればこれを用いて、その効き目は、本草の主な効き目と合っている。このことは、正に疑う余地はない。江戸時代に漢から渡った龍骨があるが、これは一種の石で本物ではない。木の化石に近く、倪朱謨(げいしゅばく)*65の本草彙言(りげん)にいわれている説はこれである。倪朱謨は、本物を見ないで世間一般にいわれていることを信じて、晋蜀山(しんしょくざん)の谷に産した一種の石を龍骨として認め、怪しい論の証明に費やしている。松岡先生には見解が無く、直ぐにこれに同意して、本当の物は絶えてないといっている。

大声で騒ぐ人たちの狭い意見でものをいっているが、これはみな〝夏の虫が氷を知らないだろうという推定の論議〟が元となっていることだから、論ずることはできない。

△**龍歯**[*66] 小豆島産である。その形は、象の歯に似ていて大きさは、一八〜二一センチメートルで骨に付いているものもある。

△**龍角** 小豆島産である。長さは、一メートル八〇センチメートル余りで、その径は、三〇センチメートルに近いものもある。上が黒く中が黒灰白色で、混ざった他の骨よりは肌がすべすべしていて、またよく舌に付いている。

南蛮産にスランガステインがある。紅毛人が希に持参している。腫れ物の上に置くと粘着して離れなくなり、邪気を吸い毒を分解する。これを乳汁の中に入れると、邪気を吸いだして吐出して石のようになり治る。このことを数回すると効能は初めより減らないという。人々は非常に貴重とし大きさが碁石の大きさだと、その対価は百金位になる。福山舜調によれば、薬性纂要[*67]本の初めに吸毒石があってこのものである。田村先生がいうには、スランカステインは、龍角であり、これを試したところ、その効用は南蛮産と異なることはない。先生が西遊の時、長崎で紅毛訳官吉雄氏、楢林氏に問いただした。皆本物であるという。庚申の年に紅毛人が東都に来た時、外科医バウルナルに問うと、又本物であるという。日本に産することを聞いて大いに驚き、吉雄氏がその訳を伝えた証しとした。南蛮産は黒くて硬いが、日本産は黒と白色が混じり軟らかいが全く同じものである。考えてみると、紅毛語のスランガは、蛇のことをいい、ステインは石のことである。龍角は龍頭にあって形は、石のようで、それだからスランガステインといい、紅毛人語は、脈転語が多く、正解かどうかは分からない。或いは、直ぐに蛇石と訳して、蛇頭の中にあるものとして石首魚頭中に石魫（さかなのこ）のようなものというのは誤りである。

△**紫梢（ショウ）花**　綱目弔（とむらい）の細目に出ている。近江湖水の中に産し、方言ではカニクソという。蘆竹（ろちく）や枝上に着状し蒲槌（ほつい）のような状態で灰色である。陳自明*68が著わした〝婦人良方〟によると紫梢花は、湖の沢中の竹木の上に魚や蝦（えび）が生みつけた卵で、状態は餹（あめ）のように透き通る。その木を去って用いる。これを用い銭大用著の活幼全書によると紫梢花*69いいかえれば湖の沢の中に鯉魚が竹木の上に卵を生むことはこのことである。

鼉（ダ）龍*70　南蛮産・紅毛語ではカイマンと

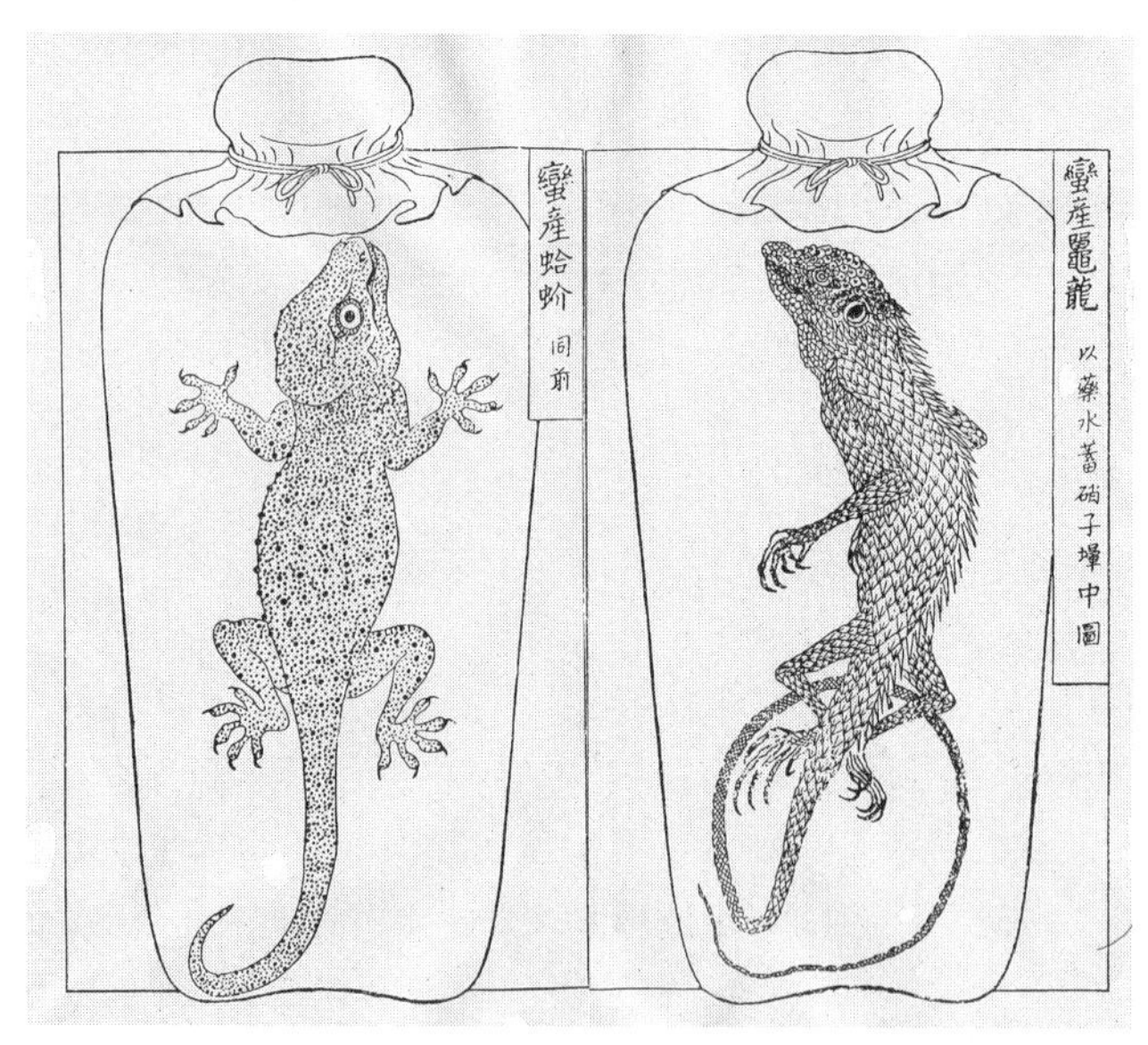

図４－12　南蛮産鼉龍と南蛮産蛤蚧
右図：物類品隲巻五産物図絵の鼉龍[1)]
左図：物類品隲巻五産物図絵の蛤蚧[1)]
両図とも薬水を以って硝子の中に蓄えた物

いう。蘇頌によれば、大江、洞庭湖に多く、守宮（ヤモリ）、鯪鯉（リョウリ）に似ていて長さは、一～一・二メートルで背や尾倶に鱗甲がある（図4－12）。この説と相符合する形は、守宮や蛤蚧（コウカイ）のように四足あり頭から尾まで鱗（うろこ）があり、三角形で非常に尖鋭である。尾の長さは身の半分で図中に詳しい。この物は、水中に住んでいて、人が舟の中から明らかにすれば、突然水中より躍り出てこれを食う。形は非常に大きいが、水を離れる時に音も無く飛び掛るので、南蛮人は非常に恐ろしいといっている。戊寅の年に、田村先生が長崎に行った際に、これを取得された。長さは、六〇センチメートル余り、薬水でガラス中におさめ、形や色は生きているようで数十年経っても腐らない。田村先生が、己卯の年の主品中に、これを持参された。

蛤蚧（コウカイ）*71　南蛮産・紅毛語ではハアガテスという。その形は守宮の如くで、又蟾蜍（ヒキガエル）に似ている（図4－12）。今薬店にあるものは、腹を割竹で張って曝乾（ばくかん）するために形状は、余り明らかではない。薬水で蓄えたものを、田村先生が己卯の年の主品中にこれを持参された。

△**蝍蛇骨**（センダコツ）*72　肥後、阿蘇郡坂梨手永尾籠村（かごむら）産の頭骨の長さは、二四センチメートル、径一五センチで背骨の径は、三センチメートル余りあり、壬午（みずのえうま）の年の、客品中に、東都の能勢氏がこれを持参した。

鱧魚（ライギョ）　別名大鳥魚、黒鯉という。和産は、無い。先輩がヤツメウナギとするのは、間違いである。東壁によれば、形は長く、体は円（まる）で頭尾に相等しい細鱗、黒色で斑点花紋があり、はなはだ蝮（マムシ）蛇に属し、舌、歯や肚（はら）、背腹があり、あごひげがあり、尾に連なり、尾に分岐がない。形状はつらなりといい、ヤツメウナギとは全く別ものである(図4－13)。中国産は江戸時代に希に渡り、楊拱(ようきょう)醫方摘要に、小児の全身に溶して痘を免れる方法がある。これは、除夜の夕暮れ時に、大鳥魚一尾小さいもので二、三尾を用いる。湯を煮て小児の全身七竅(あな)全てを浴し、これを嫌って清水で洗い去ってはいけない。もしこれを信じないのであれば、ただ片手、或いは、片足を洗わず置いてみるのが良い。痘が発出した場合に、その洗わなかった部分を見ると、全面に多く発出しているものだ。異人が伝えた事をあなどってはいけない。

魚虎　和名はハリセンボンという。所在は海の中にあり、形はフグに似ている。全身に刺があってハリネズミのようである。

海馬　和名はウミウマ、又はリュウグウノコマ、タツノオトシゴという。いたるところの海中に多

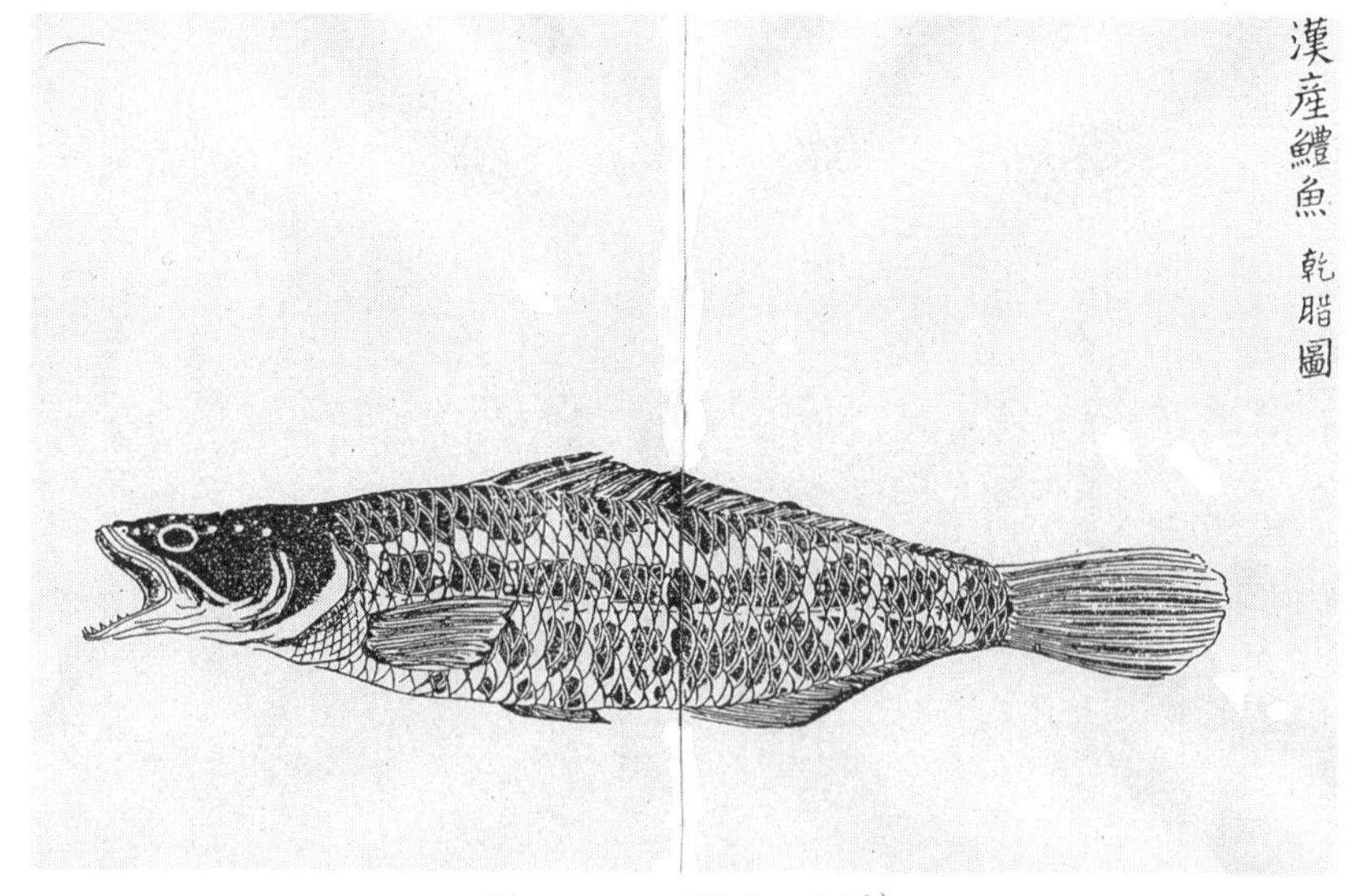

図4－13　鱧魚の図[1)]

い。相模産の一種は、全身に刺があり、赤色の物もある。壬午の年、客品中に播磨、高砂三浦迂斎（うさい）が赤色のものを持参した。

△**海牛**　和名はスズメフグ、又はイシフグといい本草原始に図がある。このもの駿河、伊豆、相模の海中に非常に多くいる。形は、三稜のものや四稜のもの。頭上に棘のあるもの無いものなど数種いる。

介部

蠵亀（ケイキ）　別名䗉鼊という。和名はウミカメで、讃岐の方言で、ガメノニュウトウといい海中にある。劉欣期（りゅうきんき）の交州記でいわれていることは、瑇瑁（タイマイ）が蚼（コウ）と蝉に似て大きさは笠のようで四足で指爪は無い。その甲らは、黒珠が有り采斑（さいはん）にして錦文に似ている。但（ただし）、薄くしてしかも色が浅く器にできないが、唯、貼つけて飾ることができる。今人々は、これを鼊皮とこの物を甲皮といい瑇瑁のようで、薄く器物を飾る。或いは薬肆（くすし）（薬屋）が亀甲と呼んで買うものもあるが、亀は石亀でありこれと混乱してはいけない。

瑇瑁（タイマイ）　日本では俗に誤って鼈甲（ベッコウ）という。鼈甲は、スッポンの甲羅で瑇瑁ではない。瑇瑁は海中に生じ形は蠵亀（ケイガメ）のようで、甲鱗のように十三片ある。漢から渡ったのが多く、婦人の頭飾りとしている。石見産で壬午の年、主品中に田村先生がこれを持参された。

牡蠣　和名はカキという。歌に須磨かしはと詠ずるは、牡蛎の房・殻である。海の傍ら所々に皆ある。多くは淡水と海水の交わる所の石に着生する。

海牡蠣　和名はオキカキで、洋海中に産するので、そのように名づける。雷学によれば、海牡蠣を使うことができる。このものは普通の牡蠣に比べれば、大きくて薬用に適している。これには二種類ある。

草鞋蠣　和名はコロヒガキという。閩書南産志によれば、又一種海中に生じる大きさは杯のようで草鞋蠣というこのものは、普通の牡蠣より大きく、形は円形でやや長く、海洋中の石に着かないで生ずるので、コロビガキという。

大蠣房　和名はオオガキという。南産志によれば、一種大蠣の房の数は倍で、五、六月があり名付けて、黄蠣といっている。これは、又海洋中に生じ形は、長さは、六〇～九〇センチに至る。以上の二種が海牡蠣である。

⿰虫雲蠣　和名はナミマムシという。保昇によると、⿰虫雲蠣がある。形が短く薬用に入らないというのは、この事である。海中の石、あるいは螺殻に着いて生じる。殻の形は円形で、石に着いている方は、非常に薄くて中に穴がある。

蚌　和名はエガイ、又はカラスガイ、エカキガイという。考えてみると、蚌は、蛤類で長いものが通称であるけれど、本草で蚌を指すものは、エガイである。琵琶湖産の大きさは、二一〜二四センチメートル余りのものもある。

馬刀　和名はトブガイ、又はミゾカイという。所々水田溝渠の泥の中に生じる、エカイと一類二種である。だから世で俗にエガイもこの物をもドブ貝、カラス貝といい、又はミゾ貝と呼ぶものは、同名二種ある。予が著わした日本介譜中に詳しく述べている。

蜆　和名はシジミで淡水、塩水も皆ある。琵琶湖産は、他の所のものと比べると、殻が厚く形も異なる。古歌には堅田の蜆を歌っているが、今の堅田には希で、勢田に多く方言でゼゼ貝という。或いは、いわれている勢田は膳所(ぜぜ)に近いので、ゼゼ貝という。又この貝の大きさは銭のようで、ゼゼは銭の俗称でだから銭貝が転じたものである。考えてみると、上の説はこの事に近い。

石決明　和名はアワビで、その所在は海中で石に着生する。

△**鰒魚(アワビ)**　和名はトコブシといい、石決明と一類二種である。その状態は殆ど差が無く、石決明の大きい物は、三〇センチメートルに近いが、鰒魚は六〜九センチメートルに過ぎない。その形は石決明に比べると、殻が薄く形は痩せている。石決明は、七、八孔あって九孔のものは希であるが、鰒魚は七、八孔より十一、十二孔の物がある。蘇頌によれば、鰒魚、即ち王莽(おうぼう)が嗜(このむ)所の者で一辺が石に着き光るさまは愛すべし、自らこれは一種決明に近い。東壁によれば、鰒魚は一類二種であるから効用は同じである。この二説は、石決明と鰒魚であることは間違いない。和名が千里介という

ものがある。これは、石決明と鰒魚の類である。形が相似し、孔が無く、尻に曲がりがあり紀伊、熊野の海中に生じ千里光とは石決明の殻でこれとは別である。

貝子　和名タカラガイ、又はコヤスガイといい所々にいる。とりわけ琉球、薩摩、紀伊、八丈島から取れるものは上品なものが多い。大きいものは、九センチメートル位になる。爾雅*73及び漢の朱仲の相貝経にある形では、名前が異なる。その品類が多く、今また数百種あり、形状や色取りを枚挙することはできない。古くは貝そのもので交易をしている。だから実の字、及び売り買いの字など皆貝に従う。秦では貝をやめて銭で行い、咬留吧*74のベンガラの海島では、貝で交易をおこなった。名をカウルスと呼んでいる。

紫貝　即ち貝子と一類別種である。相貝経に状態は、赤電黒雲のようで、人々はこれを紫貝という。そうではあるけれど、陸機詩疏は、紫貝の質が白いことは玉のようで紫点文にする。蘇頌の説もまたその通りである。だから東壁は相貝経の説を採用しないが、此の物は琉球及び紀伊、熊野から取れるものの大きさは、九〜一二センチメートルとなり上品なものは玉のようである。考えてみると、紫貝またの名を砑螺という。蘊頌によれば、書家が物を磨くのに用いるから名づけて砑螺という。閩書南産志*75で示されているのは、紫貝は紫で斑点があり俗にこれを砑螺といい、紙を磨いて光らせ字を書くときに使う。これが砑螺の別の名であることは明らかで、怡顔斎介品*76でいう福州が志を引いて砑螺をつめた貝とするのは誤りである。

△**海鏡**　綱目の海月付録にでている。別名膏薬盤(こうやくばん)で、和名は板貝、又はトウカガミ貝、マド貝、トウロウ貝いう。中国産が長崎に持参され、形は円くて薄い。外側は滑らかで日に当てると透明で雲母に似ている。中国の人はこれを磨いて燈毬(とうきゅう)とした。漳州府志(しょうしゅうふし)によると、土地の人が鱗を使って天窓とした。雌鳥羽にかさねて引き窓とすると、光が引かれ雨を防ぐからである。大和本草では海鏡を月日貝としているが、但しその説は本草では全てが合わない。怡顔斎介品ではこれを月日貝と決定したが、大きな誤りである。

△**壁虎魚**　和名はクモカイという。中山伝信録*77によれば、螺殻上に五、六枚の爪を生じ、形は壁虎のようで名前を壁虎魚(ヘキコ)という。琉球産は壬午の年、客品中に浪速の渡部主税がこれを持参した。

獣　部(11)

△**水鼠**　綱目の鼠附録にでている。和名はカワネズミという。東壁によれば、鼠に似て菱(ひし)、芡(けん)、魚、蝦(えび)を食物とするのはこれである。上野、横川産を壬午の年、客品中に信濃、飯山の高木竹菴がこれを持参した。

△**鼷鼠**　鼠附録にでている。和名はキネズミという。郭璞(かくはく)は〃鼠同穴山は今の隴西(ろうせい)、首陽山(しゅようざん)西南

にある。ここに棲む鳥を鴂という。形状は家雀のようで黄黒色である。そこに住む鼠を鼵という。形状は家鼠のようで、色が少し黄色で尾が短い。鳥は穴の外に居り、鼠は穴の内にいる。〃といった。このものは山中に産し、形状は鼠のようで黄赤色で背は黒く、大きさは二寸余りで、尾の長さは一寸で、毛が多く通常の鼠と尾が異なる。肥後、熊本侯、珍蔵が壬午の年、客品中にこれを持参した。

△**香鼠**　和名はジャコウネズミという（図4－11）。長崎産で田村先生が己卯の年、主品中にこれを持参された。その大きさは、三寸余りで香気はほぼ麝（ジャコウジカ）に似ている。松岡先生によると、長崎後藤町にこの鼠が多く、居る処は、常に香気があって、日本ではこれをジャコウネズミと呼ぶ。シャムロ船が来る時この鼠が船に入り込んでいて、今その種が繁殖したものでこれが、地志に掲載されている香鼠である。

文　献

（1）入田整三：平賀源内全集上、平賀源内先生顕彰会、東京（一九三二年）頁一－一七六・
（2）山田龍雄、飯沼次郎：農業全書巻一－五（宮崎安貞著）、日本農業全集一二巻、農山漁村文化協会、東京（一九九一年）頁一－三一八・
（3）山田龍雄、飯沼次郎：農業全書巻六－一〇（宮崎安貞著）、日本農業全集一三巻、農山漁村文化協会、

東京（一九九一年）頁四一七‐四一九・

（4）入交好修：清良記‐親民鑑月集、御茶の水書房、東京（一九五五年）頁二六‐二六一・

（5）古島敏雄：百姓伝記（下）：岩波書店、東京（一九七七年）頁一九七‐二一三・

（6）山田龍雄、飯沼次郎：会津農書・会津農書附録（佐瀬与次右衛門著）、日本農業全集一九巻、農山漁村文化協会、東京（一九八二年）頁五‐一〇・

（7）木村康一：國譯本草綱目第七冊、春陽堂書店、東京（一九七三年）頁七〇‐八七、頁四一三‐四二六・

（8）木村康一：國譯本草綱目第九冊、春陽堂書店、東京（一九七五年）頁一一三‐七一四・

（9）北村四郎、塚本洋太郎、木島正夫：本草図譜総合解説第三巻、同朋舎出版、京都（一九八六年）頁一五〇六‐一六二三・

（10）木村康一：國譯本草綱目第十冊、春陽堂書店、東京（一九七六年）頁四〇三‐六三二・

（11）木村康一：國譯本草綱目第十二冊、春陽堂書店、東京（一九七七年）頁四〇〇‐四一五・

＊1　「本草綱目」の著者、李時珍の字。

＊2　「本草綱目」巻乃一の中で〝生物にはオスとメスがいる等〟自然の真理を論じている部分。

＊3　唐初の学者（五八一年～六四五年）「漢書」の注釈を書いた。

＊4　近世異国より来たので、日本では俗に大唐米と言い、西の地方で俗にとうぼしという。色が赤く小粒

で、ご飯にすると粘りが無く、味が淡白で消化し易い性質がある。痰多く消化の悪い人のご飯として適している。

*5 はとむぎには二種類ある。穀実が細長く、皮が薄く、炊いた時に白く粘りがあって、糯米のようになるものが本物のはとむぎである。薬用にも用いられる。穀実が丸くて、皮が厚く、中身が少なく硬いものもあるが、これは植えてはいけない(2)。

*6 周の憲王が著した。

*7 はとむぎと同属の宿根性野草である(2)。

*8 えんどうは二、三月に播くというが、これも八月に播いて、冬の寒さを経過してから開花し、早春にすべての豆類に先立ってとれる実を賞味するのである。また多く植えておき、春になってその茎葉を水田の肥料にすると、たいへん肥効のあるものである。ことに苗代の肥料としては、このうえもないものである。

*9 牧野によると、大根は元来欧州方面の原産であるが、その昔それが中国に入り、それからわが国につたわり、今日では世界中で、日本が最も発達した国となっている。その巨大なものに桜島大根の如きものがある(7)。

*10 二月に種子を播き、四月に苗が大きくなったころに移植するのもよい。ちょうど野菜のなくなったころに採れるので、色々な料理に用いられる。四季を通して絶え間なく採れるので、フダンナと名づけ

られた(4)。

＊11 四季を通じて種子を播き、若いうちに葉を食用にするが、いつも柔らかで胃腸の通じを良くするので、色々な料理に用いられる。

＊12 味は少々苦く甘い。料理にするさいは、葉を取ってゆでて、ひたし物、あえ物、汁物などにするとよい。便秘をなおすのによい(2)。

＊13 「本草綱目」から考察すると、花の白いものを薬用とするようである。ゆりの根を取って用いる場合、外のほうから鱗片をかきとって食用とし、内側を三分の一程度残して、それを植えると次の年からだいたい前年のように大きくなる(2)。

＊14 なすには、紫色、白色、青色の三色がある。また、丸いものや長いものがあるが、丸くて紫色のものを作るとよい。その他の種類は品質が劣るからである。丸いものは、味が柔らかで、果肉がしまっているから、料理に用いるときに煮崩れしない(2)。

＊15 ウリ科の一年生野菜。へちまに似た黄色い花をつけ、果実は球形、又は楕円形で長さは三〇～四〇センチメートルになる(2)。

＊16 へちまは、果の若いうちは料理に使う。また漬物にすると大変美味しい。老熟して皮が厚く硬くなったら、干して、その後に水につけておけば、果肉は腐って取れ、繊維だけ粗い布のように残る(2)。

＊17 時珍によると、苦とは味でもってつけたもので、瓜及び茘枝（れいし）、葡萄というのは、いずれも実、及び

茎、葉が似ている所からの名称である(8)。

＊18 「木の実である。小さい瓜のようで酸味で食べる。」とあって木瓜と言う名称は、この意味を取ったものだ(9)。

＊19 胡桃は、わが国ではテウチグルミのことで、〃権六クルミ〃は、テウチグルミとヒメグルミかオニグルミとの雑種と思われる。「本草綱目啓蒙」に「一種奥州会津、大塩村に権六クルミと伝あり。核小にしてオジメとなすべし。甲州にもこの種あり」とある(9)。

＊20 日本産は無いが、橄欖科リョクラン：*Canarium album,* Raeush.：［Burseraceae］の誤りと思われる。オリーブ樹：*Oleum europaea* L,：［Oleaceae］を橄欖とするのも誤りで、Chinese Oleveと呼ぶ。

＊21 婆羅門とは西域の国名。

＊22 波斯とは西南夷の国名。

＊23 「本草拾遺」の著者、唐の陳藏器のこと。

＊24 印度原産。現在も中国南部で栽培されている(9)。

＊25 時珍は、桂海志の「広西に産する。殻は長さ数寸、肥梍、及び刀豆のようで色は正丹色、内に二、三子あって煨(わ)いて食えば甘みがある。」を引用している。これを「本草綱目啓蒙」ではチョウセンモダマにあてたが、これはタマリンドではない。タマリンドの漢字は羅望子、酸角である(9)。

＊26 タマリンドの果実は完熟すると果肉の細胞壁が粘化して紅褐色の果泥となる。果泥は、シュウ酸、ク

エン酸、酒石酸、ブドウ糖や果糖を含み清涼緩下薬として利用されている。熱帯地方の住民は果泥を酸味料として食品の調味料にする(9)。

＊27 「海薬本草」の著者、唐の李珣のこと。

＊28 チャの種子を播くとその中からでる。種子のできないものと種子の僅かにできるものとがある。体細胞染色体数四五。タンニンが多く、苦くて緑茶には適さない(9)。

＊29 瓜には大きいものや、小さいものがあり、小瓜は甘いが、大瓜は甘みが少ない。まくわうりは、あまうりとも、唐うりともいう(2)。今日のまくわうりは、明治に渡来した金まくわだが、当時の「甜瓜」は銀まくわ、甘露の類である。

＊30 マッカ類は、中国や朝鮮のものも度々伝来し、メロン系のものとの交配によって、品種改良され現代のものは、江戸末期のものと大きくちがう。東洋のマクワウリは、北支で長く栽培され多くの品種が出ている。この北支のマクワウリが古くから日本に入りナシウリ、キンウリの二系統は明治以降に導入された。東洋のマクワウリは、従来から三系統に分けられた。ナシウリ(外皮乳白色、果肉は緑白色)、キンウリ(外皮黄色で果肉白色)、マクワウリ(外皮黄緑色で果肉緑色)でそれぞれ交配され多くの品種郡が出来上がった。図の左側は、きんまくわ、右側は、ぎんまくわ(9)。

＊31 西瓜は水が多いものだから水瓜というのではない。これは昔西域から出たものなので、西瓜という名がついたものである。西瓜は昔、日本になかった。寛永の末に初めて種子が渡来し、その後ようやく

各地に広まったのである（2）。

＊32 （*Cinnamomum cassia* Blume.）（クスノキ科：Lauraceae）の樹皮または周皮の一部を除いた樹皮。

＊33 西番、番は、明代から中華民国期にかけて、甘粛・四川・雲南地方の中国人が、隣接するカム地方のチベット人を指して用いた蔑称。

＊34 チャンパ王国（ベトナム語：Chăm Pa、日本語読み：しんろう一九二年－一八三二年）は、ベトナム中部沿海地方（北中部及び南中部を合わせた地域）に存在した、オーストロネシア語族を中心とする王国。

＊35 胆八樹（ホルトノキ）植物分類、ホルトノキ科ホルトノキ属、園芸分類、常緑高木。原産地、日本（千葉県以南）台湾／中国南部／インドシナ半島。七、八月の頃、凡そ二寸ほどの総状花叢（そう）をなし、楔形（くさび）の花弁は上部が細く、殆ど白色に近い淡黄色を呈する花を開く。この花の有する萼（がく）は披針形、果実は核果にして楕円形。

＊36 科名：トウダイグサ科／属名：トウダイグサ属、生薬名：続隋子（ゾクズイシ）／学名：*Euphorubia Latyhris L.,*：南ヨーロッパ原産、主に関東以南の暖地で栽培されている。ホルトソウは、天文年間の一五三二年～一五五五年に渡来したという。ホルトノアブラとは、ポルトガルから輸入されたオリーブ油のことで、ホルトソウの種子から偽製した。

＊37 科目：ユリ科*Liliaceae* 学名：*Aloe ferox* MILL.,：または：*A.africana* MILL.,：spicata BAK.との雑

種、葉から得た液汁で盧会の盧は黒いという意味である。この木の樹液を黒くして集まって固まりやすく、黒くなるところから盧会という名称を持つ。

＊38　大清一統志＝中国、清代の全国地誌のこと。

＊39　瓜哇（元代のジャワ島の呼び名）、三仏斎（マラッカ海峡の王国）。

＊40　かぶとがに。

＊41　采玉器の玉器は、ヒスイなどを含めた半透明で淡緑色・淡灰色の宝石。

＊42　アダン（阿檀）：*Pandanus odoratissimus,*：はタコノキ科の常緑小高木。亜熱帯から熱帯の海岸近くに生育し、非常に密集した群落を作る。時にマングローブに混生して成育する。

＊43　中国原産。各地で栽培される小高木ミカン科ゴシュユの果実。ミカン科（Rutaceae）呉茱萸：*Evodiarutaecrpa Hook. fil. Et* Thoms.,：。

＊44　「唐本草」の著者、唐の蘇恭のこと。

＊45　「名医別録」の著者、梁の陶弘景のこと。

＊46　「図経本草」の著者、宋の蘇頌のこと。

＊47　木患子、子が患うことが無い樹の意味である。山地に生え、一五～二〇メートルになる落葉高木、偶数、羽状複葉の葉は長く五～一五センチメートルで互生し、四～八対小葉には鋸葉はなく、雌雄同株で、六月には黄緑色の小花が円錐形に集まって枝先に咲く。

＊48 「本草衍義」の著者、宋の宗奭(そうせき)のこと。

＊49 荊瀝の効果は、大抵竹瀝と同じく、胸中の熱を除き、風痰を去る要剤である。気虚があって食を取ること出来ないものは竹瀝を用い、食が充実している者には荊瀝を用いる。熱多き者には竹瀝を使う。

＊50 唐代七世紀後半頃の医学書「延年秘録」の中で、丹溪の説によって医者が各々の好むことに従って、治療をするということ。

＊51 江戸時代中期の本草学者。京都の人。名は如圭、字は希南。如亭、復所と号す。江村毅庵の次子。兄青郊が丹後（京都府）宮津青山藩を致仕したため、跡を嗣いだが、父兄に先んじて没した。

＊52 明の高濂が編纂し撰りすぐった、心身を健全に保つ一九巻からなる百科全書的な内容である。

＊53 アカネ科の常緑小低木。中部以西の山地に自生。高さは約六〇センチメートルで、葉は小卵円形。多くの小枝を分かち、葉腋に鋭い長いとげをもつ。初夏、花冠が四裂する白色漏斗状の花をつける。

＊54 類聚国史は、編年体である六国史の記載を中国の類書にならい、分類再編集したもので、菅原道真の編纂により、八九二年（寛平四年）に完成・成立した歴史書である。

＊55 一六六四年～一七〇〇年江戸時代前期の儒者。寛文四年生まれ。貝原楽軒の長男。叔父貝原益軒の養子。益軒とともに筑前福岡藩につかえる。藩命で益軒の「筑前国続風土記」編集を助けた。

＊56 平賀源内のこと。

＊57 ガガイモ科の蔓生多年草の事。

＊58　枝をよじ登る花の事。

＊59　中国、宋代の梵漢辞典。七巻。南宋の法雲編。一一四三年成立。仏典の重要な梵語二千余語を六四編に分類し、字義と出典を記したもの。二〇巻本もある。

＊60　大唐西域記（だいとうさいいきき）とは、唐僧玄奘が記した当時の見聞録・地誌である。六四六年（貞観二〇年）の成立。全一二巻。玄奘が詔を奉じて撰述し、一緒に経典翻訳事業に携わっていた長安・会昌寺の僧、弁機が編集している。

＊61　てんかけみそとは、淡竹や苦竹の茎（竹桿）の節孔の中に、病的に生成した塊状物質を、取り出したものである。しかし天然のものは得難いので、今は人工的に竹桿を加熱して、竹節中に竹瀝を出させて自然に凝固した物を、天竹黄としている。加熱方法によって黒色になったものや、泥が混じったものは劣品とされる。

＊62　今の交州以南で、南洋等の諸外国を指す。

＊63　許慎（きょしん）（五八年?～一四七年?）は、後漢時代の儒学者・文字学者。許沖の父。最古の部首別漢字字典『説文解字』の作者として知られる。略歴[編集]。『後漢書』儒林伝によると、姓は許、名は慎、字は叔重。

＊64　現在でも、瀬戸内海に面した庵治町や高松市の漁師の網にマンモスやナウマン象の骨や歯がかかり一部はネットオークションなどで取引きされている。

＊65　本草彙言の作者、倪朱謨は字を純宇といい、銭塘（今の浙江省杭州）の人である。

＊66　恐らくアジアマンモスのステゴドンであろう(10)。

＊67　王子律の薬性纂要のこと。

＊68　陳自明の用語解説―中国、南宋時代の臨床医家。生没年不詳。字は良甫。臨川（江西省）の人。三代にわたって医を業とした家に生まれ、建康府（南京）の医学教授となった。後世に大きな影響を残した。

＊69　紫梢花：淡水産の海綿体の繊維を粉末状にしたもの。塗布により痒みを生ずる。

＊70　長江わに。

＊71　かえるとかげ。

＊72　にしきへびの骨、うわばみの骨。

＊73　中国最古の類語辞典・語釈辞典。儒教では周公制作説があるが、春秋戦国時代以降に行われた古典の語義解釈を、漢初の学者が整理補充したものと考えられている。訓詁学の書。『漢書』芸文志には三巻一九篇。

＊74　当時オランダ東インド会社のアジアにおける本拠地であったバタヴィア（現ジャカルタ）の古名で、近世日本では同地をこのように呼んでいた。

＊75　何喬遠著、『閩書』中の『南産志』、（一七五一年）。

＊76　怡顔斎介品、二巻、松岡玄達著、一七五八年出版は、一七五八年だが著者の序文は元文五年（一七四

〇年）であり貝について述べられている。

＊77 中国の地誌（「中山」は琉球の異称）六巻。徐葆光（じょほうこう）著。一七二一年成立。前年に清の外交使節として訪れた琉球の見聞を、皇帝への報告書としてまとめたもの。琉球の研究資料として知られる。

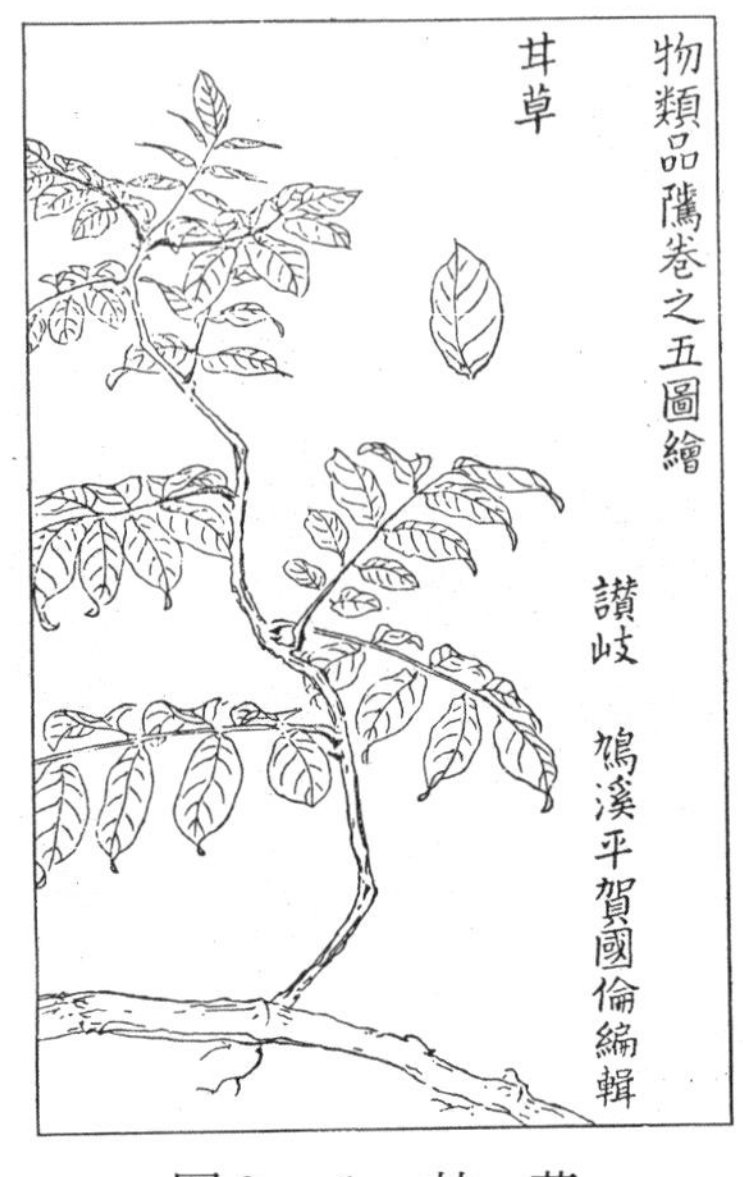

図3－1　甘　草

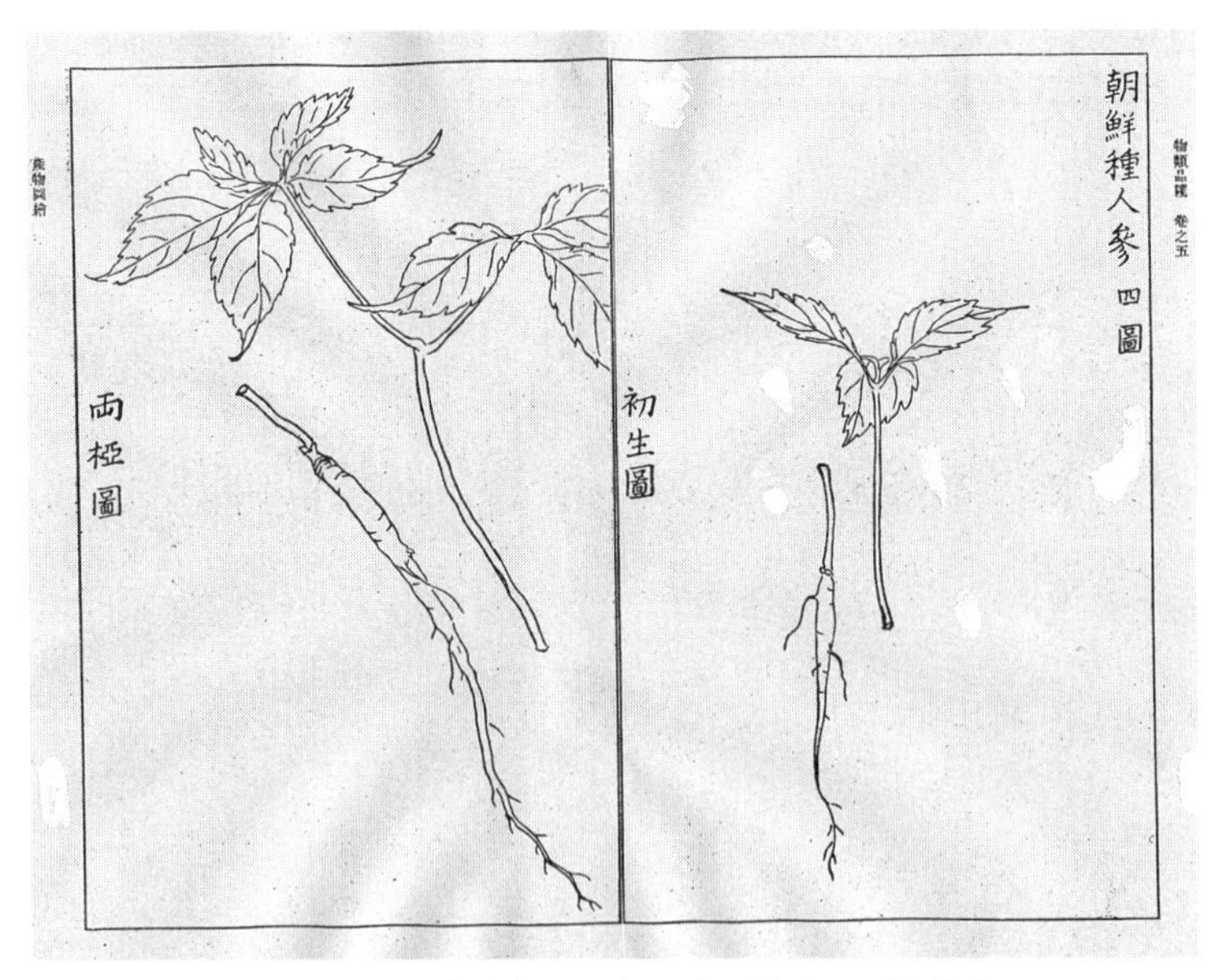

図6－2　朝鮮種人参、初生図と両椏図

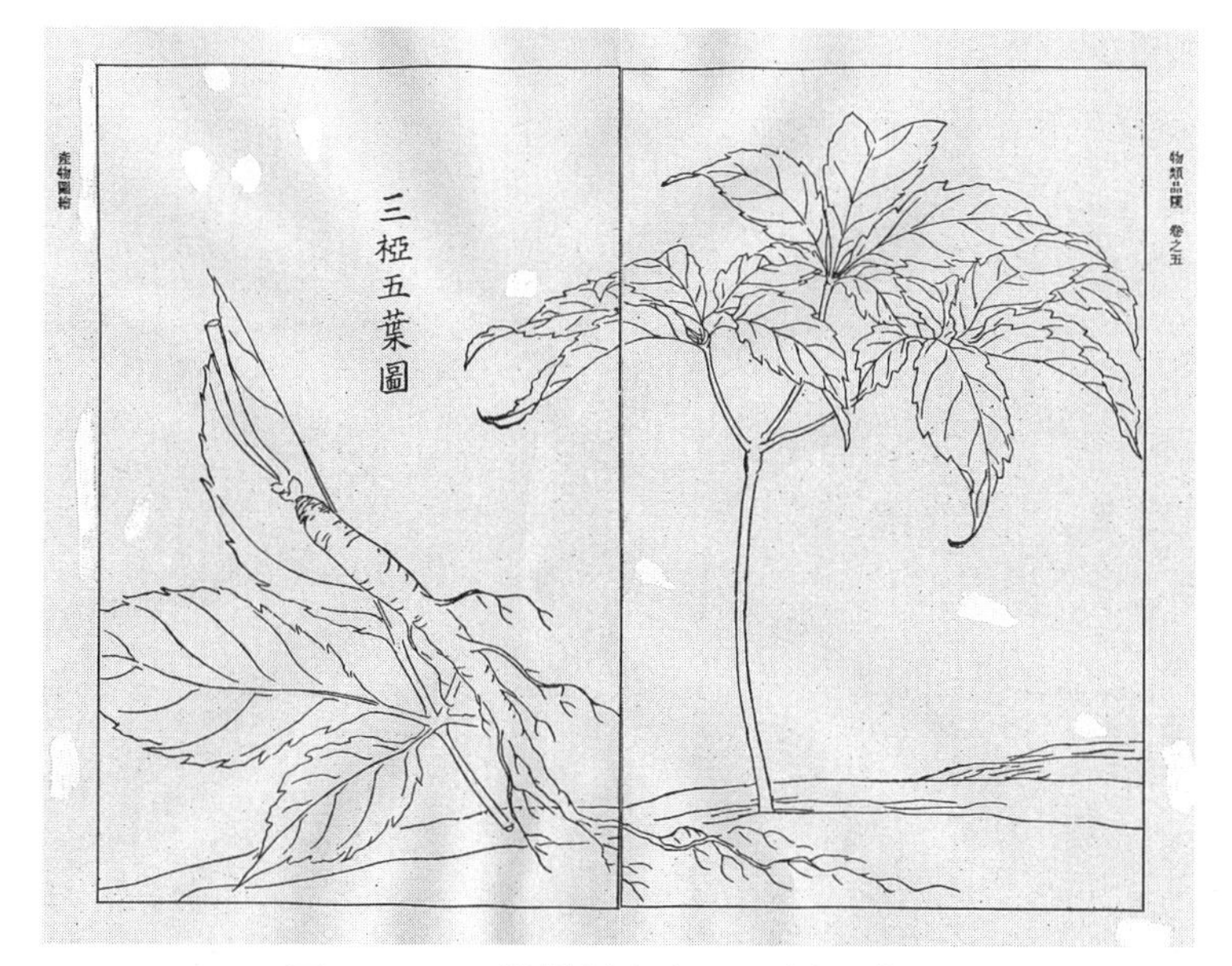

図６－３　朝鮮種人参、三椏五葉図

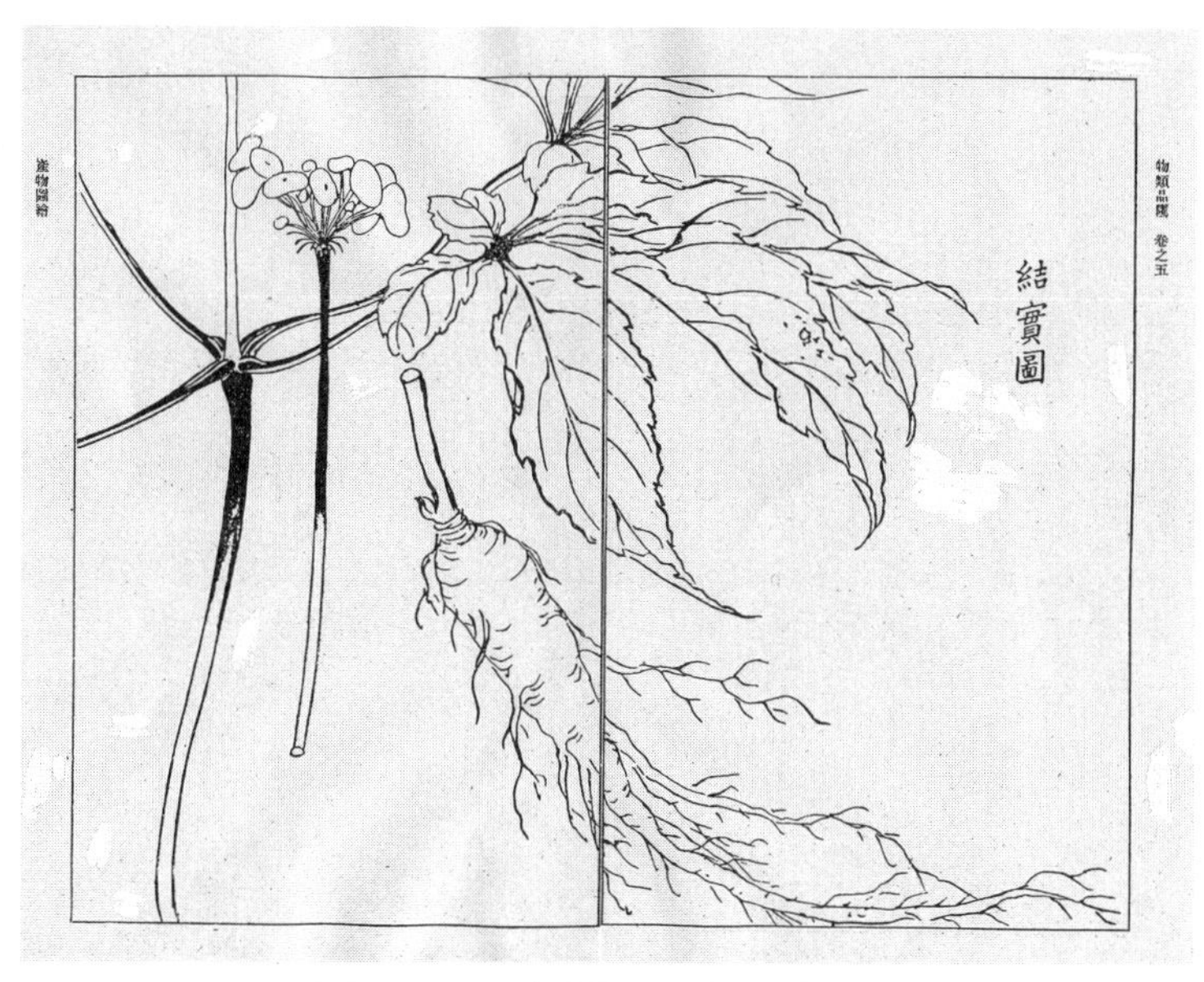

図６－４　朝鮮種人参、結実図

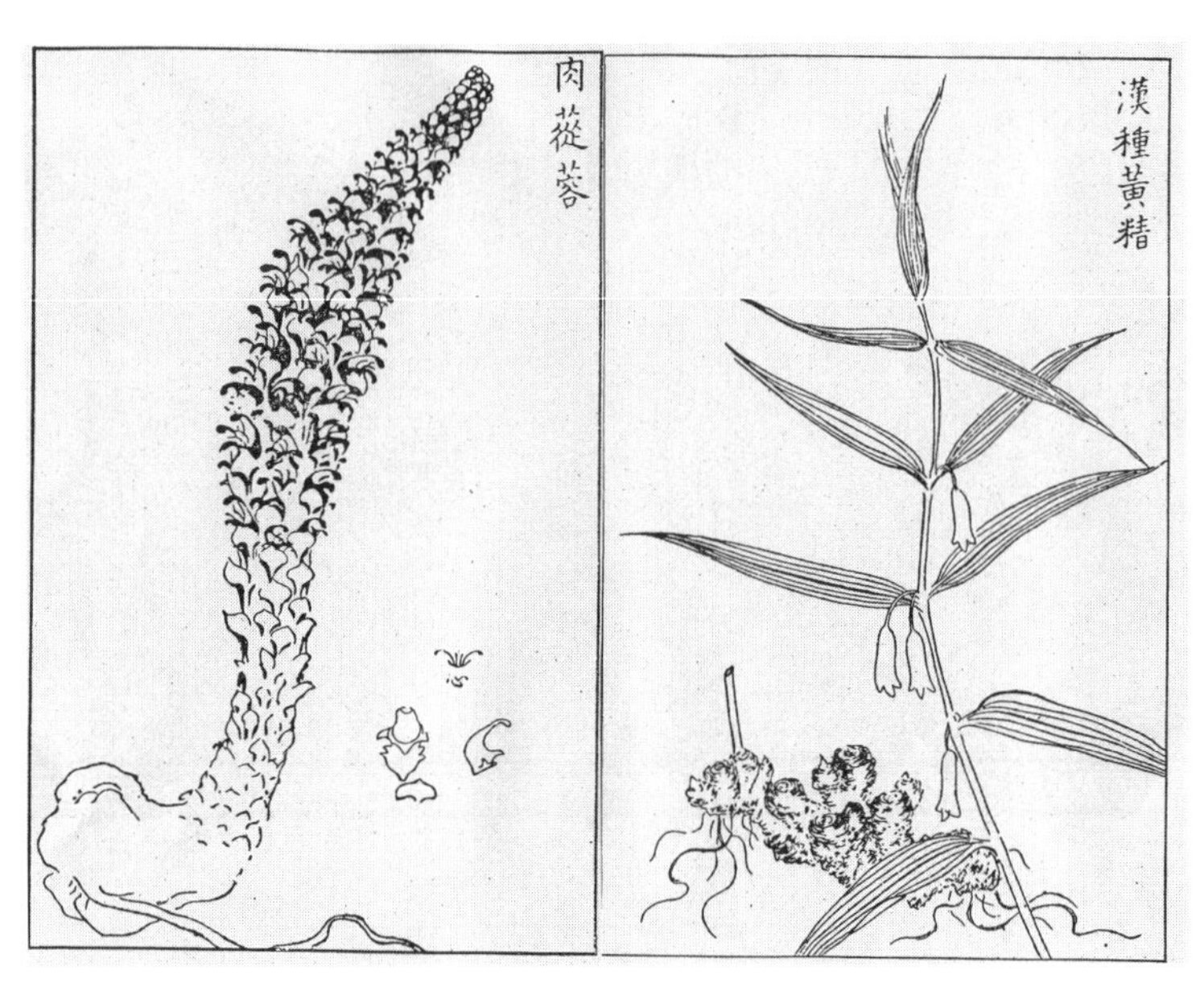

図３－５　肉蓯蓉と漢種黄精

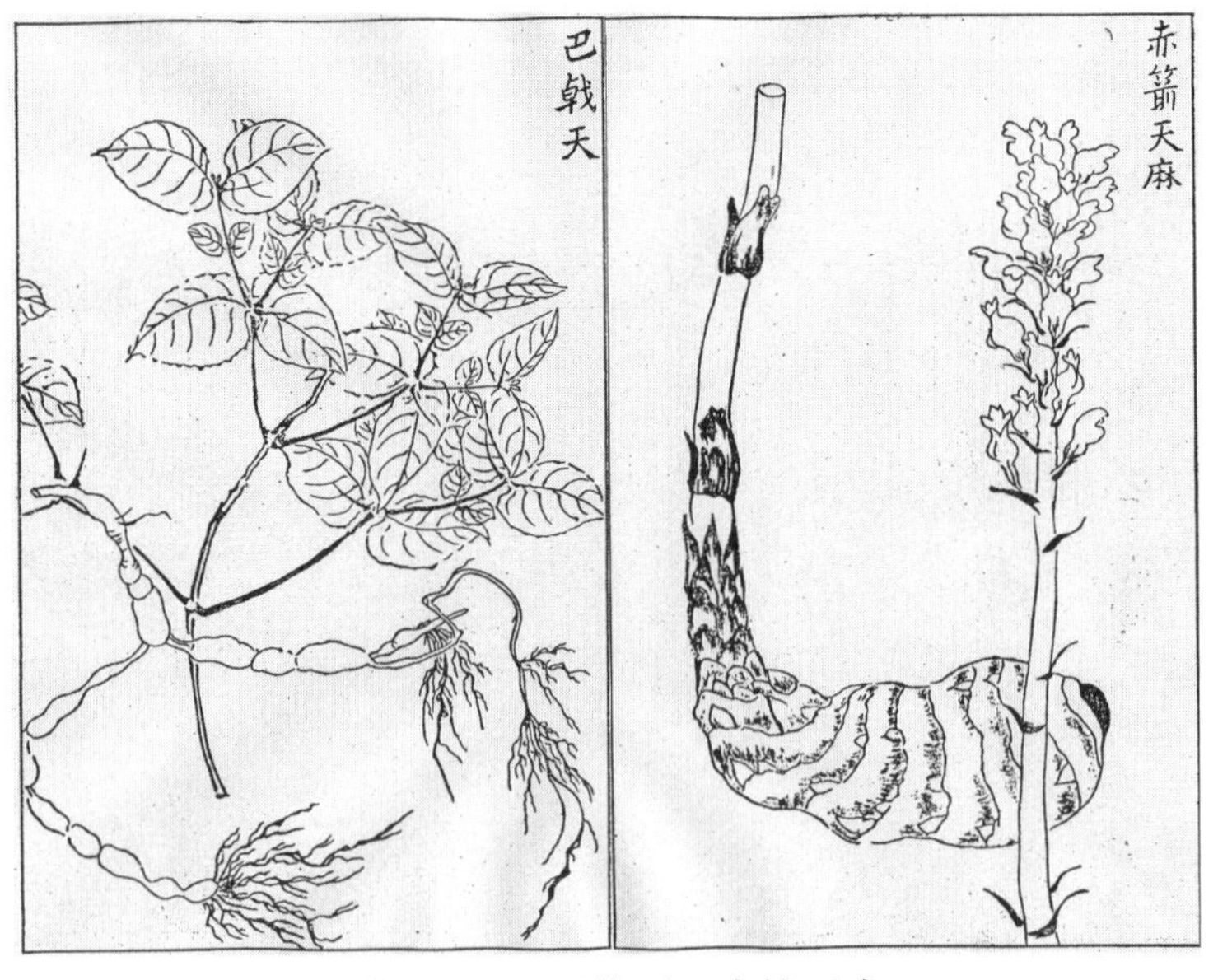

図３－６　巴戟天と赤箭天麻

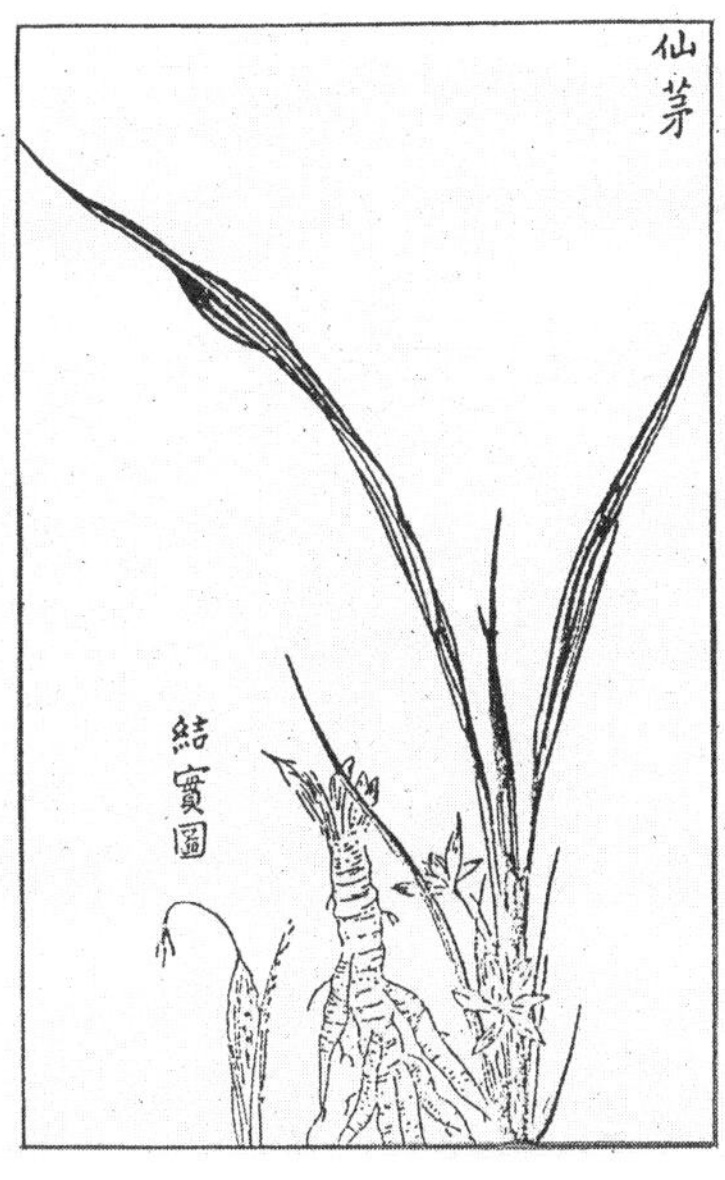

図３－７　仙　芽

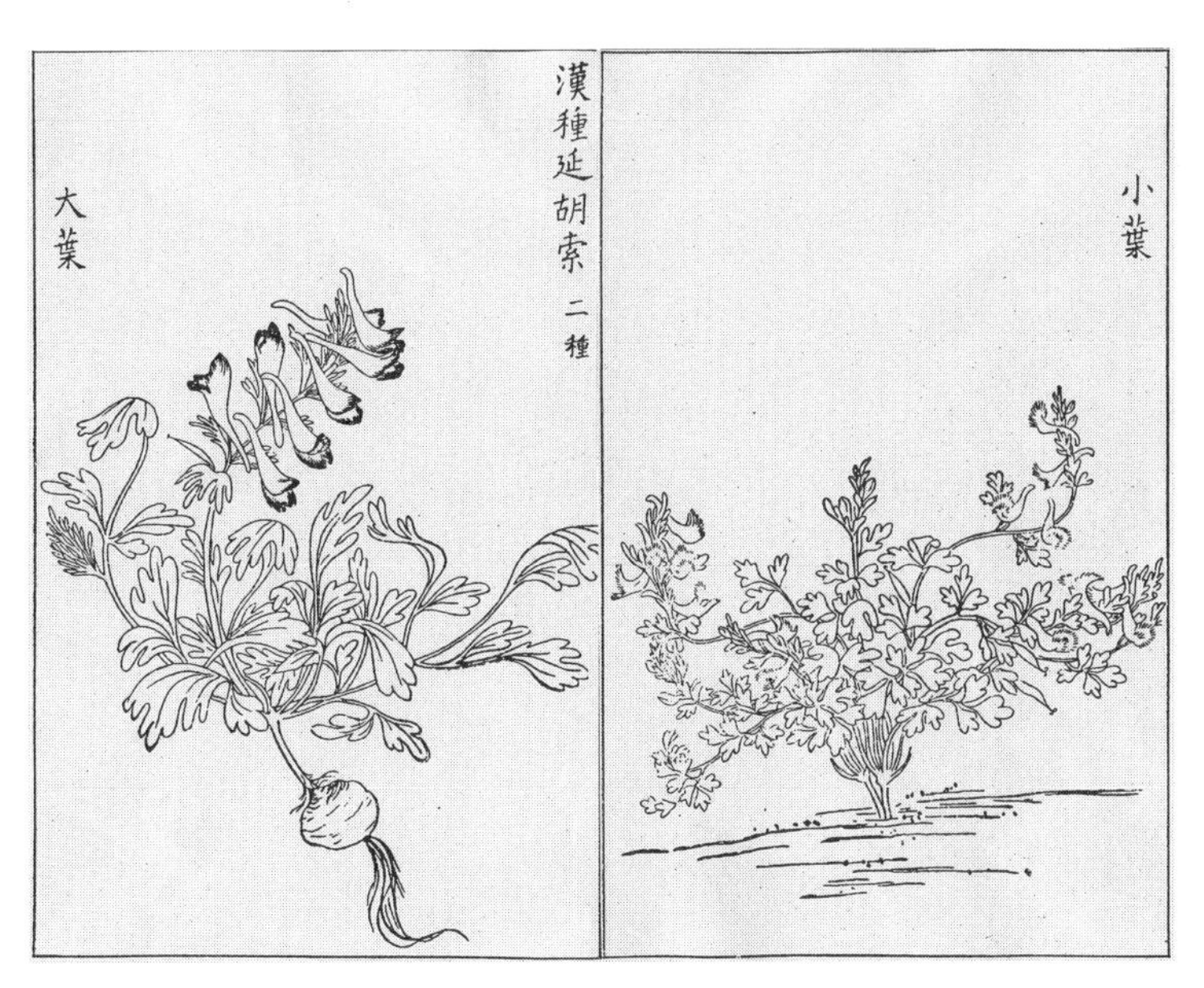

図３－10　漢種延胡索

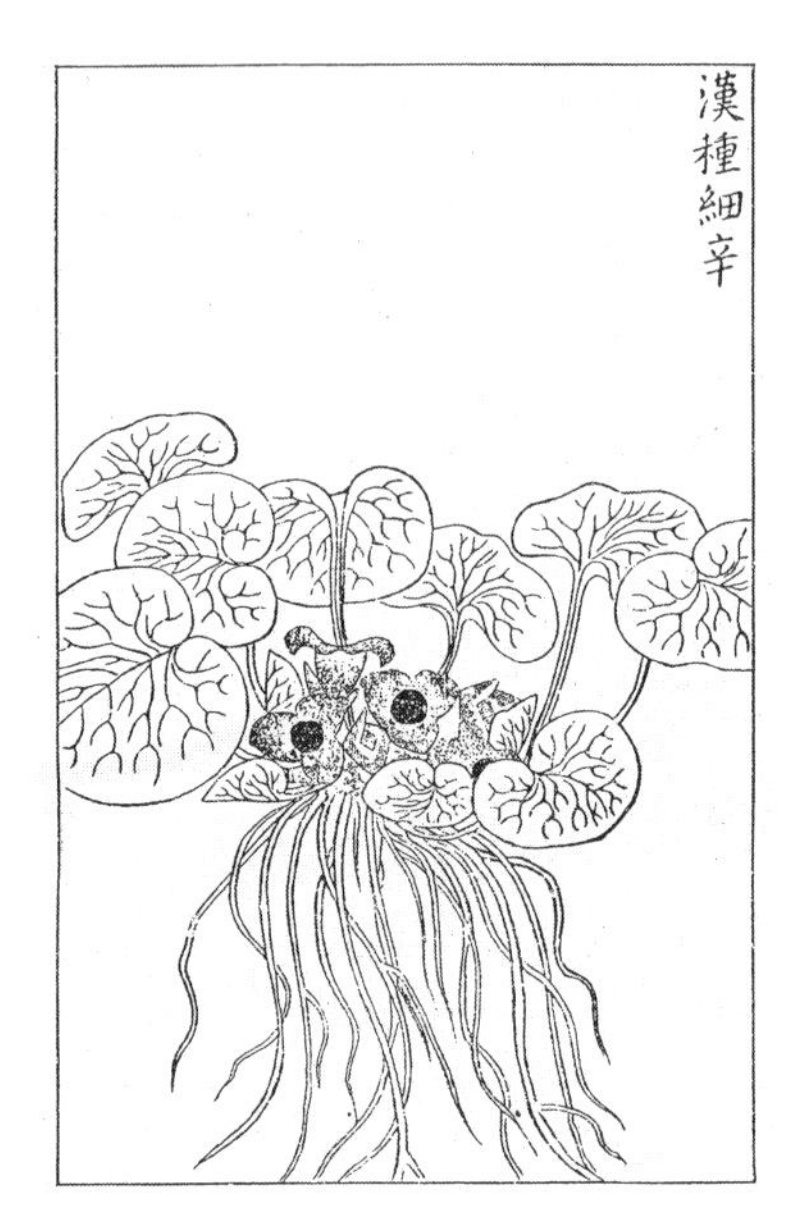

図３－11　漢種細辛

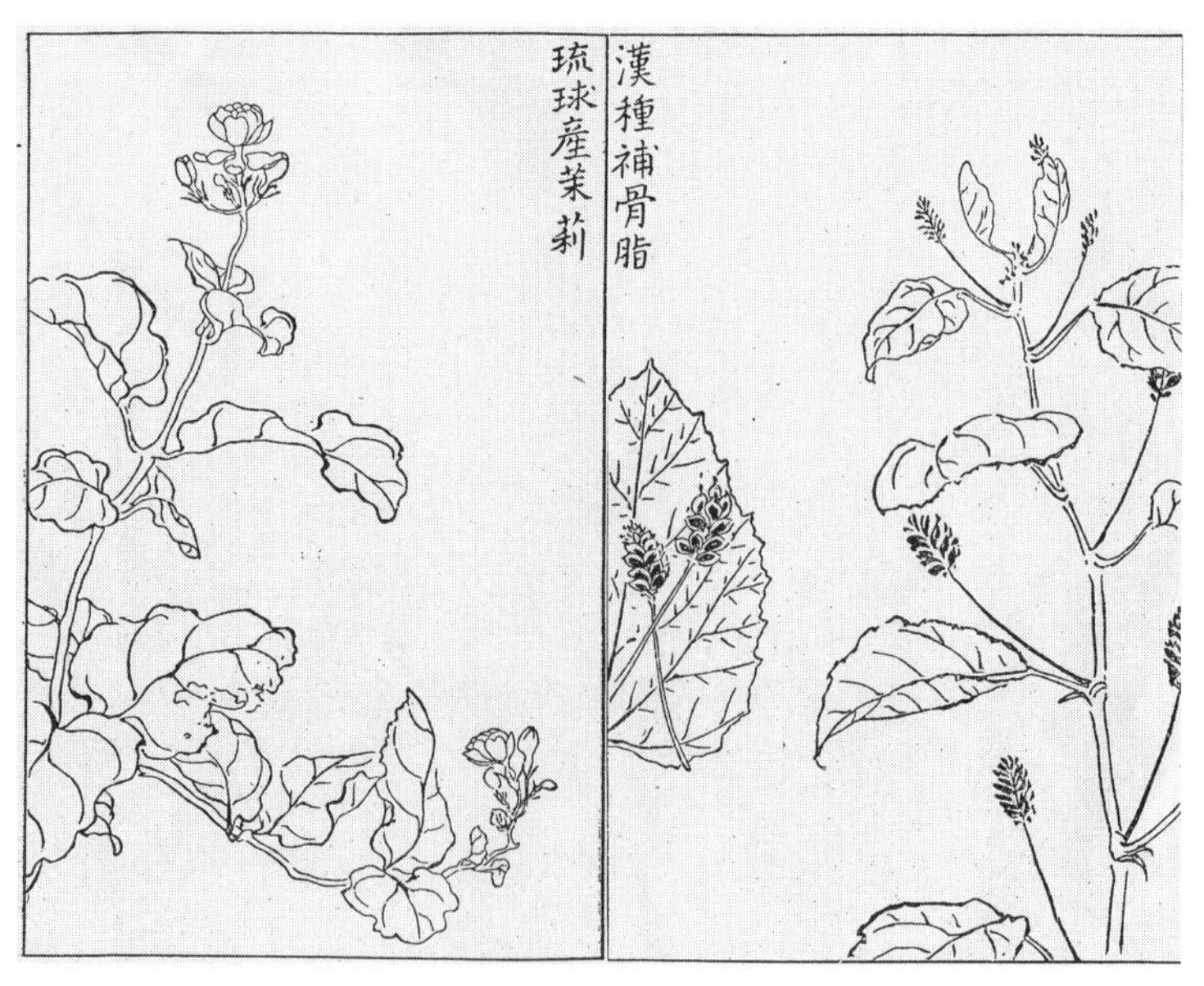

図３－12　漢種補骨脂と琉球産茉莉

「物類品隲　巻乃五」

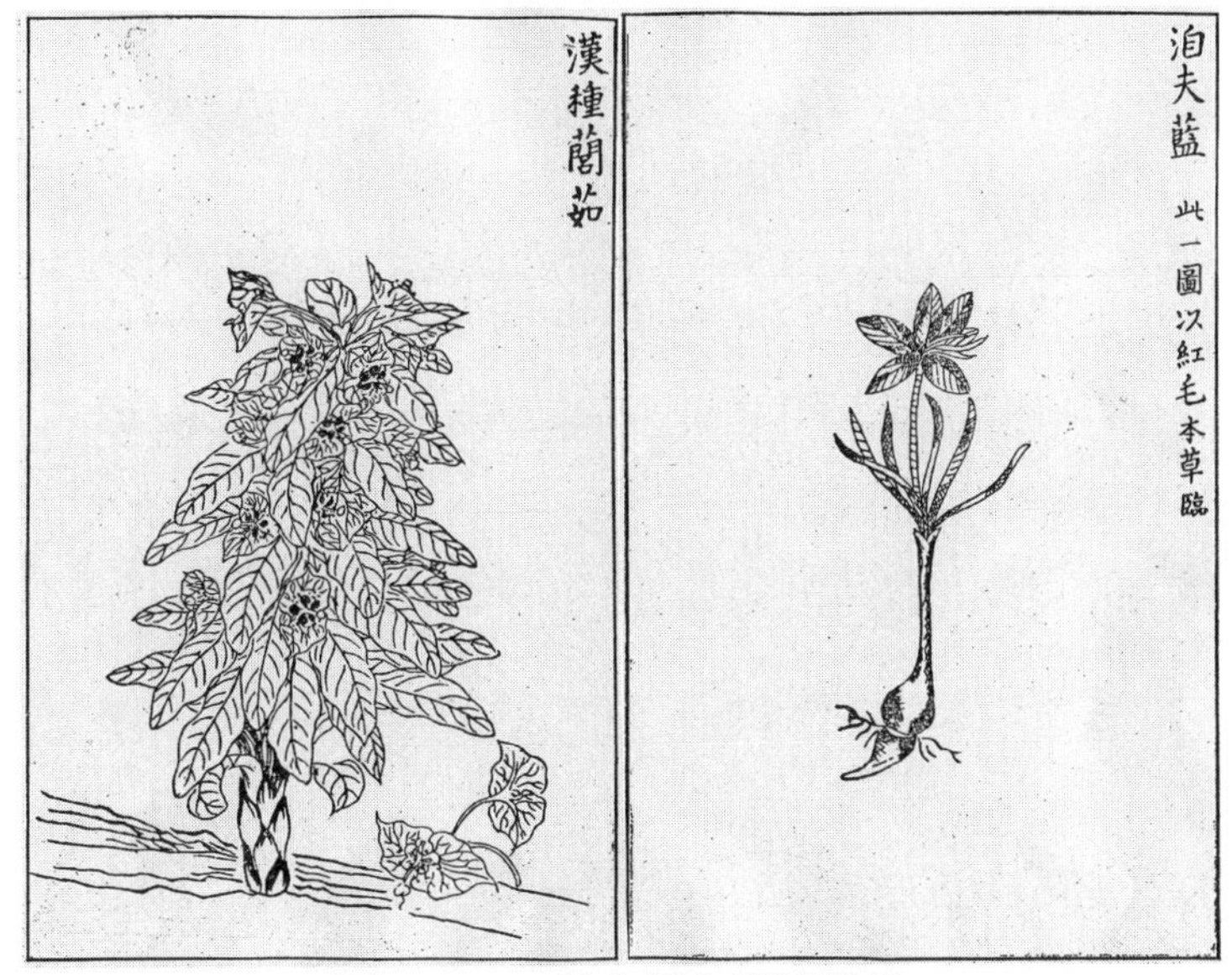

図３－13　泊夫藍と漢種藺茹

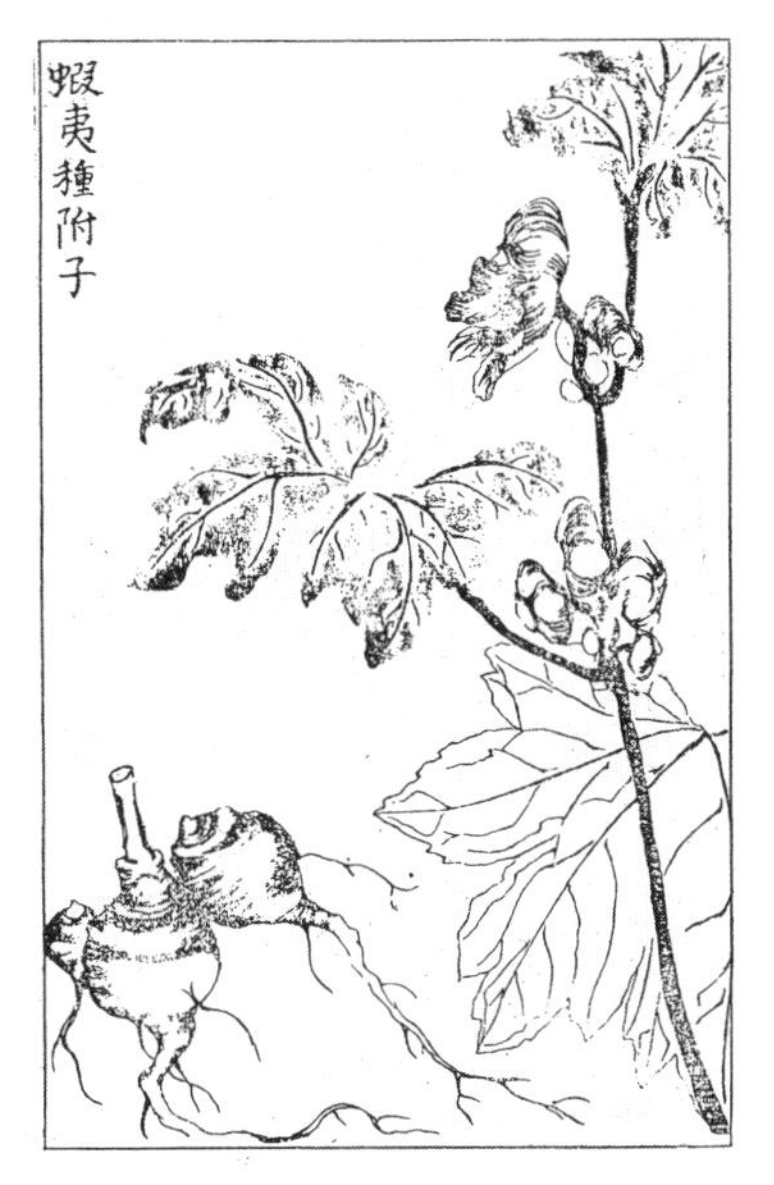

図３－14　蝦夷種附子

図３－15　漢種使君子

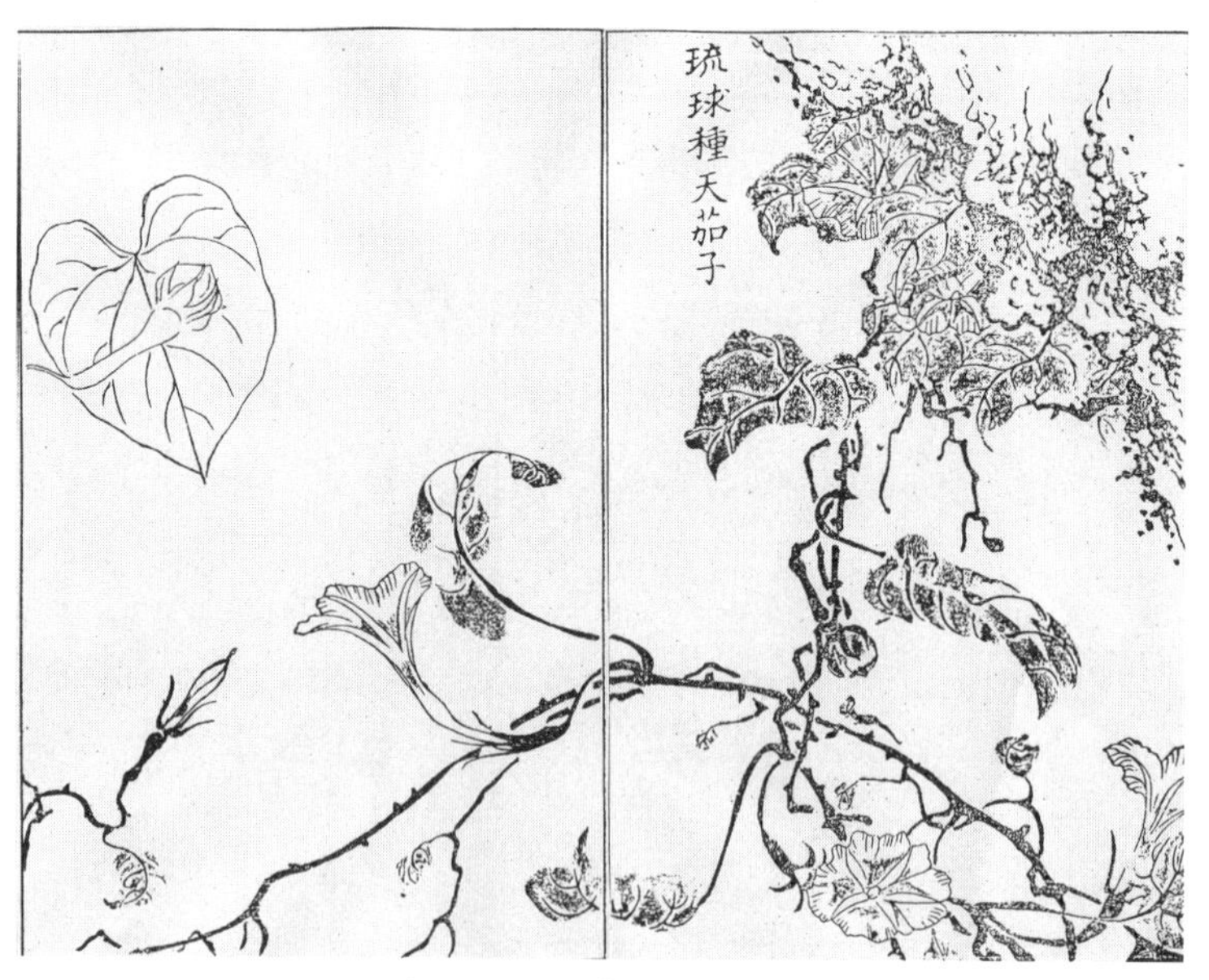

図３－16　琉球種天茄子

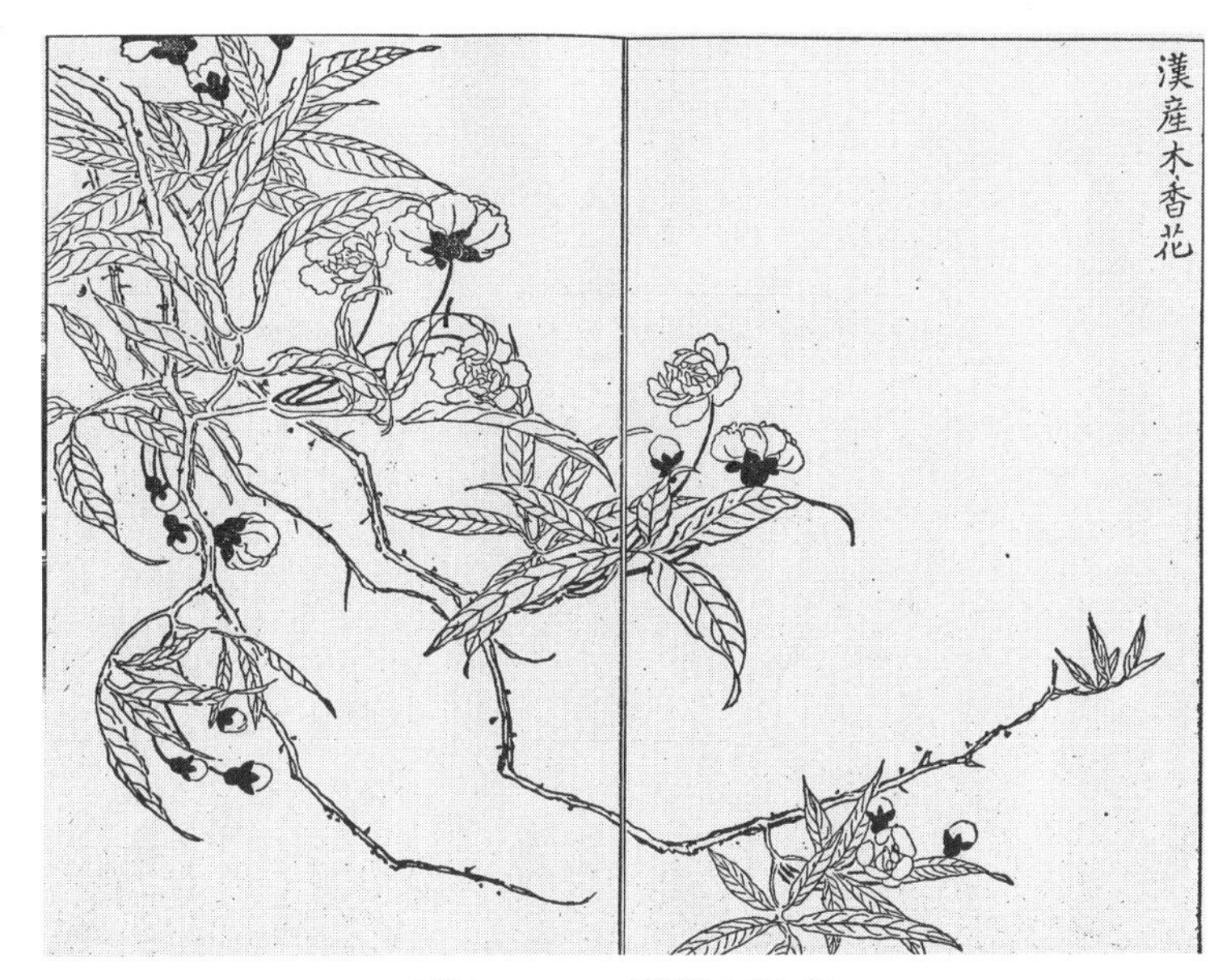

図３－17　漢産木香花

図３－18　百部の蔓性

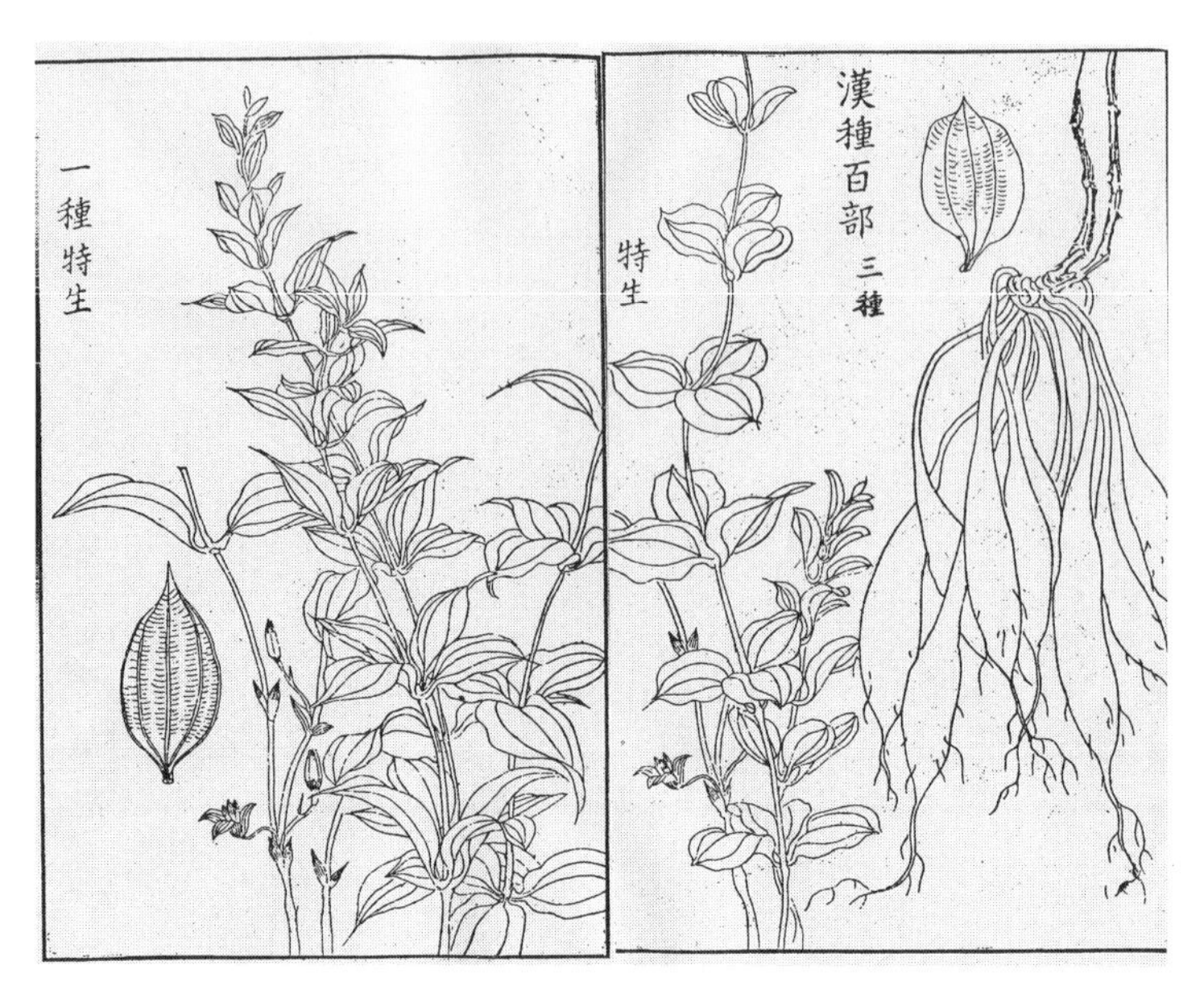

図３－19　漢種百部の特性

図３－20　山豆根

図４－７　台州種烏薬と漢産楓樹

図４－８　胆八樹と漢種蕤核樹

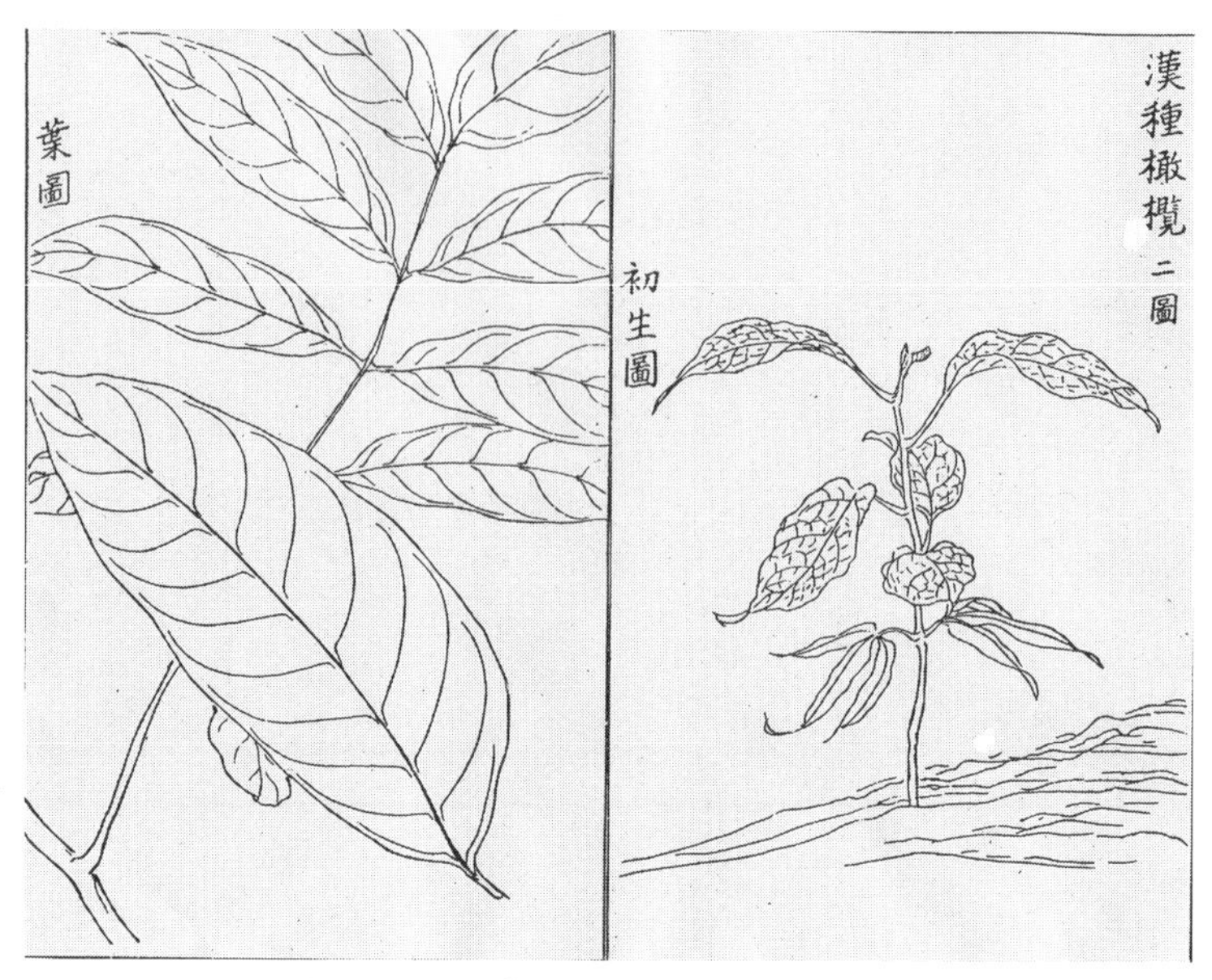

図４－２　漢種橄欖の初生図と葉図

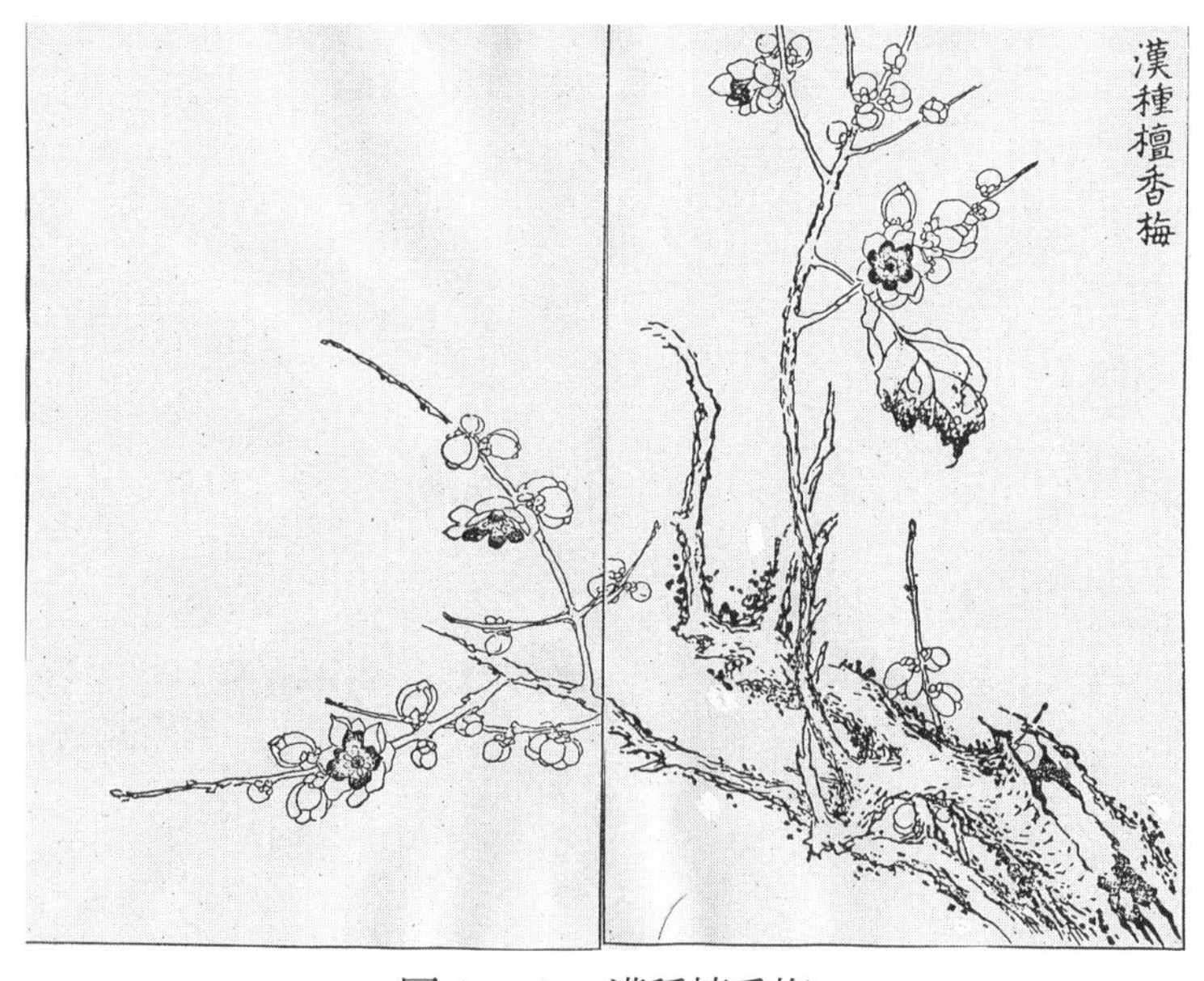

図４－９　漢種檀香梅

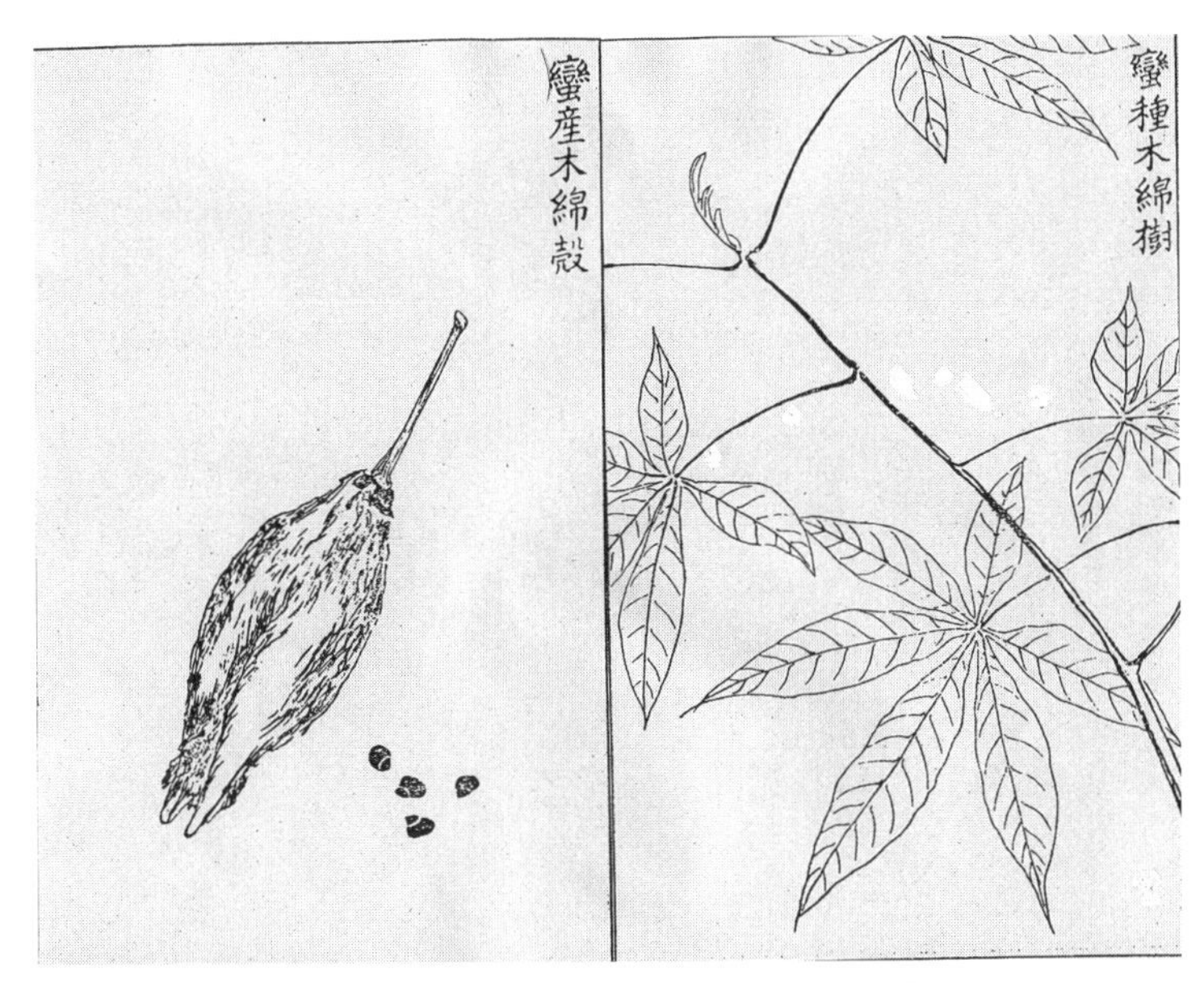

図４－10　蠻種木綿樹と蠻産木綿殼

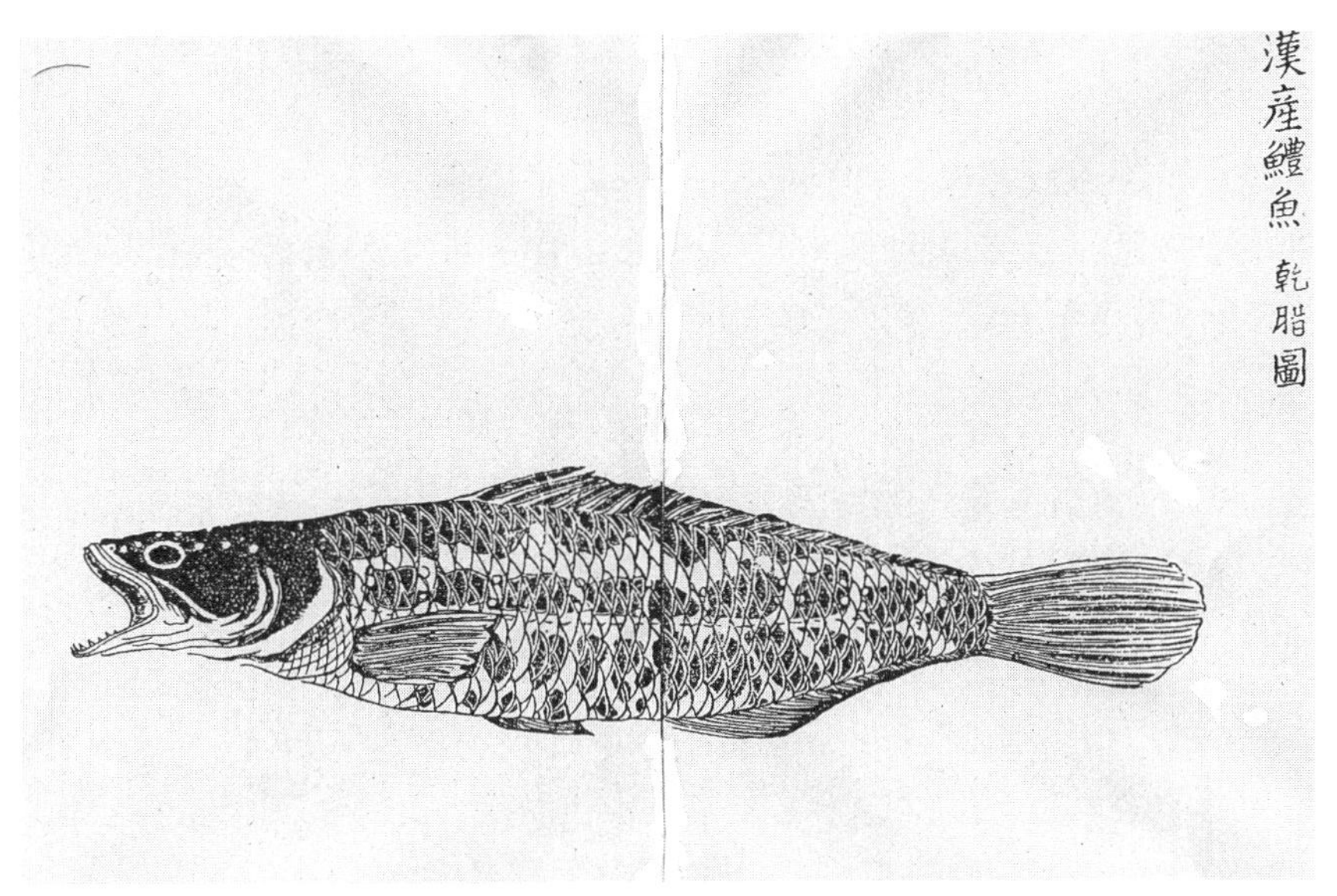

図４－13　鱧魚の図

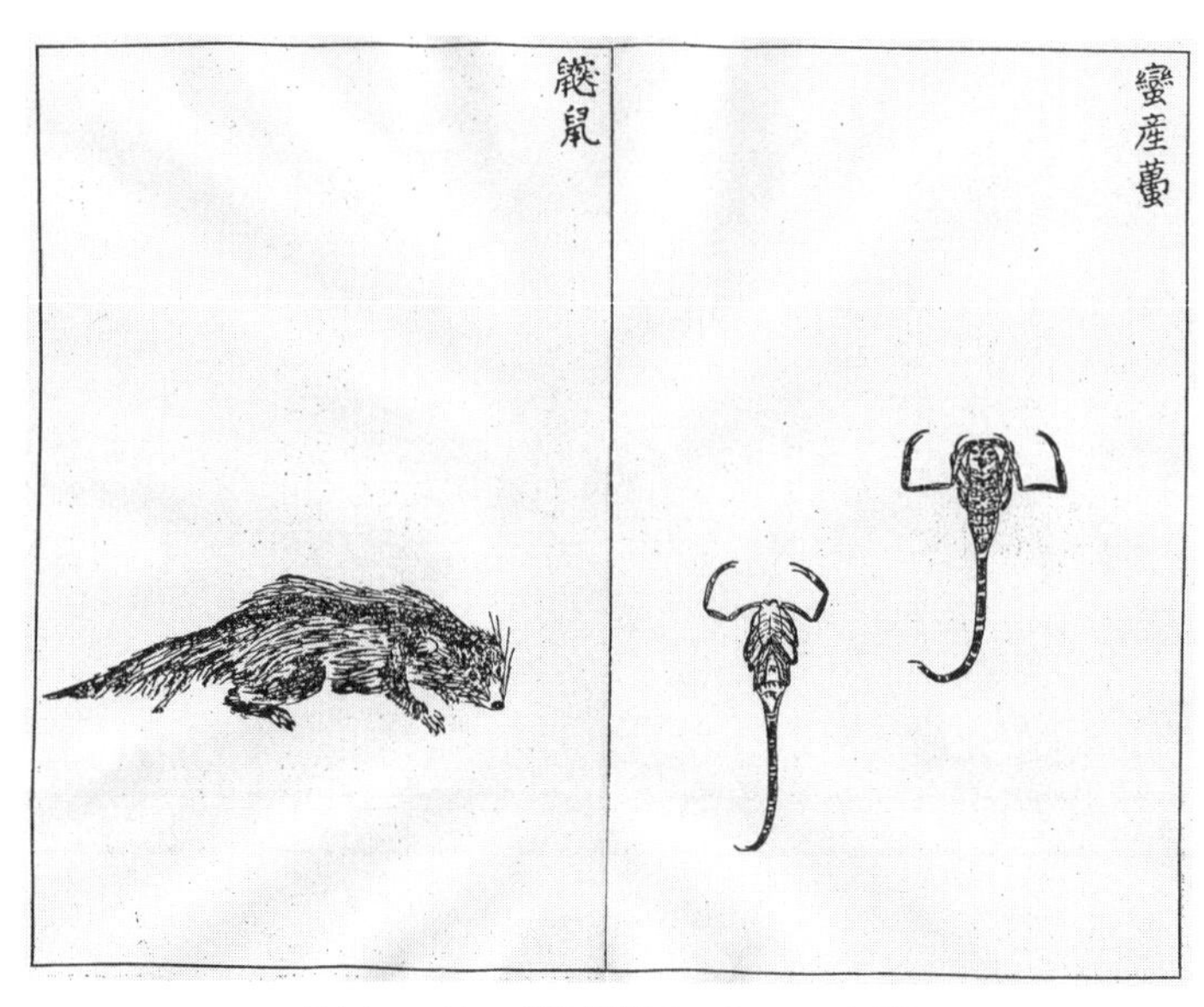

図４－11　蠻産蠆とジャコウ鼠
右図—蠻産蠆、左図—ジャコウ鼠

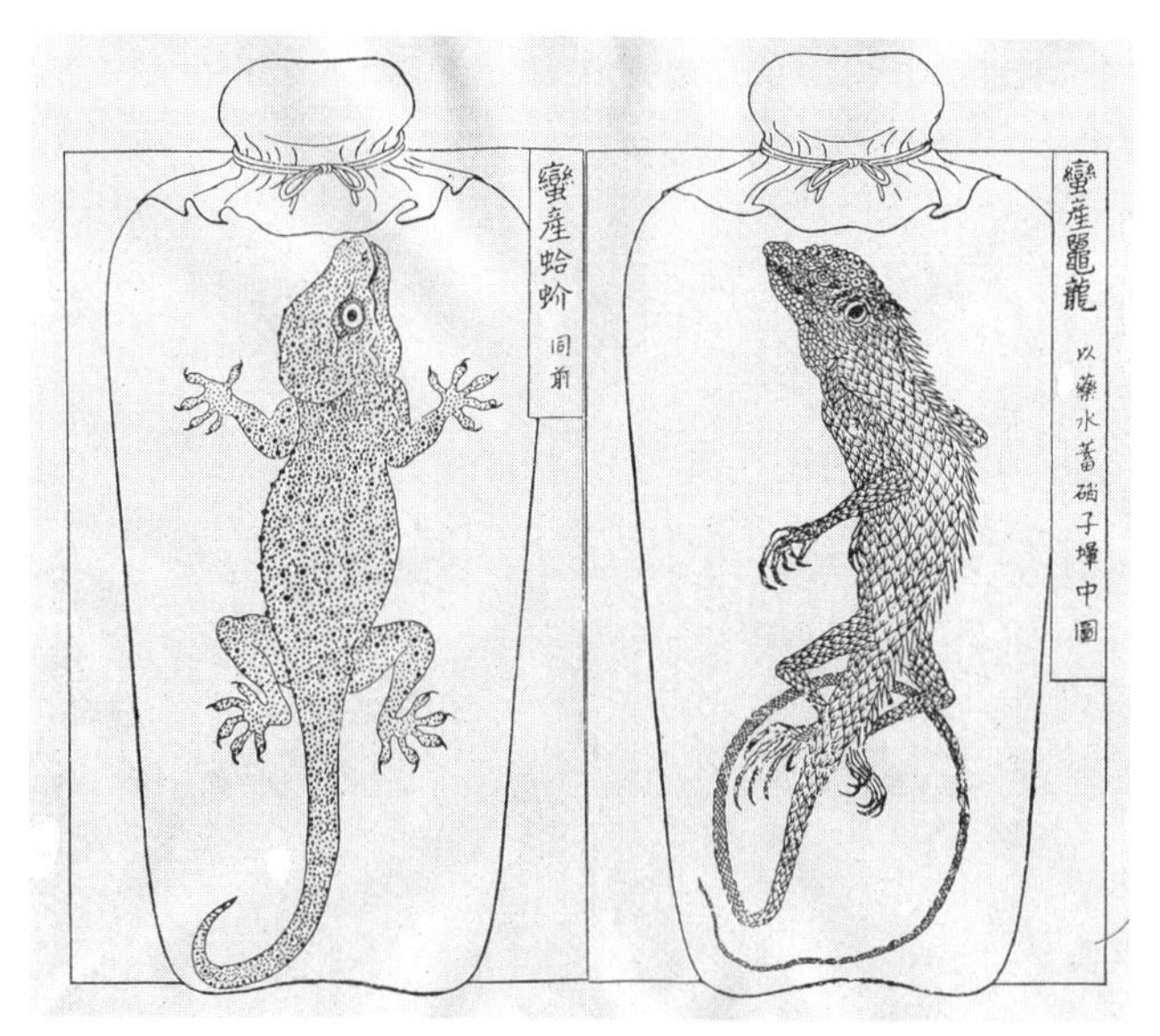

図４－12　蠻産鼉龍と蠻産蛤蚧
両図とも薬水を以って硝子の中に蓄えた物

「物類品隲　巻乃五」

図２－１　石芝の図

「物類品隲　巻乃六」附録

人参栽培法

源内らは、人参栽培法に関しての説明をつけるために、宝暦から約六〇年前の元禄年間に略出版されていた、本草学や農学に関する著書を利用したと推定される。「本草綱目」(1)＊1に見られる人参は、草部第十二巻、山草類の中に記載されていて、学名を記した釈名、薬物の産地、採取時期や採取方法を記した集解や修治、気味、主治に分けられ詳しく述べられている。一方、宮崎安貞著の「農業全書」(2)の巻三、菜の部に〝人参の種子の採り方、播種する土地〟について記述されている。「農業全書」が世に出る約十五年前に著され東海地方を地盤とする「百姓伝記」(3)、の中にも二十巻に〝人参を蒔く事〟として記述されている。又元禄十年初版の「本朝食鑑」(4)の菜部・葷辛類十九種の中で人参菜として集解、気味、主治に分けて記されている。形式的には「本草綱目」の書き方に似ている。

「物類品隲」の六附録の人参の作り方について解説して検討を加えた。

前書き

思うに、日本では古くから薬物を正しく人々の疾病を救うために、延喜式*2典薬寮*3に諸国より貢がれた薬物について、詳細に記されている。また、律令の典薬寮に記載された二人、正八位上の薬園師は、薬性、種目を知り採集し、薬園の諸草の種、及び薬園生に教えることを役目とし、薬園生六人は諸薬を学び知識や見識を担当する。使部（つかいべ）が二十人、直丁が二人で薬戸、乳戸等の職もあった。中世以来その職を廃止してしまった。それ故、日本では薬物の誤りについて数を列挙するのは享保年間では困難である。朝廷の命令により薬を諸国で探し、また中国、朝鮮や未開の国に求めて種を伝えたものが数十種類に及び、今なお官園にある。しかしながら、未だ広く世に行き渡らされていないが、もしこれを至る所に植えて日本国中に産することとなれば、その利益は少なくない。中でも人参、砂糖の用が多いけれども、この種の培養の法を知らなければこれを植えても生育しにくい。今多くの人が、私の試した栽培方法によって、その要点を記述しておけば、世の中を便利にすると考えられる。

人参培養法（6）（図1－7）

東壁*4によると、高麗、百済、新羅は今皆朝鮮に属し、この人参は中国に来ていて、交易されている。また、人参は十月に収穫すべきで、種を採る採種法のようである。この説を以って考えると、朝鮮製の人参も自然に生えたものではない。また、東国、大地、優れた景色、その地理・風土が詳細に記されている。各郡における産物の中にある人参の産地、寒暖等を考えると深山、広野、海辺の所々、厳寒・酷暑の地皆これを産する風土も、また日本と異なることはないと思われる。この種は日本の何処にでも植えることができる。

土を選ぶ方法

人参を植えるには、土地の色が黒く細かいものが最良で、東都や日光は黒土である。俗にこれをクロボコという。黒土の無い所は、山土、やぶ土の類を用いても良い。目の細かい篩でよくふるうと良い。篩はよく使われる砂ふるいで、目の大きさ一分計（約三ミリメートル）を用いる。

畦（あぜ）を作る方法

人参園は、山中、或いは庭中でもよく晴れて風がよく通る所が良い。人参は陰地に生じるものであるといっても、風や日の全く当たらない陰の所に植えてはいけない。人参は日陰地を好むものであるが、日光が当らないと生長しない。また、ひどく湿地を畏れる水湿の地に、植えれば朽ちやすい。園を作るには、先ず地を広さが三〇センチメートルで、深さが四五～四六センチメートルに掘りさげ、長さは人参の数によって変える。このようにして、四方とそこに竹製の簀（すのこ）を入れて、箱のようにする（図6－1）。これは、モグラが入らないようにするためである。また、四方に板で縁をして、高さは六～九センチメートル、その内側に初め細土を入れ、高く盛り上げておき雨にあうと自然に土が落ち着く。この土に水をかけたり、或いは、足で踏みつけてはいけない。土が十分に落ち着くのを待ってから、平らにし種を播くべきである。土を平らにするのは、園の縁を直線にして板でかきおとせば土と縁の高さが等しくなる。

種を播く方法

六月の土用中に熟した実を取り、水に二～三日浸し実肉が、爛れるのを待って洗い去り、種を直に植えなさい。もし、種が乾けば来春には生えないので、決して種を乾かしてはいけない。或いは、六月に植えては暑熱のため土が乾いて実が生えないことがあるので、

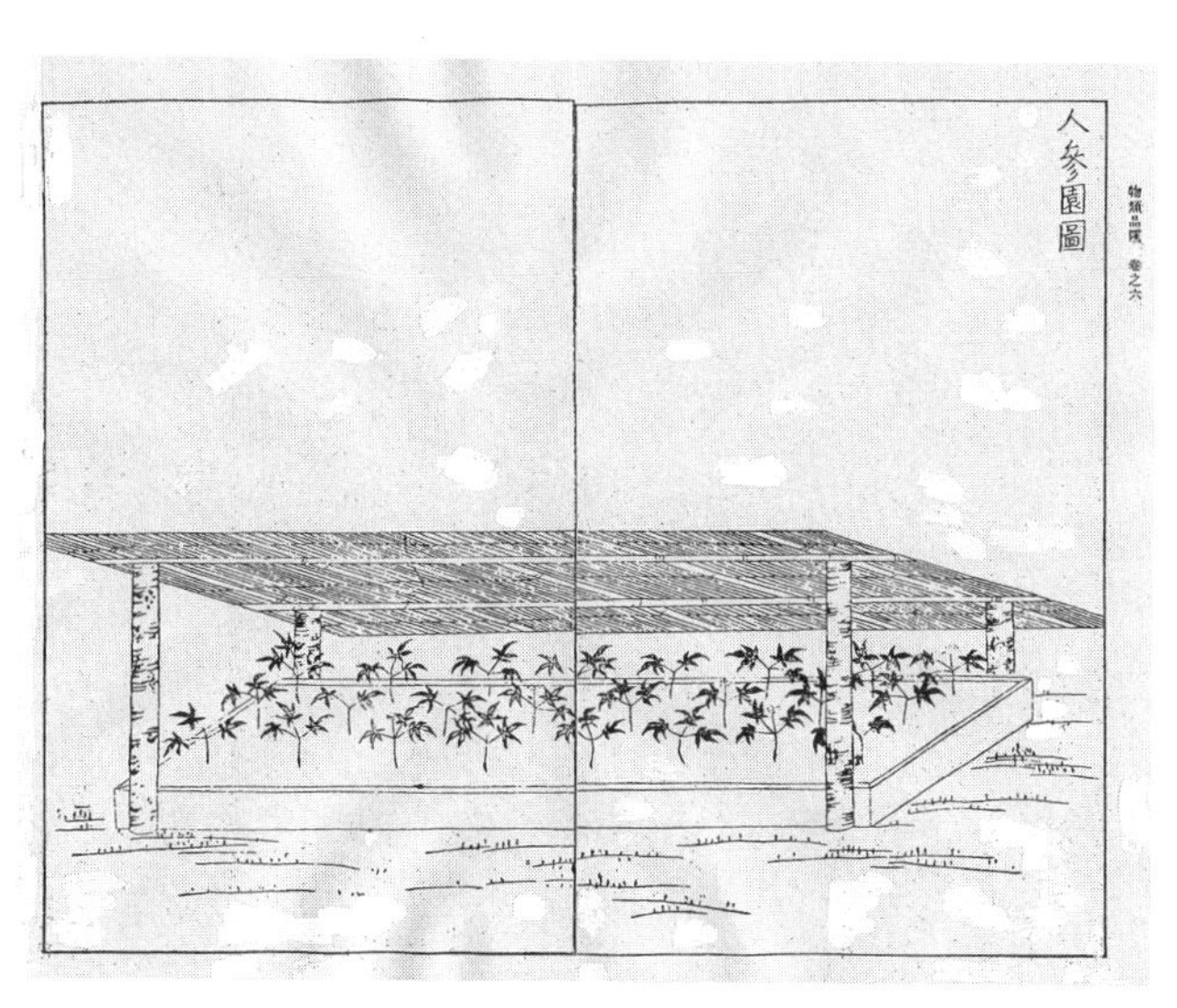

図6－1　人参園図（物類品隲巻乃六）[1]

十月に種を播く方法もある。その方法は、人参の実を土に包み、土器に入れて針金でくくり、日の当たる場所で湿り気のある所の土を、三〇センチメートル位掘り土器を埋めておく。十月になってから、掘り出すと殆どの種の芽が出ているので、これを取り出して、前後左右に一五センチメートル間隔で植えると良い。多く植えるときは、九センチメートルの間隔にすると良いが、広い方が最良である。土を三センチメートル位覆い、深ければ芽の生えるのが遅くなる。また、人参は土中では年々深くなってゆくので、初めが深いと、いよいよ深くなるので良くない。しかしながら、浅すぎると土が乾燥して、種が固まってしまうので、必ずその中間が良い。植えてから、その上に藁を敷くと良いが、新しい藁は汁を出すので古いものか、或いは、馬が踏みつけた古いものが良い。土が乾燥すれば水を与えなさい。

実を植えるには、広すぎたり狭すぎるのは良くない。これを正確に植えるには、長さが九〇センチメートル余り、大きさが六〇〜九〇センチメートルの板に、一五センチメートルか九センチメートルの間隔に、三センチメートル位の釘を打ちぬき、その板を裏返しにして、板を押せば土に釘の跡が付くので、その所に実を植えれば、たとえ幾千万植えても広かったり狭かったりすることは無い。

日覆の方法

人参園は、上に日覆(おおい)があると良い。園の広さは、九〇センチメートル、柱をその外に立てる。柱は前が九〇センチメートル、後ろが六〇センチメートルで桁(けた)を渡し、よしずで覆い傾斜をつける。その広さは、一二〇センチメートル余りで、広さは、九〇センチメートルの園を覆うが、前後左右に余裕を持たせる。また、粗末な藁等で覆う方法もあるが、間から雨、露、風、日の気を通すので、よしずには及ばない。しかしながら、よしずでは、大雨に逢うと雫が落ちて、土に穴が開き初に生えたものに害を及ぼす。だから一年目は粗末な藁を用い、二年目からよしずを用いるのが良い。夏日は覆いの外また、南面によしずを掛けて、日を防ぐのが良い。或いは、高麗人が人参をたたえていうには、三椏五葉(みつまたごよう)は、日に背、陰に向かう。〃来て我と求めんと欲せば椵樹尋ねる〃という説によって日覆を北面にして南を低くし、又多く木を植える等皆良くない。上説は山中自然に生えている場合で、園に植える場合は日陰をして、夏日は、又別に簾を掛けて日を防ぐ。だから日陰を取ることは、心に任せるが、木を多く植えれば風通しが悪くなるので良くない。人参が絶えず日に当たらなければ、茎が弱くなり折れやすくなる。日覆は南面にして、春秋は陽気を受け夏日は簾(すだれ)を掛けて烈日を防ぎなさい。冬になれば、藁木(わらき)の葉で覆って凍らないようにし、春芽が生じないときは藁木の葉を取り払いなさい。

根を掘る方法

当年人参の実を植えて、来春二月末から三月初めになって葉を生じる（図6－2）。初めに生じるのは、一茎三葉、二年で一茎五葉（図6－3）、三年で両椏（またに割れて）各々五葉、四年で三椏五葉、五年で四椏となるか、或いは、初年一茎五葉、二年で両椏を生じ、一つは五葉で、一つは三葉、三年で三椏五葉、四年で四椏となるものもある。三椏四椏になってから、中心から茎が伸びて実を結ぶ（図6－4）。そうではあるけれど、三椏で実を結ぶものは希である。また、実を植えて一、二年で生ぜず、三、四年を経て生えるものもある。生えないからといって、捨ててしまってはいけない。生えてから四年から五年のものは、八、九月の間に掘り出して製品とすべきである。その製法は伝わっている。また、掘り出して細く

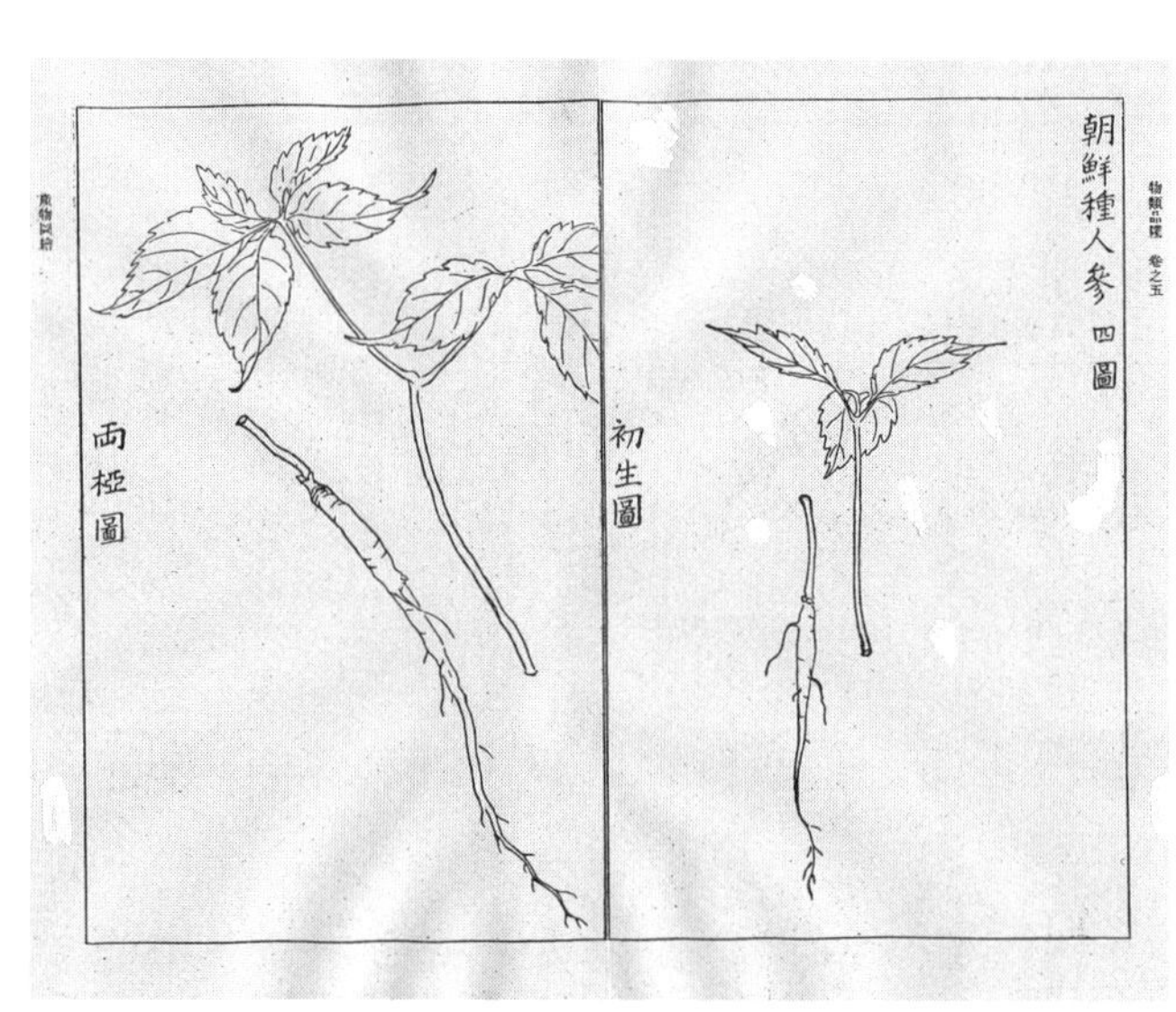

図6－2　朝鮮種人参、初生図と両椏図
（物類品隲巻乃五、産物図絵）[6]

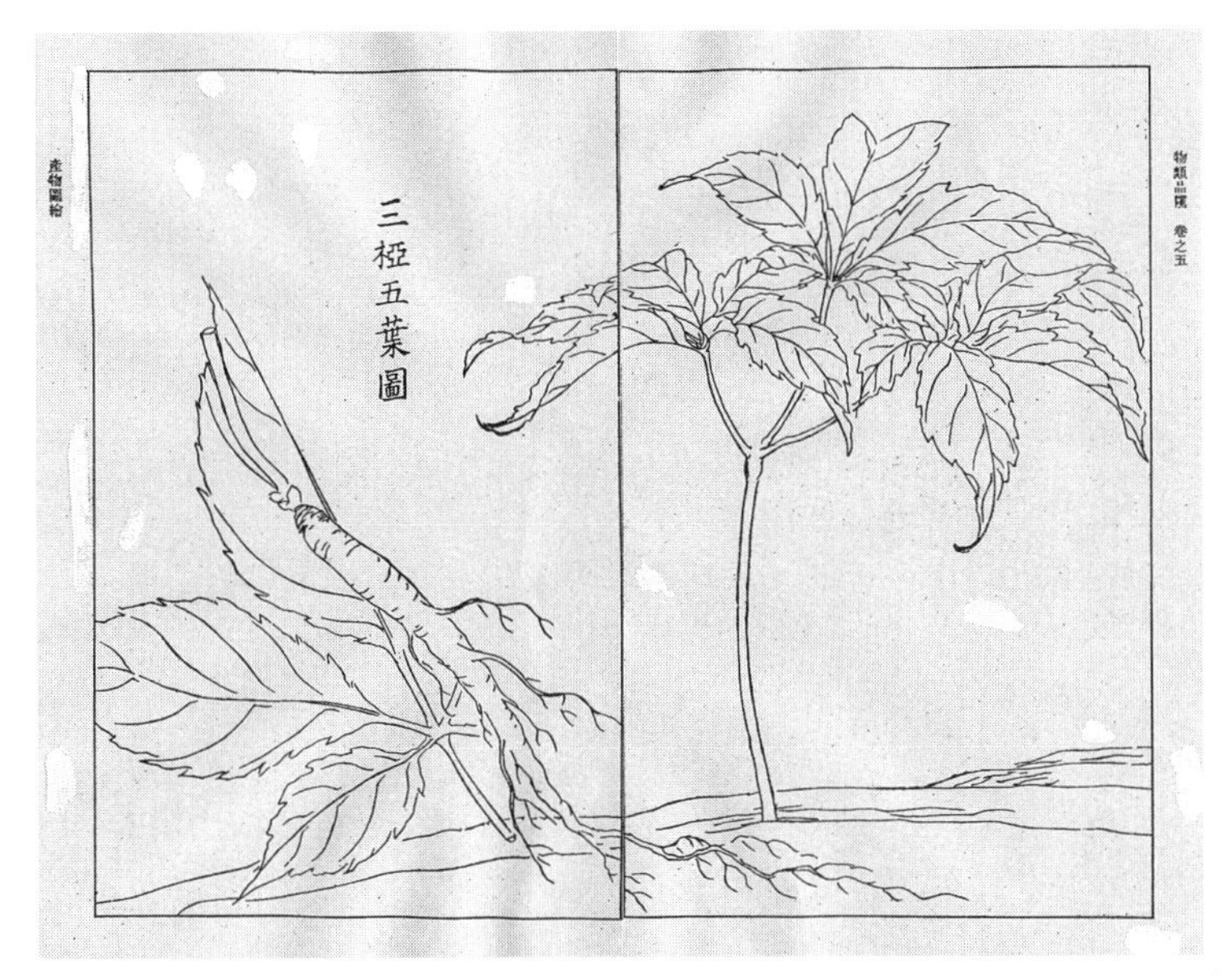

図６－３　朝鮮種人参、三椏五葉図（物類品隲巻乃五、産物図絵）[6]

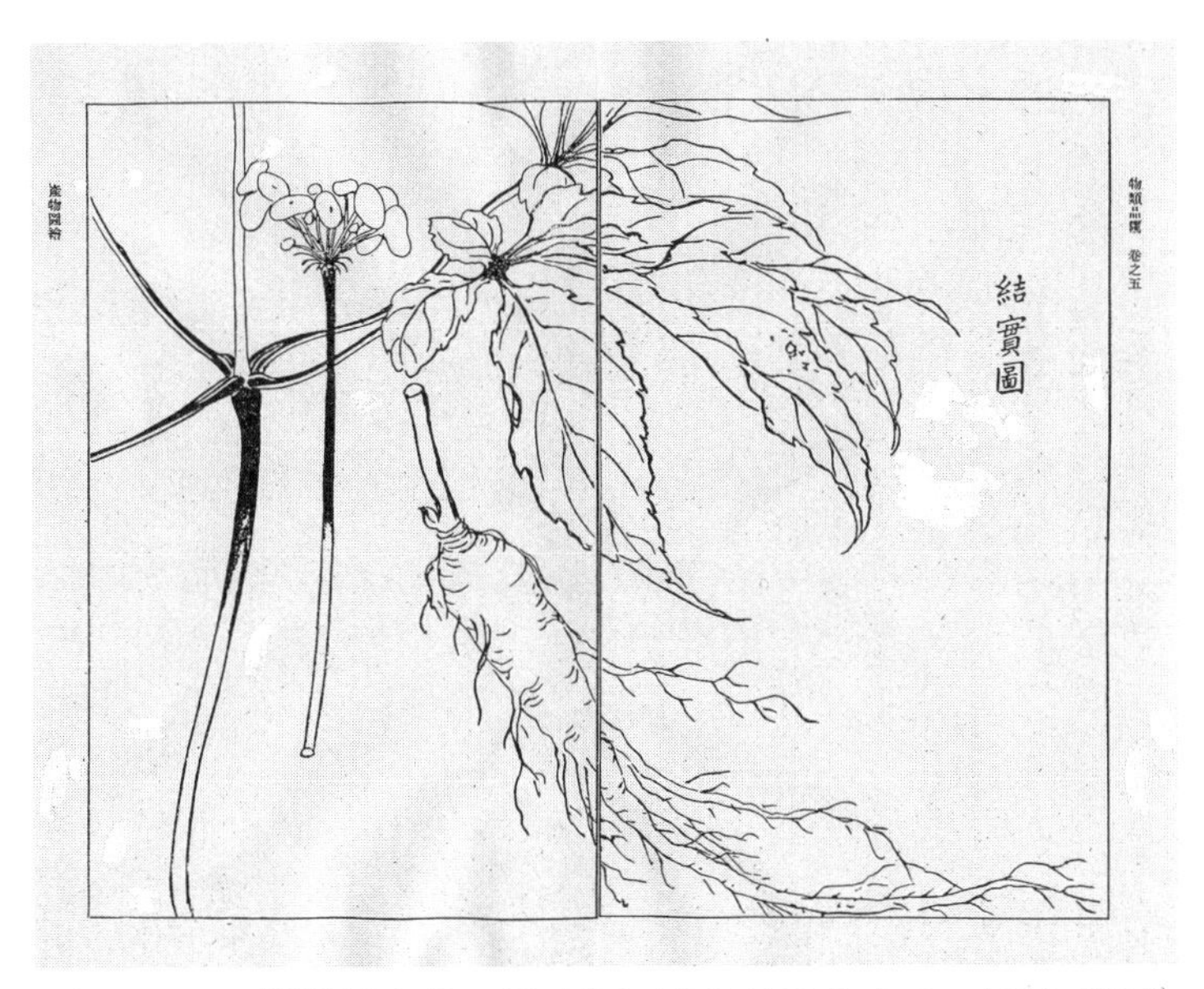

図６－４　朝鮮種人参、結実図（物類品隲巻乃五、産物図絵）[6]

製品にならないものは、再び植えて一、二年待って掘り出しなさい。或いは、多く分かれているもの、横根、曲節等があって製品にならないものは、別に植えおきして種を取るとよい。これを植えるとその間は、三〇センチメートル位となる。

移植の方法

人参を移植するには、根を水に浸し刷毛にて十分に洗い、古い土を取り去って植えなさい。そうしないと、古い土の付着した所から、錆(さび)が出ることがある。また、園中が湿って根腐れを起こしたものは、掘り出して腐った所を洗い去り、日に一日晒した上で植えなさい。新しい細根を生じるものである。移植の時、手の温度に触れるのを嫌うので、手を水に浸すとか、或いは、土中に手を入れて良く冷やした後で植えなさい。

実を採る方法

人参が実を結ぶと初めは四、五粒、或いは、七、八粒、九年以上のものは百粒にもなる。実の形は扁平で、中の両側に種がある。また、一つ種のものもある。実は初め青く、熟せば鮮紅となる。およそ六月の土用に入ってから、十日してから実を取るのがよい。けれども、土地の寒暖によって遅速がある。大抵、実はよく熟してから取るのが良い。しかしながら、熟し過ぎると肉の湿気がなくなり、種が乾いてしまい、植えても生えてこなくなる。東壁のいう実を十月に取る、というのは誤りである。

糞を用いる方法

初め園を作るとき土に乾鰛（ほしか）の汁を流し込み、或いは、荏胡麻（エゴマ）の葉を取り、茎葉共に切り混ぜてよくふるい、日を経た後、実を植えれば、生えるとき勢いよく末々まで伸び易い。また、伸びた後、乾鰛や人糞等で養えば良く伸びる。しかしながら、肥しを用いたものは製品とした後、鬆（す）が入り味は薄い。考えてみると、蘇頌（そしょう）*5によると、人参は初め生じて小さいものは、九〜一二センチメートル、一椏五葉で四、五年の後両椏五葉を生じ、花茎が未だ無い。十年の後に至って三椏を生ずる。年が経ったものは、四椏で各々五葉を生じ、中心に茎を生やす。今日本で植えられているところのものは、これと比べても生長は最も早い。

且つ、東都は非常に土地が肥えている。従って、糞を用いるため生根が肥大だといっても製品とした後、鬆が入る。もし、やせ土に植えて糞を用いなければ、少しずつ伸びるのを待って製品とすれば極上品となる。決して糞は用いてはいけないが、実を取りたいと思う者は、糞を用いても良い。糞は寒中で用いるものが良いとはいえない。寒中は、既に芽が土中にあり糞を用いれば新芽に害が起こり、四、五月の葉が、長じた時に用いるべきである。園作りで年が経ち、土地がやせている時は、別の土に糞を掛けて晒しておいて、園の土が掘り出された時、新土を入るべきであり、その余りに細かいことについては、一々記述できないので、大抵この方法によって植試すれば、自ら詳しいことが分かるはずである。

或る人がいうには、朝鮮人参は朝鮮の地に産する時は、上品であるといっても、これを日本に植えるときは、また和参と等しく品質が下がる。江南の橘を江北に蒔いて、枳殻となるようであり、尾張の宮重大根や伊勢の日野菜は共に名産で、これを東都に植えると、初年は少しも変わりは無いが、年を経ると形、色、全てが変わる。且つ、美濃の粳米、信濃の蕎麦(キョウバク)の類は品質が良いけれど、その種を他国に植えればまた、普通の品質となってしまう。固体より風土がそういう結果に至らせるのであり、強いていえば種に関係しない。日本に植えた朝鮮種の人参は、和参と等しくなり益が無いわけではない。私が答えていうと、これは一つの考えであるが、その土産が異なると土地の寒暖、肥沃によって産したりしなかったりする。一国一郡の内に在っても、同じではない。また、これで以って他のところに植えても全てが変わるわけではない。唯、変わるものが変わらないといえる。南方草木状*6で示唆されていることは、蕪菁(カブラ)は、嶺嶠より南には無く、官によってともにこれを種にして土からでると変じて、良いものにはならない。また、橘を江北に蒔くと枳殻となるわけである。曲江に至ると菘(トウナ)があり、これを秦菘といい、これを日野菘の東都に植えて変ったというのが一つの考えである。耶悉茗(ジャスミン)、末利花は、両方とも胡人*7が西国へ自ら移して南海に植え、南人がその芳香にしみじみとした趣を感じ競ってこれを植えた。陸賈（りくか）*8が南越*9行きの日記によると、南越の境では五穀に味が無く、多くの花に香りがなかった。この二つの花は、特に芳香が優れていたので、胡国へ自ら移して大変な繋（つな）がりとなった。水土にしたがってしかも変わらない。あの橘を北に蒔いて枳殻（キコク）として与え、変化すると考えて、これを他の所に移植しても、簡単に変らないものである。変わるものは少なく、不変のものは多いのである。胡麻は大宛（だいえん）*10でとれて、秈米（タイトウ）は占城国*11でとれて、蜀黍（トウキビ）や蜀葵（タチアオイ）は蜀でとれて、豌豆（エンドウ）や蚕豆（ソラマメ）は胡戎（えびす）でとれて、海松（ウミマツ）や海棠（カイドウ）は新羅でとれる。その他多くが、蛮国から中国に種が伝わったものは多いが、変ってしまって用をなさないということは聞いていない。且つ、今日本で産する物で、その始め外国から来たものは多い。草綿、煙草、茶、菊、橘柑、西瓜、南瓜、番椒（トウガラシ）、甘蔗の類等、枚挙に暇が無い。皆日本の南北に植えているが変わった所は無い。世で平常にこれを食べ甘さや腹を充たし別に変わった所も無い。人参ではこれを疑い朝鮮産を日本に植えると、和産と同じで品質が下がるというのは、全く誤りである。日本産は、また直根のものは略（ほぼ）朝鮮人参に似ているが、味、効用は朝鮮産と比べると品質が落ちてその種類は自ら別物である。例えば、稲には、糯と秈があり、芋には紫芋、野芋があるように美濃粳米、信州蕎麦、尾張萊菔（キョウフク）（大根）の他の所とものと種類が同じでも、風土によって味が僅に異なる類（たぐい）ではない。おおよそ草木が風土に合わなかったら、これを植えても繁茂しない。甚だしい物はたちまち枯れる。今朝鮮種の人参を所々に植えても繁茂する。これは日本の風土により明らかである。只、その微を論ずると朝鮮国の内といっても新羅、高麗、百済の所々にとれて、各々に良かったり悪かったりする訳ではない。また日本の諸国にこれを植えても四方の風土によって美味さ、効用、自ら優劣がある。優劣があっても只、朝鮮中の優劣に和参のものはどうしても及ばないのである。

甘蔗栽培と砂糖製造法

「物類品隲」の巻之六付録は、砂糖の栽培・製造に関する解説であり、「天工開物」*[12]や「農業全書」を基にして執筆され、日本での現状も加えた江戸時代中期以降、最も読まれた本草学の文献の一つとされる(7)ので、解説して検討を加えた。

甘蔗培養並びに製造法（図1-7巻頭カラーページ参照）

甘蔗には数種類あって、王灼著の「糖霜譜」によれば四種類あるといわれている。杜蔗いいかえれば竹蔗。竹蔗*[13]は、緑色の若く薄い皮で覆われていて、味は極めて濃く、専ら霜糖（白砂糖・粉糖）にする。西蔗は色が淡い霜糖で、芳蔗、又は臘蔗、別名を荻蔗ともいう。荻蔗も砂糖とする。紅蔗や紫蔗といわれる崑崙蔗は結晶には出来ないが、啖を止める糖として使われる。紅蔗は、汁のままで啖を止める糖とするのが良い。竹蔗は丈が長く、茎の周りは数センチあり、色が白いので白砂糖にするのが最適である。

臘蔗も色が白くて白砂糖とするが、荻蔗は丈が短くて、しかも節間が粗いという特徴がある。白色の西蔗は、節間が短い蔗で、青灰蔗も含めて皆白砂糖を作ることができる。根元からの蔗丈は約三メートルで、周囲が数センチメートルの崑崙蔗は赤色であるが、糖に作ることが出来る。扶風蔗（フフウショ）は蔗丈に三節でき、日にあたると消え、風で折れる。扶南蔗（フナンショ）は扶風蔗のようだ。子母蔗や牙蔗（ガショ）、檳榔蔗（ビンロウショ）の味は後に続く。

蔗の種類は沢山あるけれど、「天工開物」では果蔗と糖蔗の二種類があるとしている*[14]。果蔗はその茎を生でかじって汁を吸うと、世でいわれるように〝蔗を食べる毎に長寿健康に良い〟とされ、この種類は砂糖に結晶化しないので、糖の甘味（液汁）として利用する。この種は未だ日本には伝播せず、薩摩でも見出されていない。糖蔗の茎は堅く、生でかむと舌や唇を怪我するので、搾ってから糖を作るのが良い。汁を煎じて結晶化しないものを蔗糖、又は蔗餳（しょとう）という。嵇含（けいがん）の南方草目状によれば、呉の孫亮は、中蔵吏に就任した時に、銀の椀に蔗餳を入れて蓋（ふた）をして献上したが、当時の中国でも未だ砂糖の製造法は知られていなかったので、汁状の蔗餳を貴人の食に供したと思われる*[15]。西域より唐へ伝えられた砂糖の製造法は数種類ある。黒糖は、別名を紫砂糖、紅砂糖、赤砂糖といい、和名で黒砂糖と呼んだ。このものは、蔗の成長の相違や製法の精度によって色が黒くなったり紫や紅を帯びたりする*[16]。今、薩摩から来るものは紫黒色で、福州（福建省）から来るものは紅紫色で、共に黒糖と呼んでいる。再製して色が白いものを白砂糖といい、別名白糖、日本で俗に〝しろさとう〟という。白糖には三等級あって、上を清糖、潔白糖又は洋糖といい、日本で俗に〝大白糖〟といっているものはこれである。中を官糖といい、日本で俗にこれを〝中白〟という。下を奮虎（フンコ）といい、日本で俗に〝シミ〟と呼んでいるものがこれである。

三度精製して凝って石のようになったものを石蜜、凝水、又は氷糖という。日本で俗にこれを〝氷砂糖〟という。考えてみると氷砂糖は、本草綱目によると、砂糖を直ちに紫砂糖とし石蜜と白砂糖を混ぜ合わせて製造するとしている。味のある砂糖は、蔗汁を砂のように結晶化したものであるので、黒白砂糖と俗にいうものである。蘇恭（そきょう）によると、砂糖は蜀の地で生えた甘蔗の汁を搾汁し、煎じて紫色としたもので、黒砂糖である。初めに生じたものは黒糖で、白糖は後世になってから精製されたものなので、本草家がいう砂糖は黒糖を指す。たとえば、稲は糯粳（ダコウ）の総称であるが、本草家がいう稲は、糯（モチゴメ）を指すのと同じである。石蜜と白砂糖を混ぜたものは、形が異なっていてもその効果は同じである。沙参（シャジン）の綱目で羊乳（ヨウニュウ）を出す例に似ている。そもそも、砂糖は人々に有用な品物で、昔の日本には無く、中国やそれより遠方の国から多く渡って来ていたが、享保年間に砂糖製造に関する朝廷の命令があり、種蔗を琉球から伝えた。甘蔗の茎の葉は、トウキビのようであり、これを植えて砂糖を製造した。筑前の宮崎安貞翁は元禄中の人で、農業全書全一〇巻を著わし、その仕事は非常に国益に沿って尽力をつくした。その中には、甘蔗のことを記述している。暖国に生育する作物で、近年薩摩には琉球から取り寄せて植えているとかいうことである。甘蔗を各地で広くつくることは、国や郡の領主でなければ、急速には行いがたいことであろう。一般の人の力ではむずかしいことのようである。砂糖は人家が日常用いる物なので、わが国では高貴の人も卑賤の人も、このために多くの金銭を費やしているものである。甘蔗を植えてその作り方を伝え聞いて作れば、海辺に面した暖国では、必ず生育するはずである。もしこの栽培技術に最善をつくして、世の中に広くつたえれば、みだりに我が国の財を外国へ支払うことがなくなり、国に対する一つの大きい助けとなるだろう。それだから、努力して甘蔗を世に普及させた人は、まことに永く我が国を富ませた恩人になるだろう。この甘蔗を増やす方法は、「農政全書」等に詳細に書かれている。しかし、その種蔗さえこの国には無いものなので、今ここでは省略する。宮崎翁は人の利益となることを成し遂げたこととなる。しかしながら、その種蔗のない今、日本にこの種蔗を伝えて世に広めることを願い、わざわざこれを書き示した。

土地を選ぶ方法

甘蔗は中国でも浙江・福建・湖南・蜀川等の土地で生育し、その中でも福建で良く生育する。他は、合わせても福建の一〇分の一位の収穫である。甘蔗は本来南方で生育するもので、寒い地方に植えても糖度が下がるので、北の地方に植えてはいけない。日本では、江戸時代に尾張国、知多郡長門細江の水辺に多く植えられている。その他では多く植えられていない。思うに、和泉・紀伊・伊勢・志摩・伊豆・駿河・四国・九州の諸地方ではこれを植えるべきである。甘蔗は、夾砂土を好み、泥土地等に植えてはいけない。海に近い海浜土に植えるのが一番良い。土を試すには、穴を掘り深さが三〇センチメートル位の所の土を口に入れる。苦い味の所には植えてはいけない。又土が甘くても、山深い上流の川辺等には、植えるべきではない。甘蔗は、日光が大切で、海島で水はけが悪く水田にできない所、或いは、新しく作ったばかりの田、又は川の水が溢れて砂土混じりの土地で他の植物を植えることができない所も甘蔗栽培には適している。

茎を貯蔵する方法

甘蔗には実が無く、茎を切って植えれば節の傍から芽を生じる。呂惠卿が述べるには、甘蔗は皆普通の植物のように生え、生長して甘蔗の側芽は上に生えるので、側芽を大切にするということである。茎を貯蔵するには、冬の初霜となる時、茎を刈り根と梢を除去し、湿気の少ない土地を六〇~九〇センチメートル掘り、茎を土中に埋め湿気が入らないように貯蔵する*17。これは、種芋を貯蔵するのに似ていて、根を貯蔵するのもこの方法と同じである。

茎を植える法

茎を出して植えるには、「天工開物」にもあるように雨降りの五、六日前の晴天に開始する。正月の中ごろに雨が多く、寒さの強い地方で早く植えれば、茎が朽ちてしまう。これは土地の寒暖によって、遅い早いを決めるべきである。茎を掘り出し薄皮を取り、二節ずつを含む位の長さに切断して、暖かい土地を選んで植える。茎の根側と上側が少しずつ重なり合って、魚鱗のようになるように繁茂させる。茎が二節あるので、芽の出方は両側にあり、植え時に一方の芽が地上に向かい、もう一方の芽が地下に向かうのは良くない。両芽とも横に向かえば、各々芽を出すことができる。被う土は薄くして、芽が三〜六センチメートルに伸びれば薄糞水を灌ぎ、二〇センチメートル位になったら分かち植えをすべきである。

分ち植えの法

前節で示したように、一度植えて芽が二〇センチメートル位になった時、別の場所に畦を作って移植する。畦は幅九〇センチメートルで、中に溝を掘り、深さは一二〜一五センチメートルに蔗を植え、間隔を五〇〜六〇センチメートル取り、土で被う。土が厚ければ、芽が出ることが少なくなる。芽が三、四個から六、七個出た時は、順々に土を浅くし、時々鋤き耕して客土する。土が厚ければ根が深くなり、深くなれば茎が長くなっても倒れる心配はなくなる。長さが、三〇〜六〇センチメートルになれば、油粕を水に浸して灌ぎ、月に二、三度鋤き耕し、草を取り、根に与える。六月以降は、傍らから生える茎を切除する。

茎を伐る法

中国では、五領（揚子江と珠江との分水嶺）以南は非常に暖かく、冬に霜がない地域なので、伐らずに長く置いて砂糖を作る。日本では霜の降らない所はない（琉球や奄美大島は考えていなかったか？）。甘蔗が霜に遭うと枯れてしまう。気候を考え霜に遭わないように伐るのが良いが、若いうちに伐りすぎると未熟となり、糖の収量が少なくなるから、用心した方が良い。

車釜を製造する法

糖を製造するには、先ず車釜を備えるべきである。釜は、平常の釜、或いは、鍋を使うと良い。車釜の造り方は種々あるが、「天工開物」でもいっているように、糖を造る車の構造は、

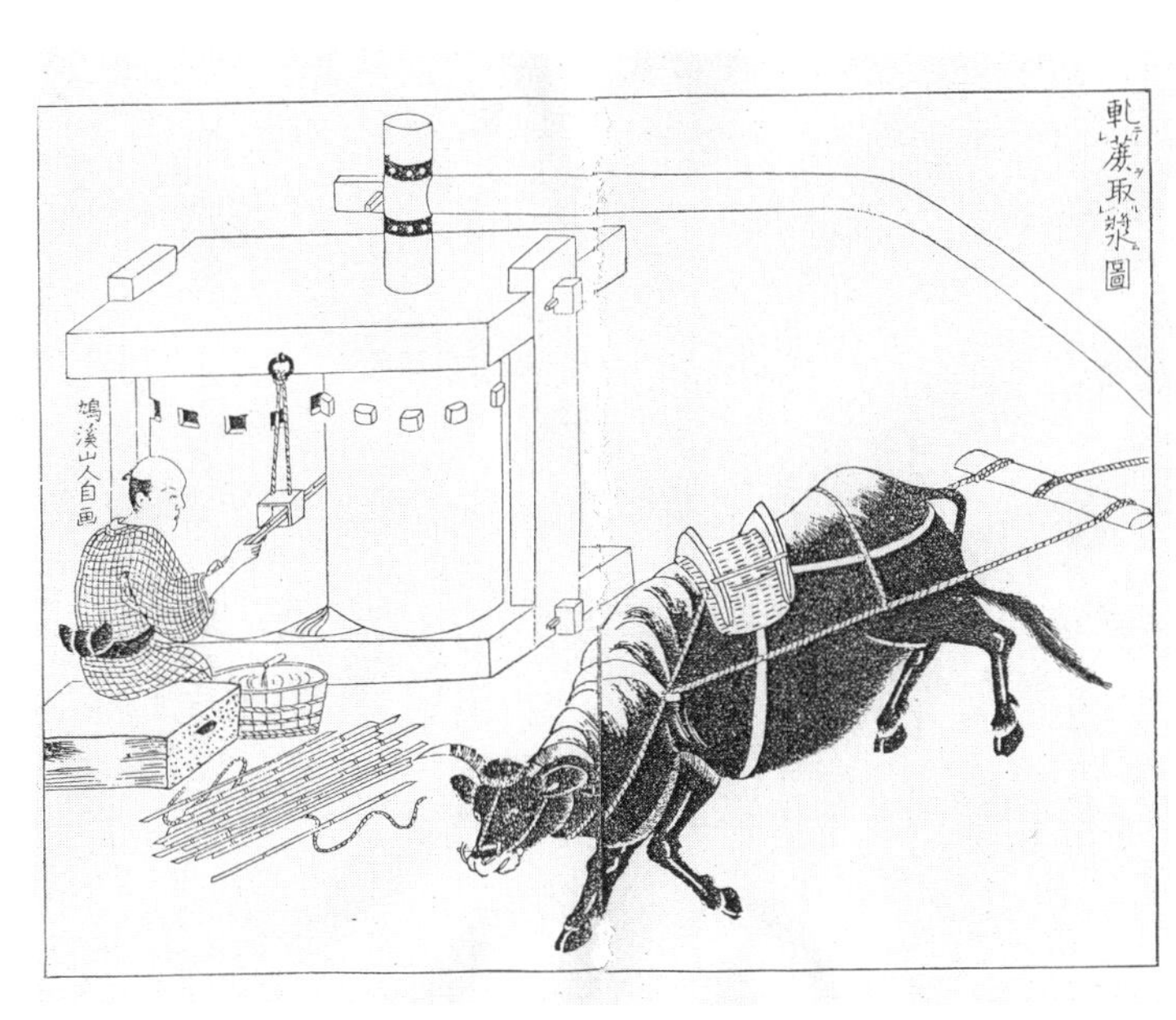

図6－5　甘蔗を軋って糖汁を得る図[6)]

約一五センチメートル、幅が、約六〇センチメートルである。横板の両端に穴を開けて柱を立てる。上方の筍は少しだけ出ている。下方の筍は下板から約七〇〜九〇センチメートル位出ていて、土中に埋め込み、全体がぐらつかないようにする。上板の中程に穴を開け、大きな二本の軸木を並べる。木は出来るだけ堅いものを用いる。

軸木の大きさは、周囲約二メートル一〇センチメートル位が良く、二本の軸木の一方の長さは約九〇センチメートルで、もう一方は約一メートル三五センチメートルである。その長い方には筍が出ていて、横木を差し込む。横木は曲がった木を用い、その長さは、約一一メートル五〇センチメートルで、牛に繋いで回転するようになっている（図6-5）。

軸木の上には歯を刻み、雌雄に別れ、そのかみ合う部分は真直ぐで円く、円くかみ合ってなければならない。甘蔗をその中に差込み、一度ひき軋るのは、綿花のクリ車と同じ原理である。甘蔗から汁が流れると、再びその滓を拾って軸木上の中央に差し込んで汁をすっかり出してしまう。その滓は、燃料にする。

軸三つを使って両側に甘蔗を挟んで、絞る物もあるが、これは人の好みによる。唯、両軸は滓が容易に除ける利点がある。

糖を造る法

王灼著の「糖霜譜」にいわれているように、古くは甘蔗の搾汁液を飲み、その後煎じて砂糖を作り、曝(さら)してから石蜜にした。古来中国では、甘蔗から砂糖を製造する方法は知られていなかった。唐の大暦年間（七六六～七七九年）、鄒(すう)和尚が、蜀の遂寧繖山(すいねいさんざん)に来て、始めて西域から来た製造法を伝えた。日本では、近世、尾張国、知多郡地中村の原田某が、その方法を伝えてこれを製造した。

砂糖を製造するには、茎の外殻を取り去り、二、三本ずつ軸木上の投入口に挟み込み、搾汁する。再び滓を取って二、三度繰り返すと汁は完全になくなる。余った滓は薪にする。車の下板より桶の中に流れ込んだ搾汁液を布で濾して塵(ちり)を取り、釜に入る。強火で素早く煮詰める。汁を絞ってからの時間が、経ち過ぎると味が落ちる。煮詰めながら竹で休まずかき回す。火力が弱いと頑糖(がんとう)（結晶が析出しにくい糖蜜）となってしまうので、強火で煮詰めることが大切である。一般には、煎じた汁に蛤(はまぐり)粉を入れているが、「天工開物」では汁約一八〇リットルに対し、石灰を約〇・九リットル入れている*18。

尾張国では牡蠣(かき)殻粉*19、或は、赤貝殻灰を用いる所もあるが、大抵は蛤粉を使う。釜は三つを一箇所に品の字のように置いて、初めは薄い汁を入れて煮詰め、濃い汁になれば合併して一釜に入れる。二釜を使って、適宜入れ替えれば、非常に機能的である。少量の場合は、一釜を使って容易に煮詰めることができる。煎じた汁を手でつまんで試し、手に粘りが感じれば、丁度頃合いとなる。この時はまだ黄黒色であるが、桶に入れて置けば、固まって黒砂糖となる。暖地で春植えが早く、秋の製造が遅い場合は、糖分が多く結晶が粗く味は良いが、寒地で春植えが遅く刈り入れが早い物は、糖分が少なく、結晶が微細で味が淡白となる。寒地に植えた甘蔗では、未熟の茎を取り除いて砂糖を製造するので、その利益は少ない。

白糖を造る法

中国においても、古くから白砂糖の製造は知られていなかった。元の時代になって始めて白砂糖を製造した。閩(びん)書南産志*20でいわれていることは、初め、人々は覆土の法があることを知らなかった。元の時代、南安の黄長が、自宅で砂糖を煮ていた時、釜が壊れて中身が漏れたので、端を押さえておいた。上の砂糖が異常に白くなっていたの

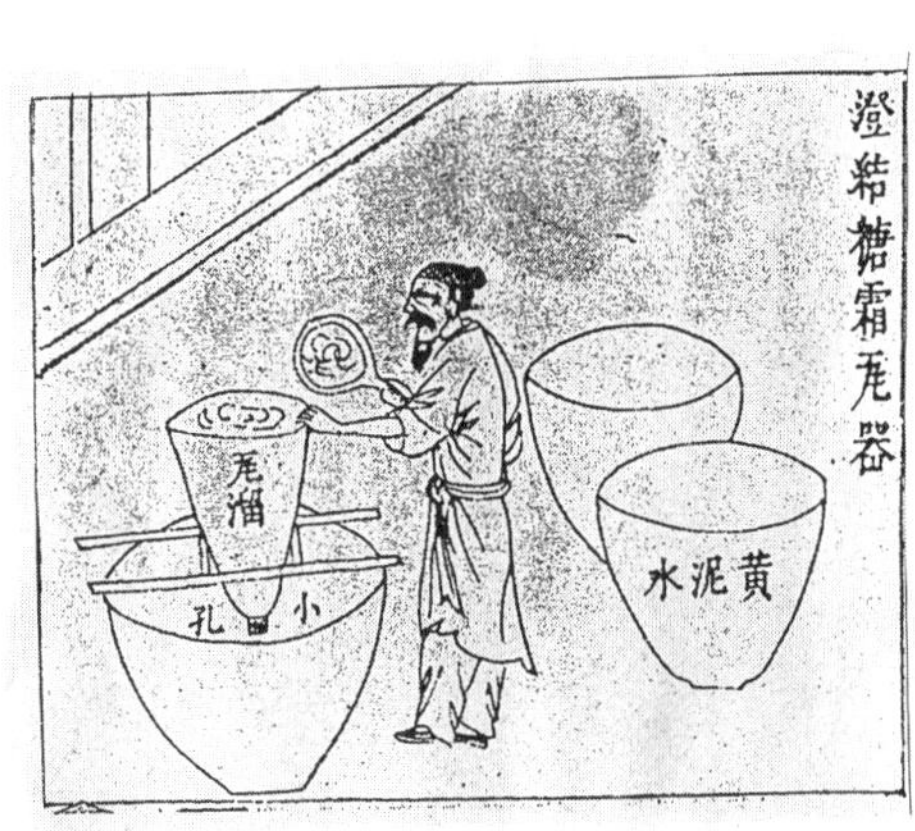

図6－6　白砂糖に曝す瓦器（澄結糖霜瓦器、黄泥水、瓦溜、小孔）
左図：天工開物の図[10]、右図：物類品隲の図[6]

で、種々試して遂に白くなる方法を見出した。

白砂糖を造るには、先ず素焼き製の赤瓶の瓦溜（りゅう）を焼いてもらう。この形状は上が広く下が尖がっていて大抵直径が、約三〇～六〇センチメートルで、下に一つの穴が開いている。これを桶の上に置いて藁（わら）で穴を塞（ふさ）ぎ、その中に黒砂糖を流し込み、固まるのを待つ。穴を塞いでいる藁を取り去り、黄泥水をその上に流し込む。黒汁が穴から流れ出て、日が経つと白砂糖が出来上がる。最上面の六～九センチメートルは特に白く、その下の方は、僅かに黄褐色をしている＊[21]。（図６－６）

氷糖を造る法

氷糖を造る法は、清糖（洋糖）を煮詰めて浮いた滓（おり）を卵白で取り除く。火加減を見ながら、新しい青竹を割って割り竹にし、更に細かく割ったものをその中へ撒（ま）きいれる。一夜置けば氷砂糖となる。

人参の栽培は自分自身で数年間試みたので、大体理解している。甘蔗の栽培は、あまり扱っていないから、それについての詳細を知らない。そこで種々の書籍から得られたことと自分の僅かな経験をもとに、甘蔗の栽培について言及した＊[22]（7）。

朝鮮種人參試效說

朝鮮種人參之行于世也既久矣蓋其氣味功用無
與朝鮮來者異也然世猶或以謂枳易地則變爲惑
焉先是庚辰之春柳原火我宅亦罹於其災後三日
平賀士彝來訪曰米時見鄰街積石間有童子年十
二三所如餓且病之狀乃携簞食俱往問其病不應
切之脉脉不至四肢既厥冷士彝乃探懷中出朝鮮
種人參咬咀竄入其口須臾腹中雷鳴四肢稍搐急

煎參一根鑵口臨口傾注其咽中於是脉出始爲呻
吟之聲因問其居與其姓名曰小網街長助者之男
也火之及小網街也倉皇而走不食三日矣未知親
之存否乃與食與衣再進獨參湯一椀余與士彝前
後抱持以助陽氣半時而方能行乃屬之市保以送
歸其所也夫如是則此參起死回生之力與朝鮮來
者何異焉今紀此事以解或之惑云
寶曆癸未正陽月東都田村善之識

跋

士之爲學將以大其具而効於當
世也何必從事於名物庶類之
末竊竊乎較得失於其間耶
然醫之於本草未嘗不與方
書相待爲用也譬之猶庖人爲
調和先得其臭味而後劑多
少之量乃適于人口也其亦不
可不講究多識以待用也豈
可諉諸末棄置不論哉若
或考索之未盡於間擇之未
至草石無辨冷熱乖違

宝暦癸　未正陽月　東都　田村善之識　朝鮮人参試効説の末尾（上）

図１－４　朝鮮人参試効説（上）と跋（あとがき）（下）の一

其於得効也不亦遠乎故唯精覈詳悉始可與言本草已矣陶隠居曰注易誤不至殺人注本草誤則有不得其死者云本草不可不精覈詳悉也頃友人平賀士彝編物類

物類品隲　跋　二

品隲其品物所詮擇至當者則不敢焉可謂精覈詳悉爰顧其益于習者豈小小乎哉士彝爲人才氣豪邁行頗類于俠其志之所將以有爲者然則此編又未足以悉士彝也

其品物所由集與此書所以編則凡例及田村氏序有焉茲不復具論

寶暦癸未之夏讃岐久保泰亨書於
東都昌平學舎

物類品隲　跋　三

寶暦十三年癸未秋七月吉辰
松籟館藏版

鳩溪平賀先生嗣出書
神農本經圖註　日本介譜
海貝五百介圖　日本魚譜
物類品隲後編　四季名物正字考

書肆　江戸本石町通三丁目　植村藤三郎
同　室町三丁目　須原屋市兵衛　仝梓
大坂心斎橋筋順慶町　柏原屋清右衛門

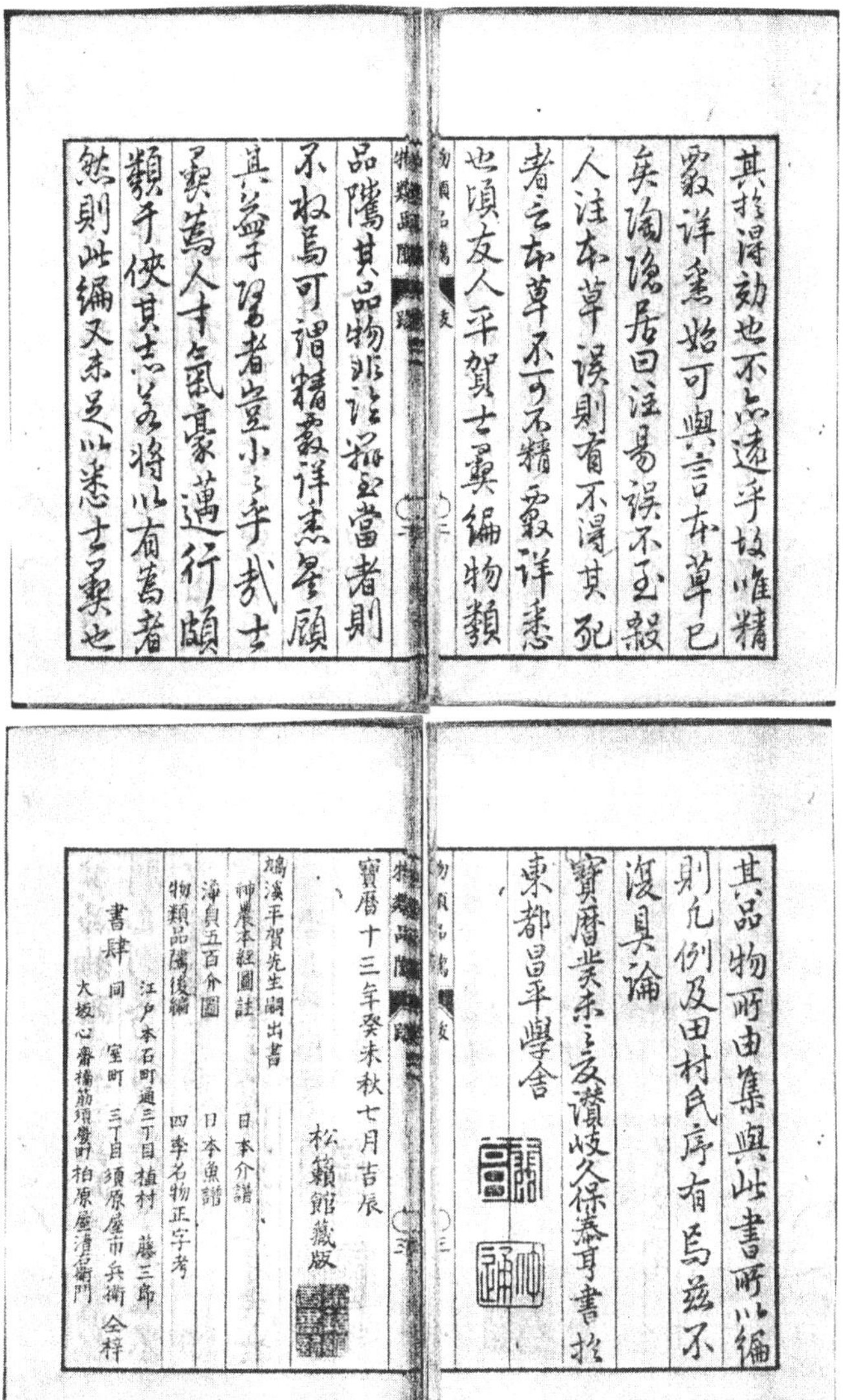

宝暦癸　未之夏讃岐久保恭享書於　東都昌平学舎　（跋の末尾）
宝暦十三年癸未秋七月吉辰　松籟館蔵版
図1－5　跋（あとがき）の続きと物類品隲の最終頁

文献

（1）木村康一：國譯本草綱目第四冊、春陽堂書店、東京（一九七三年）頁三〇－六四．
（2）山田龍雄、飯沼次郎、農業全書巻三（宮崎安貞著）、日本農業全集一二巻、農山漁村文化協会、東京（一九九一年）頁二三五－二三七．
（3）古島敏雄：百姓伝記（下）：岩波書店、東京（一九七六年）頁一三五－一三六．
（4）島田勇雄：本朝食鑑二（人見必大著）東洋文庫（平凡社）、東京（一九七七年）頁一七六－一七七．
（5）新村出：広辞苑第三版、岩波書店、東京（一九八六年）頁二七五－二八二．
（6）入田整三：平賀源内全集上、平賀源内先生顕彰会、東京（一九三二年）頁一－一七六．
（7）樋口　弘：日本糖業史、内外経済社、東京（一九五六年）頁九二－九四、頁一四七－一六五．
（8）大内山茂樹：作物大系、第八編、糖料、養賢堂、東京（一九六三年）頁一－二六．
（9）日本作物学会：作物学用語辞典、農山漁村文化協会、東京（二〇一〇年）頁四五、頁一二八－二八五．
（10）藪内　清：天工開物の研究、恒星社厚生閣、東京（一九五四年）頁六九－七〇、頁二七五－二八二．
（11）篠田　統：中国食物誌、柴田書店、東京（一九七七年）頁一〇三、頁一一三．
（12）山根嶽雄：甘蔗製造法、光琳書院、東京（一九六六年）頁七五－七八．
（13）松井年行：地域差による和三盆糖成分の比較、香川大農学術報告、二八、一四三－一四七（一九七七）．

(14) 松井年行：和三盆糖の和菓子製造への利用技術、食品工業、一七（二四）、三四－四〇（一九七四）・

(15) 松井年行：和三盆糖の食品学的研究、日食工誌、三四、八四〇－八四八（一九八七）・

(16) 安藤枝澄：讃糖便覧、稿本（一八七三年）香川県立図書館蔵・

(17) 桂　真幸：日本糖業創業史、四国民族博物館、高松（一九八七年）頁一一二－一一五・

(18) 荒尾美代：寛政年間における池上太郎左衛門幸豊の白砂糖生産法、科学史研究、四四、三三－三八（二〇〇五）・

(19) 松井年行：和三盆糖の風味の秘密、伝統食品の研究、一二、一四－二一（一九九三）・

＊1 明の万暦二十三年（五九六年）に李時珍が著した「本草綱目」が、江戸時代の始め日本に輸入され、慶長一二年（一六〇七年）林羅山が金陵（南京）本を長崎で購入し、家康に献上したといわれている。江戸初期のものは、この本の翻案ないしは註釈にとどまっていて、初和刻本が寛永一四年（一六六九年）京都の書店で刊行され「江西本草綱目」と題された。「武林（杭州）銭衙（せんが）本草綱目」（崇禎十三年（一六四〇年）は、銭蔚起（せんうつき）が江西本を重訂して刊行し、貝原益軒がこの銭衙本に訓点を施し、寛文十二年（一六六九年）に「校正本草綱目」を出版した(1)。

＊2 弘仁式・貞観式の後を承けて、編集された律令の施行細目。平安初期の禁中の年中儀式や制度などの事を漢文で記す（五〇巻）(5)。

「物類品隲　巻乃六」

＊3　令制で宮内省に属し、宮中の医薬・薬園・茶園・乳牛などをつかさどった役所。くすりのつかさ(5)。

＊4　「本草綱目」の著者李時珍の字。

＊5　図經本草五十四種の著者。一〇二〇～一一〇一年、字・子容泉州南安の人。

＊6　嵇含は西晉の学者。字は君道。諡は憲。亳丘子と号す。恵帝に仕えて、中書侍郎となる。熱帯植物を分類・説明した「南方草木状」・中国最古の植物書を著わす。三〇八年没。

＊7　古代、中国北方の未開地方の人。野蛮人。えびす。

＊8　中国の政治家。楚の人で漢の高祖劉邦に仕えた。

＊9　紀元前二〇三年から紀元前一一一年にかけて五代九三年にわたって中国南部からベトナム北部にかけての地方（嶺南地方）に自立した王国（帝国）である。

＊10　紀元前二世紀頃より中央アジアのフェルガナ地方に存在したアーリア系民族の国家。

＊11　チャバ王国―ベトナム中部沿岸地方に存在したオーストロネシア語族を中心とする王国で、古くは「林邑」と呼ばれ、唐代以降は「占城」と呼んだ。最後に述べている部分である。詳細については文献(7)を参照。

＊12　(崇禎十年（一六三七年）) 宋応星が著した中国の技術書で、享保年間（一七一六～一七三五年）における唯一の砂糖製造法の文献である。

＊13　サトウキビ品種は分類学的には五種類あって、熱帯地方で一般に栽培されている品種は高貴

種：*Saccharum officinarum* L.,と呼ばれ、ニューギニア原産である。栽培の歴史は、インドが最も古く紀元前に遡り、その品種は、竹蔗：*S. sinense* Roxb.,で気候に対する適応性は広く、インド、東南アジア、中国、台湾をはじめ南北アメリカ、アフリカ大陸等で古くから栽培され、日本の在来種はいずれも本種に属する。早熟性で収量及び糖度は低いが、耐病性が強く不良環境にもよく育つ(8、9)。その他に、：*S. barberi* Jewiet,と：*S. robustum* Jewiet,：*S. spontaneum* L.,がある。

＊14　竹に似て大きな果蔗は、主に生食用であり、萩に似て小さい糖蔗は白砂糖や赤砂糖にする(10)。果蔗は、一年生の紅甘蔗であるのに対し、萩糖は、多年生の白甘蔗であることが王氏や徐氏の記述からも推定される(10)。果蔗は本文中にもあるように結晶化しないので、多分、果糖とブドウ糖が多く蔗糖の少ない品種であると推定される。竹蔗より丈けが小さく細く、高貴種よりも糖度が劣る。インド原産とすれば、：*S. barberi* Jewiet,の可能性もある(8)が、定かではない。

＊15　微酸性の甘蔗汁を生石灰で、中和する方法は知られていたが、中和度を知る手段が無かった(11)か、種結晶の添加や混入が無かったか等、の理由で砂糖が結晶化しなかったと推定される。

＊16　蔗汁中の色素は、葉緑素、アントシアン、タンニン等で大部分は、コロイド状になって汁中に懸遊しており、とくにタンニンは圧搾機からくる鉄と作用して暗色に呈色させる(12)。これらのコロイドは、添加された石灰によって大部分は除かれるが、この方法だけでは完全に除去できない。産地、成熟度によって含まれる成分が違うので白下糖の色が変わると推定される(13)。

＊17　和三盆糖原料の甘蔗の場合は、春挿苗し冬収穫のいわゆる「春植」するが、苗床で育苗した後に移植する場合と、直接圃場へ挿す場合とがある。排水良好で日当たりの良い圃場に春まで埋めて置く、香川県引田では海岸の砂地へ埋めている場合もある。ビニールハウスに砂を置き、その中へ埋める方法や、そのままビニールハウスに置き、菰を被せて保存する場合もある(14)。

＊18　石灰清浄法と言われ、甘蔗汁中の蔗糖と還元糖をできるだけ分解させないようにして、それ以外の不純物を除去するのが清浄法の目的である。従来多数の化学薬品が用いられてきたが、生石灰もその一つである(12)。甘蔗汁のｐＨは、品種にもよるが高貴種の品種：N:CO310や竹蔗の場合ｐＨは五・四六～五・四八で、生石灰を加えるとｐＨは、五・一〇～六・一〇に上昇し、白下糖でｐＨは、五・六〇～六・一〇になった(15)。甘蔗汁中のタンパク質の約四〇％は、石灰清浄法で除去されるが、六〇％は、白下糖まで運ばれる。清浄汁ｐＨは、石灰使用量の増大と共に上昇し、ｐＨ七の時の残留石灰約四〇〇ｍｇ／Ｌのものがｐ Ｈ八では約六〇〇ｍｇ／Ｌに増大する(12)。又ｐＨ八での還元糖分解率は約一〇％で、ｐＨ七、ｐＨ六と減少するにつれ各々約四％、約一％さがる(12)ので、実際の和三盆白下糖では分解しにくいｐＨで製造されていると考えられる(15)。

＊19　和三盆糖の原料糖である白下糖製造の場合、甘蔗汁三五〇ｋｇに対して牡蠣殻粉約一七〇ｇを沸騰寸前に加える(14)。

＊20　中国閩（福建省）の地理書『閩書』で、全一五四巻のうち、産物について記した巻一五〇～一。明の

「物類品隲　巻乃六」

何喬遠撰。

*21　この方法は、全く自然任せであったが、和三盆糖の場合は、蜜ぬきに「しめ船」（押槽）(16)（図6－7）が用いられ、更に加圧により分蜜を、完全なものにした。その後、莚（むしろじょう）上で砕き、手でもんで干すこの操作を何回も繰り返す。この技術が寛政年間には既に讃岐では確立していた(7、17)。

*22　「物類品隲」発行の宝暦一二年（一七六二年）頃、平賀源内は、砂糖製造にそれ程経験が無いことを「物類品隲」の最後で述べている(6)。源内の才人振りとその事業が余りに多岐に亘（わた）っているために、その遺業も明瞭を欠き、曲解され膨大に伝えられている感が、なきにしもあらずである(7)。結局、平賀源内（（享保十三年（一七二八年）生まれ））と高松藩の関係は、寛延二年（一七四九年＝二一歳）～宝暦四年（一七五四年＝二六歳）

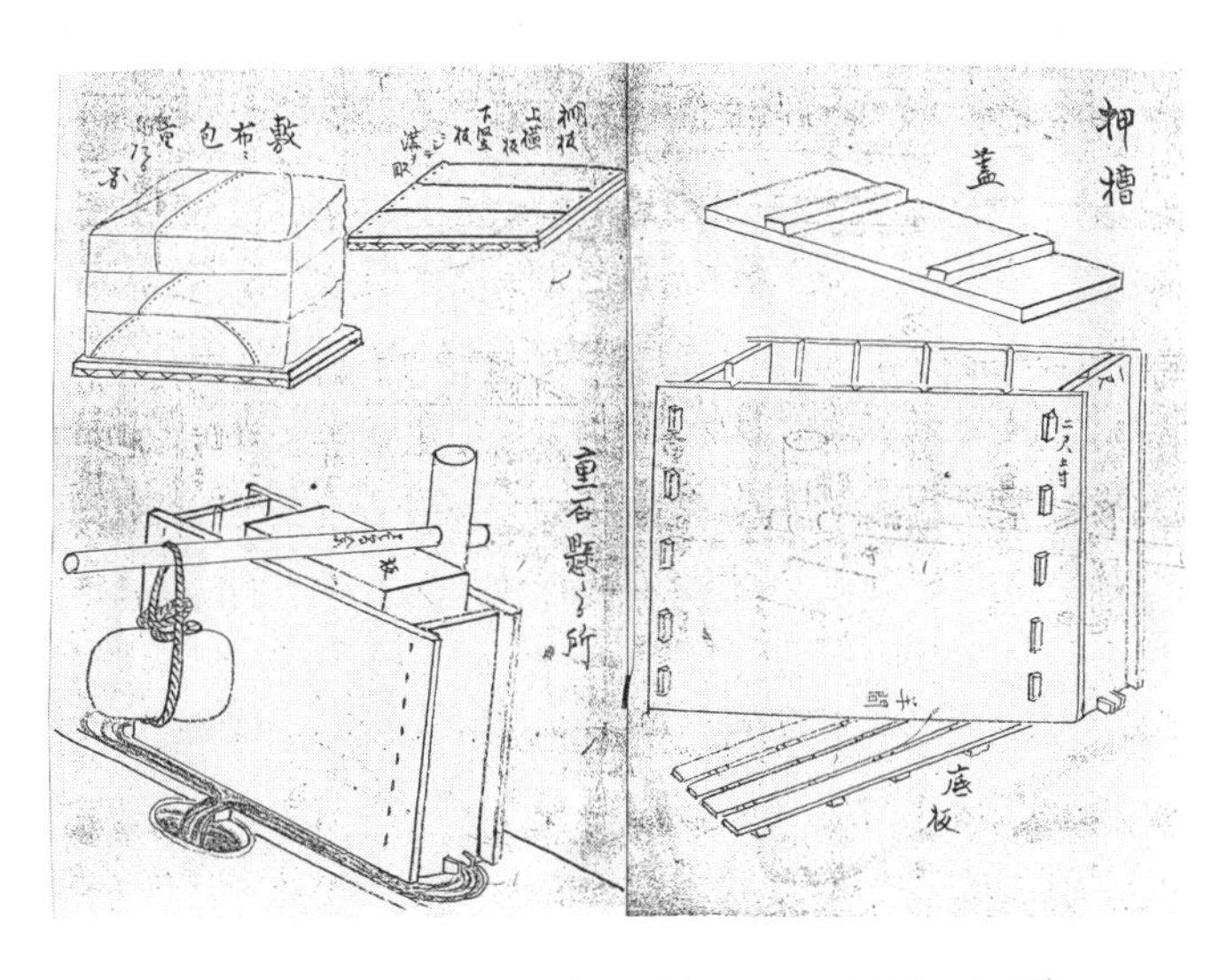

図6－7　和三盆糖に使われた押槽の図[16]

と宝暦九年（一七五九年＝三一歳）～宝暦十一年＝三三歳）の二度で、始めは志度御蔵番で糖業とは関係なく、もし関係が在るとすれば、二六歳から三一歳の間である。しかしながら、この時に砂糖製造に関係した証拠は皆無で、「日本糖業史」(7)が指摘したように、彼が和歌山藩士安田泰に元文四年頃（一七三九年）に砂糖の製法伝授とすると、僅か一一歳となってしまう。従って、平賀源内は、高松藩では砂糖製造には全く関係せず、本草学者として「物類品隲」を著したことで、その後の砂糖製造の文献として広く利用されるに至ったと推定される(7、18)。我が国で江戸時代に製造された白砂糖、即ち和三盆糖の歴史を簡単に示す。八代将軍吉宗による享保の改革で砂糖製造が奨励され、池上太郎左衛門幸豊が製糖術を各地に広めた。江戸の本草学者で医者でもあった田村元雄は、この改革に関連し、宝暦一一年（一七六一年）に製糖法を完成した。しかし、大量生産を目指す彼の方法は未だ不完全であり、医師の傍(かたわ)らでは製造技術の改良に専念できなかった。そこで、仲間の池上幸豊を推薦し、池上は宝暦の終わりから明和の始め（一七六四年代）にかけて、技術的に完成させた。製品は、黒砂糖か白下糖であり、白砂糖だったとしても従来からある中国式の泥土脱色法を越えたものではないと推定されている(7)。この方法を改良した日本独特の白砂糖は、向山周慶(しゅうけい)らにより寛政二年（一七九〇年）に完成され、その四年後に讃岐白砂糖が、大阪市場に出回ったとされる(7)。向山(さきやま)らの方法は種々改良され、現在も香川・徳島両県で行われている和三盆糖の手押し法として受け継がれている(14、19)。

おわりに

本書の出版にあたり、序文を賜りました京都府立大学名誉教授　藤目幸擴先生に深謝申し上げます。

この本を出版するきっかけは、〝和三盆糖の食品学的研究〟の文献調査中に、砂糖に関する論文や古文書を読み、〝甘蔗培養幷に製造の法〟に興味を持った事に始まった。

香川大学・定年後、放送大学、客員教授をしながら県立図書館で「物類品隲」を借り出して、注釈と検討を試みた。その中の巻之一から巻之五は、江戸時代の穀類、野菜、果実等の食品素材、薬草、岩石等にも詳しく現在のルーツと考えられたので合わせて検討した。

この本の大部分は、二〇一一年から二〇一九年まで「伝統食品の研究」と「農業及び園芸」に掲載された物をまとめたものである。

その間、香川県立図書館の司書の方々には文献検索や助言を頂き感謝いたします。

出版に当り助言を頂いた美巧社の方々に心よりお礼申し上げます。

令和二年　五月三十日　喜寿を前に

松井年行

〈著者略歴〉

松井(まつい)　年行(としゆき)

1944年　大阪府生まれ。
香川大学名誉教授（37年間勤務）、
農学博士（大阪府立大学）、専門は園芸利用学、農産物利用学。

1982年４月　在外研究員長期乙；ブリテイシュコロンビア州立大学理学部化学科・クトネー研究室（約１年９カ月）、
1988年３月　日本食品工業学会研究奨励賞（題目：和三盆糖の食品学的研究）、
1991年４月　在外研究員長期甲；カリフォルニア大学デービス（マン研究室）他（約９カ月）、
1995年７月　JICA植物バイオテクノロジー研究計画；短期専門家、タイ、チェンマイ大学（約２ヵ月）、
1998年７月　在外研究員短期；ロンドン大学（ワイカレッジ）、ハノーバー大学他（約３カ月）、
2009年３月　香川大学定年退職、
2012年３月　放送大学香川学習センター客員教授退職。

「伝統食品の研究」藤井建夫編：和三盆糖分担（柴田書店）、「バイオが開く人類の夢」藤目幸擴編；エチレンによる青果物の貯蔵分担（法律文化社）等、その他研究論文多数。

物類品隲の研究　　定価2,500円（税別）

2020年５月30日初版発行

著　者　　松井　年行
香川県木田郡三木町池戸3186－３　〒761-0701

発行者　　池上　晴英

発行所　　㈱美巧社
高松市多賀町１丁目８－10　〒760-0063
電話　087（833）5811

ISBN978-4-86387-117-5 C3040

印刷・製本㈱美巧社